21世纪高等教育规划教材——学习指导与考研系列

理论力学精讲精练

主　编　马静敏　陈俊国　滕桂荣
副主编　高　明　付彦坤　冯元慧　刘星光　赵增辉
参　编　李龙飞　谭　涛　杨　坤　张丰雪　邢明录
　　　　郝　鹏　吕艳伟　尹延春　邱　月
主　审　赵同彬

机械工业出版社

本书依据哈尔滨工业大学理论力学教研室编写的《理论力学（Ⅰ）》（第8版）的章节顺序，并根据教育部高等学校力学基础课程教学指导分委员会制定的教学基本要求，同时附加碰撞专题进行编写。每章包括基本要求、内容提要、例题精讲、习题精练四个部分，在对课程内容进行充分提炼的基础上给出基本要求和内容提要，并针对重点、难点编写例题精讲和强化训练。

本书可作为高等工科院校航空航天、机械工程、交通工程、土木工程、岩土工程、水利水电工程、能源动力工程等专业学生的学习和考研辅导书，也可以供相关教师和工程技术人员参考。

图书在版编目（CIP）数据

理论力学精讲精练/马静敏，陈俊国，滕桂荣主编. —北京：机械工业出版社，2020.1（2021.4重印）
21世纪高等教育规划教材. 学习指导与考研系列
ISBN 978-7-111-64135-3

Ⅰ.①理… Ⅱ.①马… ②陈… ③滕… Ⅲ.①理论力学－高等学校－教材 Ⅳ.①O31

中国版本图书馆CIP数据核字（2019）第257028号

机械工业出版社（北京市百万庄大街22号 邮政编码100037）
策划编辑：张金奎 责任编辑：张金奎 李 乐 任正一
责任校对：张晓蓉 封面设计：张 静
责任印制：常天培
涿州市般润文化传播有限公司印刷
2021年4月第1版第2次印刷
169mm×239mm · 11.5印张 · 233千字
标准书号：ISBN 978-7-111-64135-3
定价：29.00元

电话服务	网络服务
客服电话：010-88361066	机 工 官 网：www.cmpbook.com
010-88379833	机 工 官 博：weibo.com/cmp1952
010-68326294	金 书 网：www.golden-book.com
封底无防伪标均为盗版	机工教育服务网：www.cmpedu.com

前　　言

理论力学是开启力学大门的钥匙，是力学学习的起点。机械、土木、航空航天、交通、船舶、水利等诸多专业将理论力学作为专业基础课。它不仅提供后续专业课程学习所需的基础知识，而且可以传授科学的研究方法，训练严谨的逻辑思维。理论力学问题不能用简单的代公式的方法求解，而必须在清晰理解理论的基础上进行充分的分析之后找到解决方案。因此，明晰定理概念的内涵、进行大量的习题训练是学好理论力学的基本途径。

山东科技大学力学系的老师们长期从事理论力学的教学工作，具有丰富的一线教学经验，在本书编写中将教学过程中的重点和难点问题进行了归纳整理，并融入书中，旨在帮助读者加深对基本概念和理论的理解，熟练掌握各种常用的分析方法以减少理论力学学习的困扰。本书各章节是按照哈尔滨工业大学理论力学教研室编写的《理论力学（Ⅰ）》（第8版）并附加碰撞专题编排的。在各章节中，首先给出本章的基本要求、重点及难点；接着列出章节主要内容；随后针对重要知识点进行例题精讲，关键问题先给出“解题思路”，并以“注”的形式强调解题要点；最后通过习题精练进行巩固。每章的习题精练中都包括判断题、选择题、填空题、计算题，以强化对概念的理解、定理的应用。

山东科技大学力学系录制的理论力学在线开放课程（目前在智慧树在线开放课程平台运行，网址为 https：//www. zhihuishu. com/），可以与本书配套使用。在线课程老师的讲解风格与本书的编辑风格一致，有利于课程理论的理解和掌握。

希望通过本书的阅读，可以帮助读者巩固和加深对理论力学基本概念和定理的理解，掌握解题方法和技巧，提高分析问题和解决问题的能力。此外，理论力学往往一题多解，读者也可以自己独立思考寻找其他的解题方法。

本书的出版得到了山东省矿业工程一流学科——山东科技大学项目的资助。

由于编者水平有限，书中难免存在疏漏和错误，欢迎读者批评指正。

祝读者朋友学习愉快！

编　者

目　录

第1章 静力学公理和物体的受力分析

【基本要求】

1. 理解力、刚体、约束的概念。

2. 掌握力的平行四边形法则、二力平衡条件、加减平衡力系原理、刚化原理、作用与反作用定律、三力平衡汇交定理、力的可传性。

3. 熟练掌握各种常见约束及其约束力的特征；能熟练准确地绘出各种构件的受力图。

重点： 约束的概念；柔索约束、光滑接触面约束、光滑铰链约束、滚动支座约束的特征；单个物体和物体系统的受力分析。

难点： 约束的概念、光滑铰链约束的特征、物体系统的受力分析。

【内容提要】

1. 基本概念

（1）**刚体** 在力的作用下，其内部任意两点之间的距离始终保持不变的物体。

（2）**力** 物体间相互的机械作用，这种作用使物体的机械运动状态发生变化。

（3）**力系** 作用在物体上的一群力。

（4）**等效力系** 如果一个力系作用于物体的效果与另一个力系作用于该物体的效果相同，称这两个力系互为等效力系。

（5）**平衡** 物体相对惯性参考系保持静止或匀速直线运动状态。

（6）**平衡力系** 不受外力作用的物体可称为受零力系作用。一个力系如果与零力系等效，称该力系为平衡力系。

（7）**自由体** 位移不受限制的物体。

（8）**非自由体** 位移受到限制的物体。

（9）**约束** 对非自由体的位移起限制作用的周围物体。

（10）**约束力** 约束对被约束物体的作用力。

2. 五个公理

（1）**力的平行四边形法则** 作用在物体上同一点的两个力可以合成为一个合力，合力的作用点也在该点，合力的大小和方向由这两个力为邻边构成的平行四边形的对角线确定。

（2）**二力平衡条件** 作用在同一刚体上的两个力使刚体保持平衡的充分和必要条件是这两个力的大小相等、方向相反，且作用在同一直线上。

（3）**加减平衡力系原理** 在任一原有力系上加上或者减去任意的平衡力系，

与原力系对刚体的作用效果等效。

（4）**作用和反作用定律** 两物体间的作用力和反作用力总是同时存在，两力的大小相等、方向相反，沿着同一条直线，分别作用在两个物体上。

（5）**刚化原理** 变形体在某一力系作用下处于平衡，如将此变形体刚化为刚体，其平衡状态保持不变。

3. 两个推论

（1）**力的可传性** 作用在刚体上某点的力，可以沿着它的作用线移到刚体内任意一点，并不改变该力对刚体的作用。

（2）**三力平衡汇交定理** 刚体在三个力作用下平衡，若其中两个力的作用线交于一点，则第三个力的作用线必通过此汇交点，且三个力在同一平面内。

4. 常见的几类约束

（1）**光滑接触面约束**

1）约束特征：只限制物体沿接触处公法线趋向于支承面方向的运动。

2）约束力特征：方位——沿接触处的公法线，指向——指向被约束物体（被约束物体受压）。

（2）**由柔软的绳索、链条或胶带等构成的约束**

1）约束特征：只限制物体沿柔性体伸长方向的运动。

2）约束力特征：方位——沿柔性体轴线，指向——背离被约束物体（被约束物体受拉）。

（3）**光滑圆柱铰链约束**

1）约束特征：本质上属光滑接触面约束。只限制物体沿圆柱形销钉径向的运动。不限制其轴向运动和绕轴的转动。

2）约束力特征：方位——沿销钉的径向，指向——不定（通常假定两互相垂直分量）。

（4）**滚动支座**

1）约束特征：只限制物体垂直于支承面方向的运动。

2）约束力特征：方位——通过销钉中心，垂直于支承面；指向——待定（常假定）。

5. 受力分析注意事项

正确进行受力分析的关键是明确研究对象是谁，该研究对象和哪些物体接触，该接触是什么约束，按照约束的类型正确地画出该约束的约束力。具体应该注意下述 7 点：

1）不要漏画约束力，有接触的地方就有力。

2）不要多画力，对于画出的每一个力应明确其施力物体。

3）当分析两物体间的相互作用力时，要注意检查这些力的方向是否符合作用与反作用定律。

4）当研究系统平衡时，在受力图上只画出外部物体对研究对象的作用力（外力），不画成对出现的内力。

5）当研究系统平衡时，整体和局部的受力应该保持一致。

6）恰当利用二力构件、三力平衡汇交定理确定力的作用线的方位。

7）注意复铰受力分析时的销钉归属问题。

【例题精讲】

例题 1-1 作出图 1-1a 所示结构中 *BD* 杆不含 *B* 处销钉、*BD* 杆含 *B* 处销钉、销钉 *B*、*DEC* 杆以及整个结构的受力分析图。

解题思路： 画受力图时，对于光滑圆柱铰链约束可以通过二力构件和三力平衡汇交定理确立力的作用线的方位，可以先从二力构件入手进行分析。

解：（1）由于各杆的自重不计，因此 *AB* 杆和 *BE* 杆都是二力构件。根据二力构件，假设两构件均受拉。受力分析如图 1-1b 所示。

（2）*BD* 杆（不含 *B* 处销钉）的受力图

BD 杆 *B* 处不含销钉时，受到主动力 $\boldsymbol{F}$ 作用；*B* 端为复杂铰链约束，不含销钉时，*B* 处受到销钉 *B* 对 *BD* 杆的作用力 $\boldsymbol{F}_{BDx}$、$\boldsymbol{F}_{BDy}$；*D* 处为简单铰链约束，受 *DC* 杆对 *BD* 杆的作用力 $\boldsymbol{F}_{Dx}$、$\boldsymbol{F}_{Dy}$。受力分析如图 1-1c 所示。

（3）*BD* 杆（*B* 处含销钉）的受力图

BD 杆 *B* 处含销钉时受主动力 $\boldsymbol{F}$ 作用。*B* 处含销钉时，销钉 *B* 与 *BE* 杆和 *AB* 杆接触，该接触属于铰链约束。因为 *AB* 杆和 *BE* 杆为二力构件，可以确定铰链约束力的方位，分别为图 1-1b 中 $\boldsymbol{F}_{BA}$ 和 $\boldsymbol{F}_{BE}$ 的反作用力 $\boldsymbol{F}'_{BA}$ 和 $\boldsymbol{F}'_{BE}$。*D* 处的力与图 1-1c 中 *D* 处的力 $\boldsymbol{F}_{Dx}$、$\boldsymbol{F}_{Dy}$ 都是 *DC* 杆给 *BD* 杆的力，大小方向保持一致。受力分析如图 1-1d所示。

（4）销钉 *B* 的受力图

销钉 *B* 与杆 *AB*、*BE* 和 *BD* 接触，因此这三根杆对销钉都有作用力。二力构件 *AB* 对销钉的反作用力为 $\boldsymbol{F}'_{BA}$，二力构件 *BE* 对销钉的反作用力为 $\boldsymbol{F}'_{BE}$，杆 *BD* 对销钉的反作用力为 $\boldsymbol{F}'_{BDx}$、$\boldsymbol{F}'_{BDy}$。受力分析如图 1-1e 所示。

（5）*DEC* 杆的受力图

D 处为简单铰链约束，受 *BD* 杆的反作用力 $\boldsymbol{F}'_{Dx}$、$\boldsymbol{F}'_{Dy}$ 作用。*E* 处为二力构件的反作用力 $\boldsymbol{F}'_{E}$ 作用，*C* 处受到固定铰链支座约束，用两正交分量表示为 $\boldsymbol{F}_{Cx}$ 和 $\boldsymbol{F}_{Cy}$。受力分析如图 1-1f 所示。

（6）整体的受力图

整体受主动力 $\boldsymbol{F}$ 作用。*A* 和 *C* 处为固定铰支座约束，约束力为 $\boldsymbol{F}_{A}$、$\boldsymbol{F}_{Cx}$ 和 $\boldsymbol{F}_{Cy}$，其大小和方向分别与 *AB* 杆、*CE* 杆的 *A* 和 *C* 处的约束力大小和方向保持一致。受力分析如图 1-1g 所示。

注 1： 只在两个力作用下平衡的构件，称为二力构件。它所受到的两个力必定沿两个力作用点的连线，且等值、反向。例如本题中的 *AB* 杆和 *BE* 杆。若一个问题中存在二力构件，应首先判定出来，以确定杆端铰链的约束力的方位。

注 2： 光滑圆柱形铰链约束处的销钉只连接两个物体不受其他任何外力作用时称为简单铰，如本例中的 D、E 处铰链约束。简单铰受力分析时默认将销钉归属于其中一个构件，不必特别指明归属于哪一个构件，更没有必要将销钉单独拿出来进行分析。如果销钉受到的力多于两个（如本例中的 B 处铰链约束），则是复杂铰

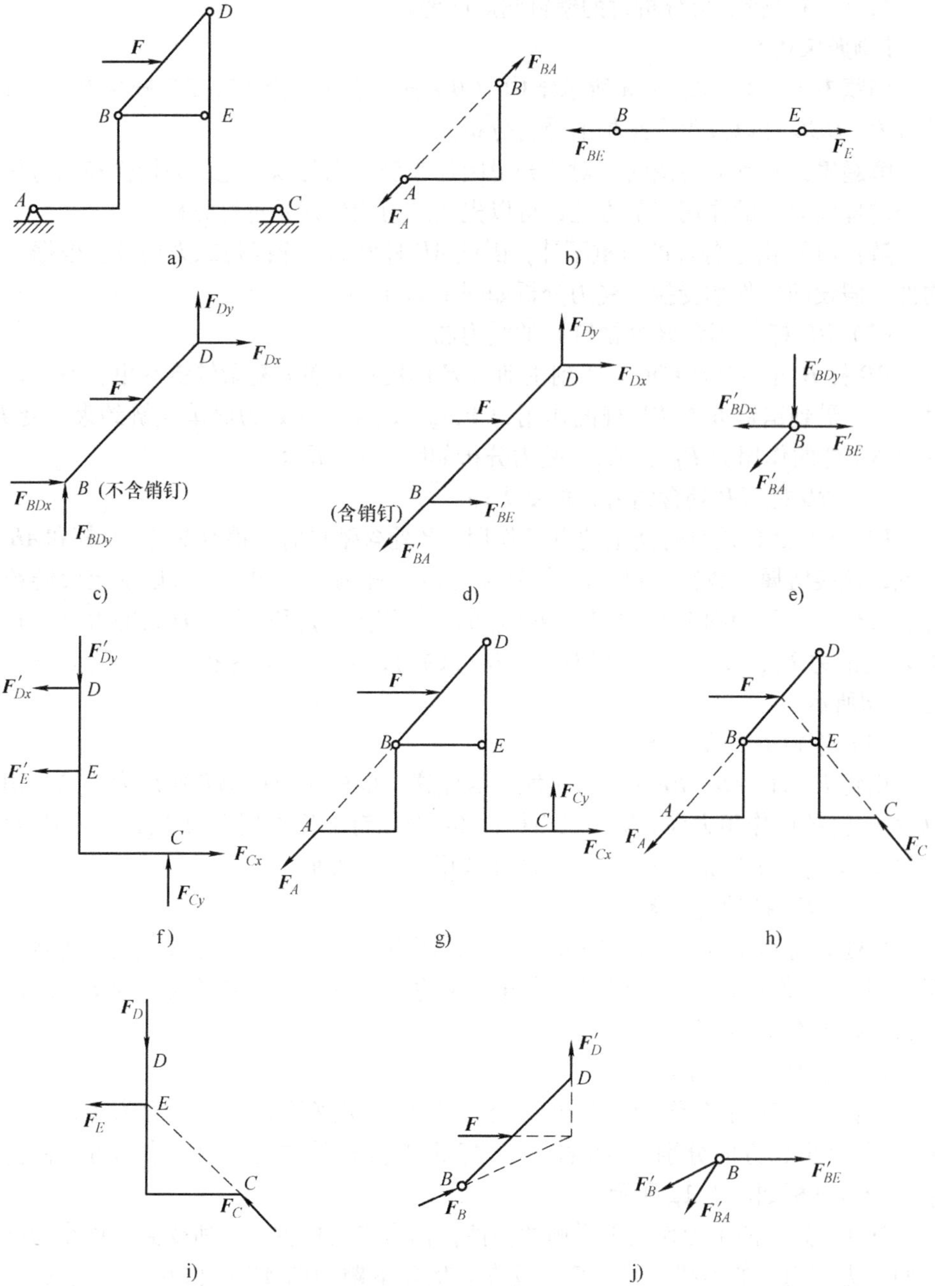

图 1-1

链。复杂铰链受力分析时，必须指明研究对象是否包含销钉，含销钉和不含销钉受力分析图中出现的力是不同的，有时根据需要单独取出销钉进行受力分析。

注 3：本题受力分析时，第一步判定 *AB* 杆和 *BE* 杆为二力构件确定其受力的方位。第二步整体分析时只受到 *A* 处固定铰链支座、*C* 处固定铰链支座和主动力 $\boldsymbol{F}$ 作用，因此可以采用三力平衡汇交定理确定 *C* 处约束力的方位，如图 1-1h 所示；第三步可以应用三力平衡汇交定理确定 *CED* 杆 *D* 处简单铰约束力的方位，如图 1-1i 所示；最后 *BD* 杆受主动力、*DEC* 杆的作用力和 *B* 处销钉的力，由三力平衡汇交定理可以判定 *B* 处销钉对 *BD* 杆的力，受力分析如图 1-1j 所示。

注 4：使用三力平衡汇交定理做受力分析得到的结果为平面汇交力系，不使用三力平衡汇交定理得到的结果为平面任意力系。这两种力系后面都要进行分析给出平衡条件。因此三力平衡汇交定理在受力分析时，可以使用也可以不使用。但是通过二力构件确定约束力的方位，可以大大减少后面平衡问题求解的计算量，所以受力分析时尽可能准确判断出题目中的二力构件。

例题 1-2　画出图 1-2a 所示平面构架中各杆的受力分析图。

解：（1）*DCB* 杆的受力图

DCB 杆受到 *D* 处滚动支座约束力 $\boldsymbol{F}_N$，*C* 处简单铰链约束力 $\boldsymbol{F}_{Cx}$、$\boldsymbol{F}_{Cy}$，*B* 处简单铰链约束力 $\boldsymbol{F}_{Bx}$、$\boldsymbol{F}_{By}$。受力分析如图 1-2b 所示。

（2）*CE* 杆的受力图

CE 杆 *C* 处受 *DCB* 杆的反作用力 $\boldsymbol{F}'_{Cx}$、$\boldsymbol{F}'_{Cy}$ 作用，*E* 处简单铰链约束 $\boldsymbol{F}_{Ex}$、$\boldsymbol{F}_{Ey}$ 和主动力 $\boldsymbol{F}$ 作用。受力分析如图 1-2c 所示。

（3）*AEB* 杆的受力分析图

AEB 杆受到 *A* 处固定铰链约束力 $\boldsymbol{F}_{Ax}$、$\boldsymbol{F}_{Ay}$，*B* 处 *DB* 杆的反作用力 $\boldsymbol{F}'_{Bx}$、$\boldsymbol{F}'_{By}$，*E* 处 *CEF* 杆的反作用力 $\boldsymbol{F}'_{Ex}$、$\boldsymbol{F}'_{Ey}$。受力分析如图 1-2d 所示。

注 1：对于光滑圆柱铰链约束（如本例中的 *A*、*C*、*B*、*E*），除了可以应用二力构件和三力平衡汇交定理确定力的方位之外的情况，受力分析时直接用两正交分力来表示其约束力。

注 2：本例中的每一根杆件都是只受三个力作用处于平衡状态。可以先整体分析然后再对每一根杆件进行分析，利用三力平衡汇交定理确定每一处光滑圆柱铰链约束的约束力方位。

例题 1-3　试画出图 1-3a 中 *AE* 杆 *E* 处不含销钉、*BC* 杆、滑轮 *D* 和滑轮 *E* 含销钉的受力分析图。

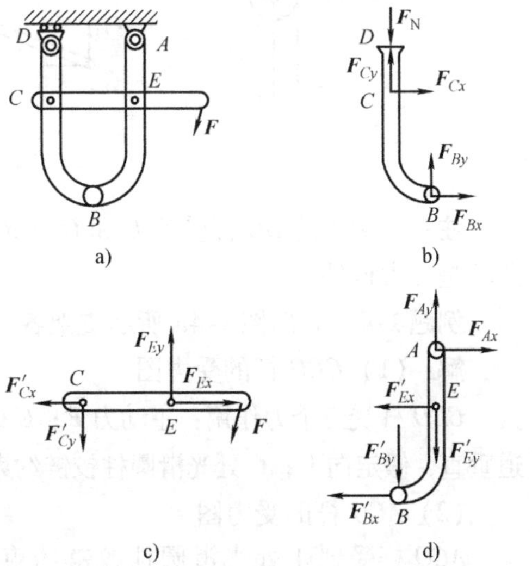

图 1-2

解：(1) AE 杆（E 处不含销钉）的受力图

AE 杆受到 A 处简单铰链约束力 $\boldsymbol{F}_{Ax}$、$\boldsymbol{F}_{Ay}$，D 处简单铰链约束力 $\boldsymbol{F}_{Dx}$、$\boldsymbol{F}_{Dy}$，C 处简单铰链约束力 $\boldsymbol{F}_{Cx}$、$\boldsymbol{F}_{Cy}$ 及 E 处复杂铰链销钉的作用力 $\boldsymbol{F}_{Ex}$、$\boldsymbol{F}_{Ey}$ 作用。受力分析如图 1-3b 所示。

(2) 滑轮 D 的受力图

滑轮 D 受到两段绳子的拉力 $\boldsymbol{F}_1$、$\boldsymbol{F}_2$ 作用，以及 D 处 AE 杆的反作用力 $\boldsymbol{F}'_{Dx}$、$\boldsymbol{F}'_{Dy}$ 作用。受力分析如图 1-3c 所示。

(3) BC 杆的受力图

BC 杆受到 B 处固定铰链约束力 $\boldsymbol{F}_{Bx}$、$\boldsymbol{F}_{By}$ 作用，绳子作用力 $\boldsymbol{F}'_1$，C 处受 AE 杆的反作用力 $\boldsymbol{F}'_{Cx}$、$\boldsymbol{F}'_{Cy}$ 作用，受力分析如图 1-3d 所示。

(4) 滑轮 E 含销钉的受力图

滑轮 E 含销钉时，受到两段绳的拉力 $\boldsymbol{F}'_2$ 和 $\boldsymbol{F}_3$ 作用。E 处销钉与 AE 杆和绳有接触，受到 AE 杆的反作用力 $\boldsymbol{F}'_{Ex}$、$\boldsymbol{F}'_{Ey}$ 及绳的拉力 $\boldsymbol{F}_4$ 作用。受力分析如图 1-3e 所示。

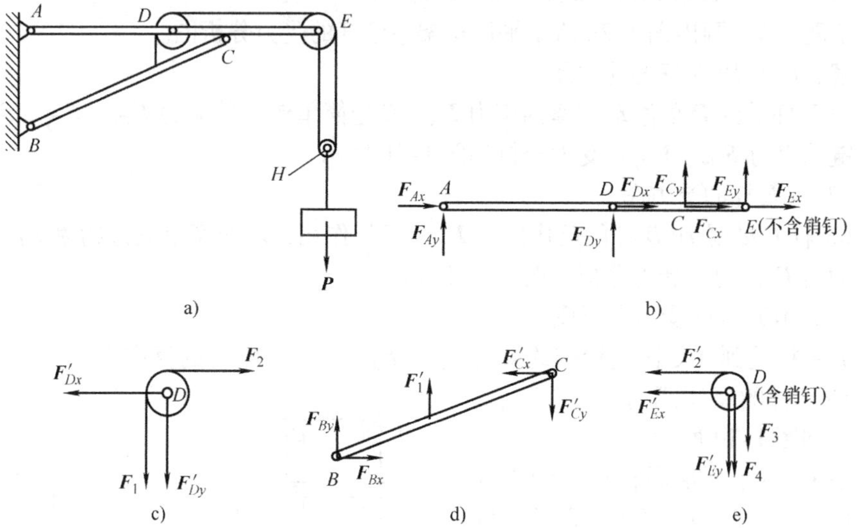

图 1-3

注：本例中的 BC 杆受到 B 和 C 处光滑圆柱铰链约束的同时还有绳的约束，因此不是二力构件。

例题 1-4 画出图 1-4a 所示支架各杆的受力图。

解：(1) CED 杆的受力图

CED 杆受三个力作用：主动力 $\boldsymbol{F}$；E 处光滑接触面约束，约束力 $\boldsymbol{F}_E$ 的方位与滑道垂直，假定向上；C 处光滑圆柱铰链约束力 $\boldsymbol{F}_{Cx}$、$\boldsymbol{F}_{Cy}$。受力分析如图 1-4b 所示。

(2) ACO 杆的受力图

ACO 杆受到 A 处光滑圆柱铰链约束力 $\boldsymbol{F}_{Ax}$、$\boldsymbol{F}_{Ay}$；C 处光滑圆柱铰链约束力 $\boldsymbol{F}_{Cx}$、$\boldsymbol{F}_{Cy}$ 的反作用力 $\boldsymbol{F}'_{Cx}$、$\boldsymbol{F}'_{Cy}$；O 处固定铰链支座约束力 $\boldsymbol{F}_{Ox}$、$\boldsymbol{F}_{Oy}$ 作用。受力分

析如图 1-4c 所示。

(3) *AEB* 杆的受力图

AEB 杆受到 *E* 处 $\boldsymbol{F}_E$ 的反作用力 $\boldsymbol{F}'_E$ 作用，*A* 处受光滑圆柱铰链约束力 $\boldsymbol{F}_{Ax}$、$\boldsymbol{F}_{Ay}$ 的反作用力 $\boldsymbol{F}'_{Ax}$、$\boldsymbol{F}'_{Ay}$ 作用，*B* 处受到固定铰链支座约束力 $\boldsymbol{F}_{Bx}$、$\boldsymbol{F}_{By}$ 作用。受力分析如图 1-4d 所示。

(4) 整体的受力图

整体受到主动力 $\boldsymbol{F}$、*B* 处固定铰链支座约束力、*O* 处光滑圆柱铰链约束力作用。*B* 处的力与 *AEB* 杆 *B* 处的力为同一个力 $\boldsymbol{F}_{Bx}$、$\boldsymbol{F}_{By}$，*O* 处与 *ACO* 杆 *O* 处的力为同一个力 $\boldsymbol{F}_{Ox}$、$\boldsymbol{F}_{Oy}$。受力分析如图 1-4e 所示。

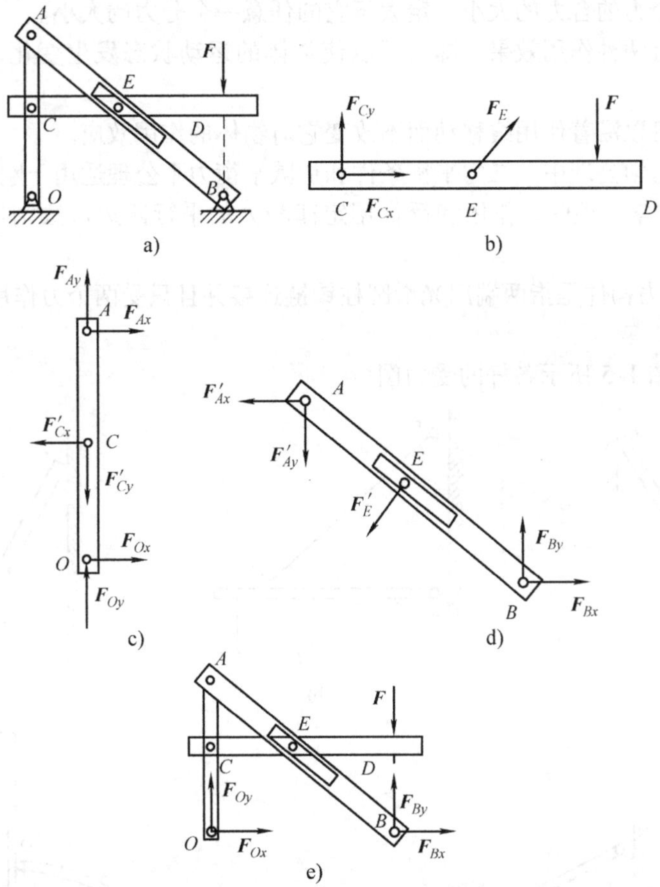

图　1-4

注 1：*E* 处为光滑接触面约束中的双面约束，任意瞬时销钉只能和滑道的一个面压紧。具体和哪个面压紧与主动力有关，受力分析时只能确定其约束力的方位垂直于滑道，指向可以任意假定一个。

注 2：取整体为研究对象，力 $\boldsymbol{F}$ 的作用线通过 *B* 点，因此可以根据三力平衡汇交定理，判断出 *O* 处的约束力是水平方向。进而再运用三力平衡汇交定理，可以

判断出 A、C 和 B 处约束力的方位。

【习题精练】

1. 判断题。

（1）力是滑移矢量，可沿其作用线移动。（ ）

（2）若作用在刚体上的三个力的作用线汇交于同一点，则该刚体必处于平衡状态。（ ）

（3）三力汇交于一点，但不共面，则该三力可以互相平衡。（ ）

（4）悬挂的重物静止不动是因为重物对绳向下的拉力和绳对重物向上的拉力互相抵消。（ ）

（5）两个力的合力的大小一定大于它的任意一个分力的大小。（ ）

（6）力有两种作用效果，即力可以使物体的运动状态发生变化，也可以使物体产生变形。（ ）

（7）力可以沿着作用线移动而不改变它对物体的作用效应。（ ）

（8）静力学公理中，二力平衡条件和加减平衡力系公理适用于刚体。（ ）

（9）静力学公理中，作用和反作用定律和力的平行四边形法则适用于任何物体。（ ）

（10）二力构件是指两端用光滑圆柱铰链连接并且只受两个力作用的构件。（ ）

2. 作出图 1-5 所示各杆的受力图。

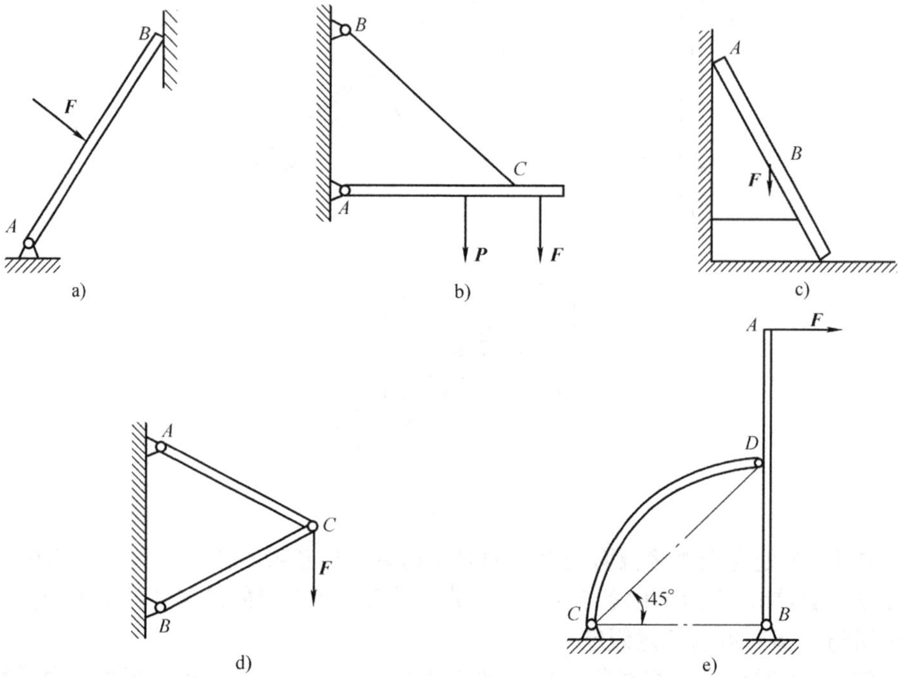

图 1-5

3. 作出图1-6中*AB*杆（*B*处不含销钉）、*BC*杆（*B*处不含销钉）、销钉*B*、杆*ADB*及滑轮局部系统的受力分析图。

4. 作出图1-7中各杆及整体的受力图。

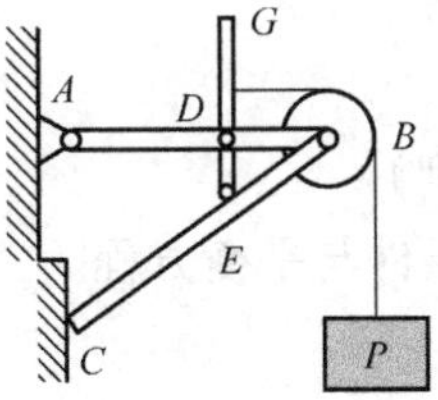

图　1-6

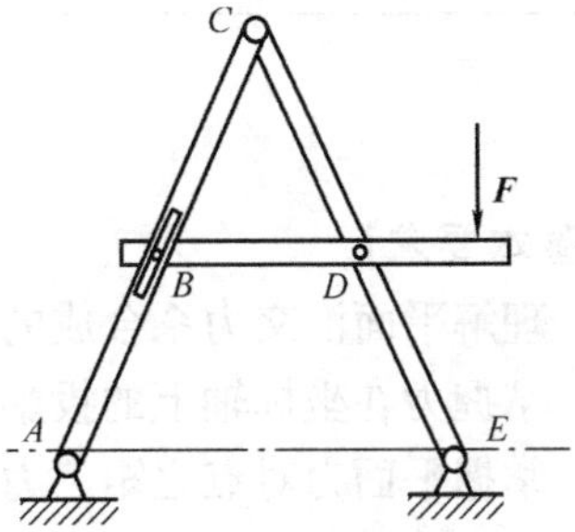

图　1-7

5. 作出图1-8中各杆（*B*处不含销钉）及销钉*B*的受力图。

6. 作出图1-9中各杆及整体的受力图。

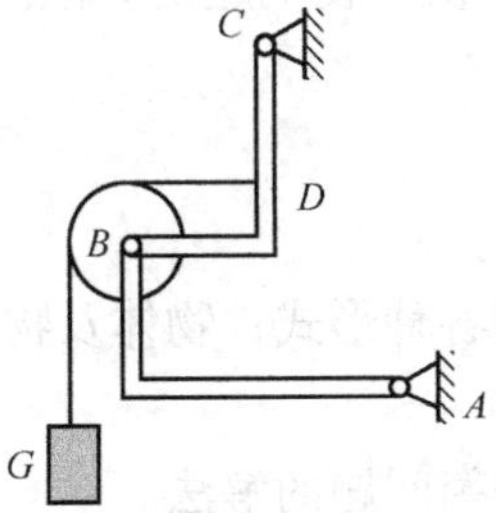

图　1-8

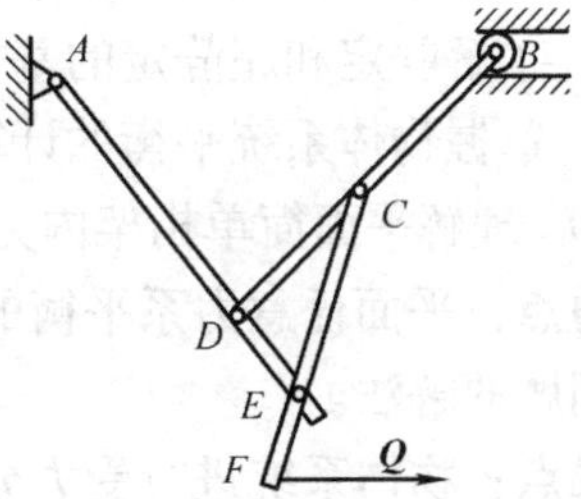

图　1-9

7. 作出图1-10中杆*BD*、杆*ABC*、杆*CD*（含销钉*D*）的受力图。

8. 作出图1-11中杆*BC*、杆*CDE*、杆*BDO*连同滑轮重物、销钉*B*、整体的受力图。

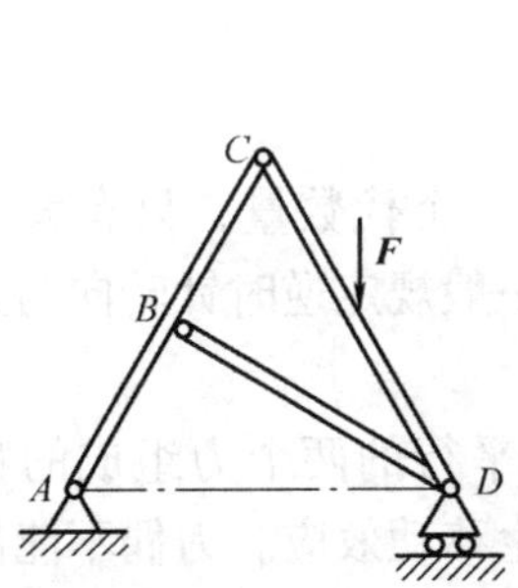

图　1-10

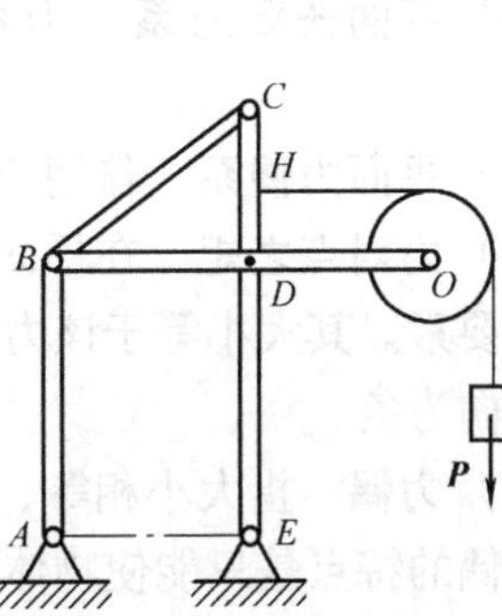

图　1-11

第2章　平面力系

【基本要求】

1. 理解平面汇交力系合成的几何法（力的多边形法则）。

2. 掌握力在坐标轴上的投影及平面汇交力系的平衡条件与平衡方程。

3. 掌握平面力对点之矩、力偶的概念及性质。

4. 掌握平面力偶系的合成与平衡条件。

5. 掌握力的平移定理，能够熟练应用力的平移定理把平面任意力系向同平面内任一点简化。

6. 掌握平面任意力系的简化方法和简化结果；主矢、主矩的概念。

7. 掌握平面任意力系的平衡方程及应用平衡方程解决平衡问题的方法。

8. 了解静定和超静定的基本概念。

9. 掌握物体系统平衡的计算方法。

10. 理解平面简单桁架内力计算的节点法和截面法。

重点：平面任意力系平衡的解析条件；平衡方程的各种形式；物体及物体系统平衡问题的解法。

难点：物体系统进行受力分析；物体及物体系统平衡问题的解法。

【内容提要】

1. 基本概念

（1）**平面汇交力系**　力系中各力的作用线在同一平面内且汇交于一点。

（2）**平面平行力系**　力系中各力的作用线在同一平面内且相互平行。

（3）**平面任意力系**　力系中各力的作用线在同一平面内，但既不汇交也不平行。

（4）**平面力偶系**　作用于同一平面上的一群力偶。

（5）**力对点之矩**　在平面内，力对任意点之矩是一个代数量，只有大小和转向两个要素。其大小等于该力的大小与力臂的乘积，一般规定逆时针转向为正，顺时针转向为负。

（6）**力偶**　指大小相等、方向相反、作用线互相平行的两个力组成的特殊力系。力偶的特点是只能使物体产生转动效应，而不产生移动效应。力偶不能简化成一个力，也不能用一个力来平衡，力和力偶是静力学的两个基本要素。力偶矩是力偶使物体在力偶作用面内转动效果的唯一度量。在平面中，力偶矩只有大小和力偶的转向两个要素，是一个代数量。

(7) **主矢**　平面任意力系中所有各力的矢量和。

(8) **主矩**　平面任意力系中所有各力对于简化中心 O 的矩的代数和。

(9) **物体系统**　由若干个物体通过约束所组成的系统，简称物系。外力：外界物体作用于系统的力。内力：系统内部各物体间相互作用的力。内力总是成对出现，当取整个系统为研究对象时，不必考虑内力。

(10) **静定问题**　系统中未知量的数目等于独立平衡方程的数目，所有的未知量都能由平衡方程求出。

(11) **超静定问题**　未知量的数目多于独立平衡方程的数目，未知量不能全部由平衡方程求出。

(12) **超静定次数**　未知量的数目与独立平衡方程数目之差。

2. 平面汇交力系的合成与平衡

(1) **平面汇交力系合成与平衡的几何法**　平面汇交力系合成结果为一个力。合力作用在该力系的汇交点，合力的大小和方向由力多边形的封闭边表示，写成矢量形式为 $\boldsymbol{F}_{\mathrm{R}}=\sum \boldsymbol{F}_i$。平衡的几何条件为力多边形的封闭边为零，即力多边形自行封闭。

(2) **平面汇交力系合成与平衡的解析法**

力的投影与分解：力在某坐标轴上的投影等于力的大小乘以力与该坐标轴正向间夹角的余弦，得到的投影是代数量。力的分解是利用力的平行四边形法则将一个力分解为两个力，得到的分力为矢量。二者运算法则不同。仅在直角坐标系中，力在轴上的投影才和力沿该轴的分量的大小相等，而投影的正负号可表明该力分量的指向。

合力投影定理：合力在任一坐标轴上的投影等于各分力在同一坐标轴上投影的代数和。

平面汇交力系的合力矢大小和方向余弦分别为

$$F_{\mathrm{R}}=\sqrt{F_{\mathrm{R}x}{}^2+F_{\mathrm{R}y}{}^2}=\sqrt{\sum F_x{}^2+\sum F_y{}^2}$$

$$\cos<\boldsymbol{F}_{\mathrm{R}},\boldsymbol{i}>=\sum F_x/F_{\mathrm{R}}$$

$$\cos<\boldsymbol{F}_{\mathrm{R}},\boldsymbol{j}>=\sum F_y/F_{\mathrm{R}}$$

平面汇交力系平衡的解析条件：该力系中各力在两个任选（不平行）坐标轴上投影的代数和分别等于零。即

$$\begin{cases}\sum F_x=0\\ \sum F_y=0\end{cases}$$

3. 力偶系合成与平衡

(1) **力对点之矩**　力对点之矩用来度量力使物体绕矩心的转动效应。在平面问题中，力对点之矩是一个代数量，其绝对值等于力的大小与力臂的乘积，其转向

由正负号确定。力使物体绕矩心逆时针转动时为正，反之为负。

（2）**合力矩定理** 平面汇交力系的合力对于平面内任意点之矩，等于各分力对于该点之矩的代数和。应用合力矩定理，计算力对点之矩时，可将力分解，各分力对同一点的矩之和即为合力对该点的矩。当力对点之矩的力臂不容易计算时，可采用该方法。

（3）**力偶的性质** 力偶对任意点的矩都等于力偶矩，且不因矩心的改变而改变。力偶只能和力偶相平衡，一个力不能和一个力偶等效。力和力偶是静力学的两个基本要素。

（4）**力偶的等效定理** 同一平面内的两个力偶，只要力偶矩的大小相等、转向相同，这两个力偶彼此等效。

（5）**等效定理的推论** 只要保持力偶矩不变，力偶可在其作用面内任意移动，且可以同时改变力偶中力的大小和力偶臂的长短，对刚体的作用效果保持不变。

（6）**力偶系的合成** 在同一平面内的任意多个力偶可以合成为一个合力偶，合力偶矩等于各个力偶矩的代数和。即 $M = \sum M_i$。

（7）**力偶系的平衡** 平面力偶系平衡的必要和充分条件是：所有各力偶矩的代数和等于零。即 $\sum M_i = 0$。

4. 平面任意力系合成与平衡

（1）**力的平移定理** 可以把作用在刚体上点 A 的力平行移动到任意一点 B，但必须同时附加一个力偶，这个附加力偶的矩等于原来的力 $\boldsymbol{F}$ 对新作用点 B 的矩。

（2）**平面任意力系的简化结果** 在一般情况下，平面任意力系向作用面内任选一点 O 简化，可得一个力和一个力偶。这个力的大小等于该力系的主矢，作用线通过简化中心 O。这个力偶的矩等于该力系对于点 O 的主矩。

主矢：$F_R' = \sqrt{\sum F_x{}^2 + \sum F_y{}^2}$

$$\cos < \boldsymbol{F}_R', \boldsymbol{i} > = \sum F_x / F_R'$$

$$\cos < \boldsymbol{F}_R', \boldsymbol{j} > = \sum F_y / F_R'$$

主矩：$M_O = \sum M_i = \sum M_O(\boldsymbol{F})$

平面任意力系的简化结果分析后有三种情况：合力、合力偶和平衡。

（3）**平面任意力系平衡的必要和充分条件是**：力系的主矢和主矩都等于零。

平面任意力系平衡方程的三种形式：

$$\begin{cases} \sum F_x = 0 \\ \sum F_y = 0 \\ \sum M_O(\boldsymbol{F}) = 0 \end{cases} \quad \text{（基本形式，} x\text{、}y \text{ 轴不平行）}$$

$$\begin{cases}\sum F_x = 0 \\ \sum M_A(\boldsymbol{F}) = 0 \\ \sum M_B(\boldsymbol{F}) = 0\end{cases}$$ （二力矩式，A、B 两点连线和 x 轴不垂直）

$$\begin{cases}\sum M_A(\boldsymbol{F}) = 0 \\ \sum M_B(\boldsymbol{F}) = 0 \\ \sum M_C(\boldsymbol{F}) = 0\end{cases}$$ （三力矩式，A、B、C 三点不共线）

（4）**平面固定端约束** 平面内，既限制物体移动也限制物体转动的约束。约束力用两正交分力和一个约束力偶来表示。

（5）**分布载荷** 合力的大小等于分布载荷曲线下几何图形的面积，合力的作用线用合力矩定理确定，合力作用线位于分布载荷所围图形的形心处。均布载荷合力作用线位于分布载荷中点处，三角形分布载荷合力作用线位于分布载荷2/3长度处（距载荷集度零点）。

5. 平面平行力系的合成与平衡

平面平行力系简化结果为下面三种情况中的一种：一个与各分力平行的力、一个力偶、平衡。

平衡方程有两种形式（假设力作用线与 y 轴平行）：

$$\begin{cases}\sum F_y = 0 \\ \sum M_O(\boldsymbol{F}) = 0\end{cases}$$ （基本形式）

$$\begin{cases}\sum M_A(\boldsymbol{F}) = 0 \\ \sum M_B(\boldsymbol{F}) = 0\end{cases}$$ （二力矩式，A、B 两点连线不与力的作用线平行）

6. 物体系统（物系）平衡问题

解决物系平衡问题要点为：

（1）选择研究对象 物系研究对象的选择十分灵活，有时取整个系统，有时取局部系统，有时取其中一个物体。究竟谁先谁后，原则上是先分析能利用平衡方程计算出某些（不一定是全部）未知力的部分。

（2）正确地按照受力分析的规则画出受力图是求解所有未知力的前提。

（3）灵活地选择力矩中心，列出力矩方程能够减少求解未知量的方程数，减少计算量。

7. 平面简单桁架的内力计算

（1）理想桁架是一种由直杆在两端用铰链连接且几何形状不变的结构，桁架中各杆件的连接点称为节点。

（2）若桁架中各杆件的轴线均在同一平面内，且载荷也位于此平面内的桁架称为平面桁架。

（3）桁架杆件内力的计算方法有节点法和截面法。节点法适用于求解每一根杆件所受的内力，依据的是平面汇交力系的理论；而截面法适用于求解部分杆件的内力，依据的是平面任意力系的理论。有时需要综合采用截面法和节点法求解问题。

【例题精讲】

例题 2-1 已知 $\boldsymbol{F}_1$、$\boldsymbol{F}_2$、$\boldsymbol{F}_3$、$\boldsymbol{F}_4$ 为作用于刚体上的平面汇交力系，其力矢关系如图 2-1a 所示，由此可知（　　）。

（A）该力系的合力 $\boldsymbol{F}_R=0$　　（B）该力系的合力 $\boldsymbol{F}_R=\boldsymbol{F}_4$

（C）该力系的合力 $\boldsymbol{F}_R=2\boldsymbol{F}_4$　　（D）该力系平衡

解： 由图 2-1b 中的力矢关系可知 $\boldsymbol{F}_4=\boldsymbol{F}_1+\boldsymbol{F}_2+\boldsymbol{F}_3$，所以 $\boldsymbol{F}_1+\boldsymbol{F}_2+\boldsymbol{F}_3+\boldsymbol{F}_4=2\boldsymbol{F}_4$。答案为（C）。

注： 图 2-1a 中，若改变 $\boldsymbol{F}_4$ 的指向，则 4 个力构成的四边形自行封闭，满足平面汇交力系平衡的充分必要条件，因此力系将会是平衡的。此时答案为（D）。

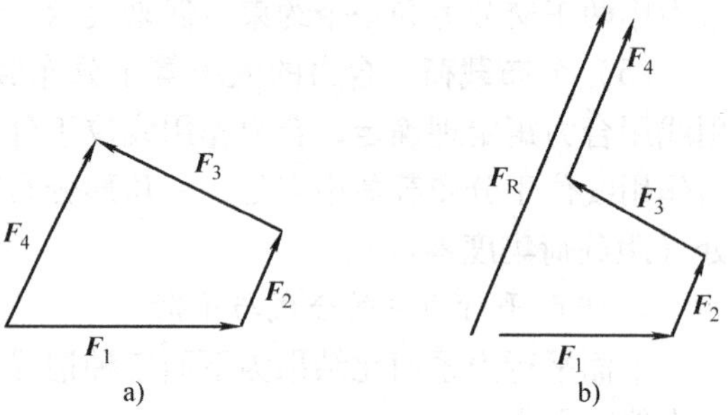

图 2-1

例题 2-2 在四连杆机构 $ABCD$ 的圆柱铰链 B 和 C 上分别作用有主动力 $\boldsymbol{F}_1$ 和 $\boldsymbol{F}_2$，机构在图 2-2a 所示位置平衡。试求平衡时力 $\boldsymbol{F}_1$ 和 $\boldsymbol{F}_2$ 的大小之间的关系。

解题思路： 因为不计各杆自重，又只在杆两端光滑圆柱铰链约束处作用主动力，因此所有杆件都为二力杆。利用二力杆 BC 的受力特点可以找到 $\boldsymbol{F}_1$ 和 $\boldsymbol{F}_2$ 的大小之间的关系。

解：法 1——几何法

（1）分别取销钉 B 和 C 为研究对象，受力如图 2-2b、c 所示。销钉受到各杆的力的方向均沿各杆的轴线方向。

（2）分别画出销钉 B、C 处两个汇交力系的力三角形，如图 2-2d 所示。

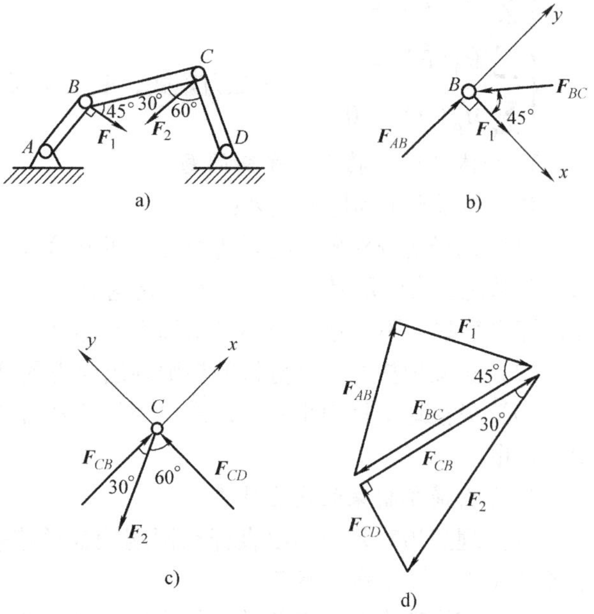

图 2-2

根据图 2-2d 中的几何关系可以得出

$$F_{CB}=F_2\cos30°$$

$$F_{BC}=\frac{F_1}{\cos 45°}$$

因为 $F_{BC}=F_{CB}$，所以 $F_1=0.61F_2$。

法 2——解析法

(1) 取销钉 B 为研究对象，如图 2-2b 所示。

$$\sum F_x=0,\ -F_{BC}\cos 45°+F_1=0$$

得
$$F_{BC}=\sqrt{2}F_1$$

(2) 取销钉 C 为研究对象，受力如图 2-2c 所示。

$$\sum F_x=0,\ F_{CB}-F_2\cos 30°=0$$

得
$$F_{CB}=F_2\cos 30°=\frac{\sqrt{3}}{2}F_2$$

因为 $F_{BC}=F_{CB}$，所以 $F_1=0.61F_2$。

注：对于只有三个分力组成的平面汇交力系，采用几何法利用三角函数关系求解还是非常方便准确的。如果汇交力系中分力的个数超过 3 个时，几何关系非常难找，宜采用解析法求解。

例题 2-3 铰链四连杆机构 $OABO_1$ 在图 2-3a 所示位置平衡。已知 $OA=40\text{cm}$，$O_1B=60\text{cm}$，作用在 OA 上的力偶矩 $M_1=1\text{N}\cdot\text{m}$。试求力偶矩 M_2 的大小及 AB 杆所受的力 $\boldsymbol{F}_{AB}$ 的大小。各杆的自重不计。

解题思路：AB 杆只在 A 和 B 处受到销钉作用，且不计自重，因此是二力杆，可以确定力的方位为沿 AB 杆轴线。OA 杆只受到 O 处约束力及 AB 杆的作用力和主动力偶 M_1 作用。根据力偶系平衡可以求出 AB 杆所受的力。同理，O_1B 杆只受 B 处 AB 杆的力、O_1 处的约束力及主动力偶 M_2 作用，根据力偶系平衡可求出 M_2。

解：(1) 以 OA 杆为研究对象，受力分析如图 2-3b 所示。

$$\sum M_O(\boldsymbol{F})=0,\ -M_1+F_{AB}\sin 30°\times OA=0$$

解得
$$F_{AB}=\frac{M_1}{OA\times\sin 30°}=\frac{1}{0.4\times0.5}\text{N}=5\text{N}$$

(2) 以 O_1B 杆为研究对象，受力分析如图 2-3c 所示。

$$\sum M_{O_1}(\boldsymbol{F})=0, M_2+F_{BA}\times O_1B=0$$

解得
$$M_2=F_{BA}\times O_1B=(5\times0.6)\text{N}\cdot\text{m}=3\text{N}\cdot\text{m}$$

注 1：在解题计算过程中，要注意单位的统一。

注 2：本题第二步还可以选取整体为研究对象，根据二力杆 AB 所受力的方向和大小及力偶系平衡条件，确定 O 和 O_1 处约束力的方向和大小，进而求解主动力

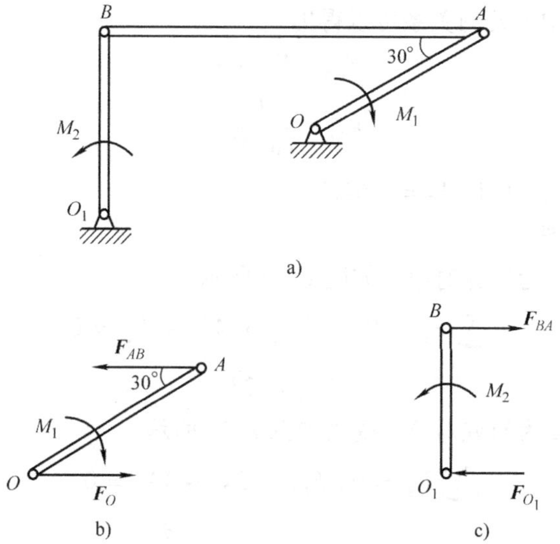

图 2-3

偶 M_2的大小。

例题 2-4 杆 *AF*、*BE*、*CD*、*EF* 相互铰接并支承，如图 2-4 所示。今在 *AF* 杆上作用一力偶（$\boldsymbol{F}$，$\boldsymbol{F}'$），若不计各杆自重，则 *A* 处固定铰链约束力的作用线（　　）。

（A）过 *A* 点平行于力 $\boldsymbol{F}$　　　　（B）过 *A* 点平行于 *BG* 连线

（C）沿 *AG* 直线　　　　（D）沿 *AH* 直线

解：（1）杆 *EF*、杆 *CD* 为二力杆，因此，其受力沿各自杆端的连线方向；

（2）杆 *BCE* 仅受三个力作用保持平衡，据三力平衡汇交定理可知，*B* 处约束力方位沿 *BG* 两点连线；

（3）视整体为研究对象，*B* 处约束力与 *A* 处约束力组成一个力偶与主动力偶平衡，故 *A* 处约束力过 *A* 点，平行于 *BG* 连线。

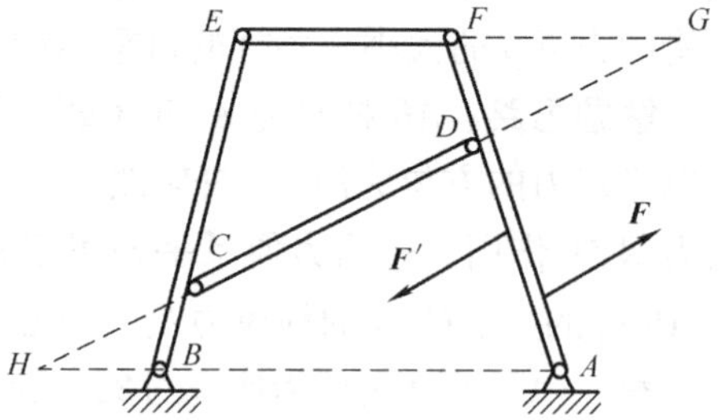

图 2-4

综上：正确答案为（B）。

例题 2-5 图 2-5a 所示机构中，*AB* 梁上固定点 *E* 为销钉，*B* 为定滑轮，*C* 为动滑轮，点 *C* 处挂重物 *G* = 2kN。绳一端系在点 *B* 绕过 *C* 轮、*B* 轮后系在 *DE* 杆上端，*DE* 杆上有滑道。*A* 是固定端，*D* 为固定铰支座，尺寸如图所示，*B* 轮半径为 0.2m，求固定端 *A* 和固定铰链 *D* 处的约束力。

解题思路：①在本题中，*A* 处固定端约束有三个约束力，*D* 点固定铰链支座有 2 个约束力，因此以整体为研究对象无法求出全部未知力，也无法求出部分未知力。所以需将物体系统拆开，分析各部分的受力。受力如图2-5b、c所示。②因为*DE*杆上只有三个未知力，可以求出所有未知力，所以先取*DE*杆为研究对象。③再以*AB*梁、*E*销钉、*B*轮及*C*轮局部系统为研究对象，仍然是只有*A*处的三个未知力，可以求出固定端处的约束力。

解：(1) 以*DE*杆为研究对象受力如图2-5c所示。

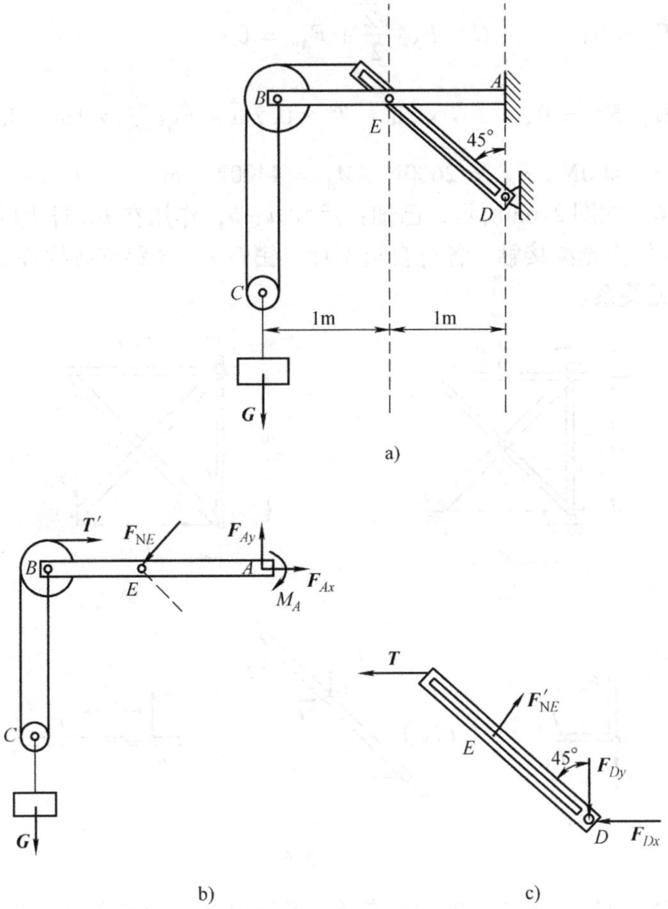

图　2-5

$$\sum M_D(\boldsymbol{F}) = 0,\qquad T\frac{\sqrt{2}}{2}(\sqrt{2}\text{m} + 0.2\sqrt{2}\text{m}) - F'_{NE}\sqrt{2}\text{m} = 0$$

$$\sum F_x = 0,\qquad T + F_{Dx} - F'_{NE}\frac{\sqrt{2}}{2} = 0$$

$$\sum F_y = 0,\qquad F'_{NE}\frac{\sqrt{2}}{2} - F_{Dy} = 0$$

其中　$T = \frac{G}{2} = 1000\text{N}$

解得 $F'_{NE}=600\sqrt{2}\approx 848.5\text{N}$，$F_{Dx}=-400\text{N}$，$F_{Dy}=600\text{N}$

(2) 再取 AB 梁、E 销钉、B 轮及 C 轮组成的局部系统为研究对象，受力如图 2-5b所示。

$$\sum F_x=0,\quad T'-F_{NE}\frac{\sqrt{2}}{2}+F_{Ax}=0$$

$$\sum F_y=0,\quad -G-F_{NE}\frac{\sqrt{2}}{2}+F_{Ay}=0$$

$$\sum M_A(\boldsymbol{F})=0,\quad G\times 2\text{m}-T'\times 0.2\text{m}+F_{NE}\frac{\sqrt{2}}{2}\times 1\text{m}-M_A=0$$

解得 $F_{Ax}=-400\text{N}$，$F_{Ay}=2600\text{N}$，$M_A=4400\text{N}\cdot\text{m}$

例题 2-6 如图 2-6a 所示，已知：尺寸 a、b，作用在 BC 杆上的力 $\boldsymbol{F}$ 可以随 x 平移，C、E 处为光滑接触，各杆自重不计，销钉 A、B 穿透各构件。试分析 AB 杆受力与 x 有无关系。

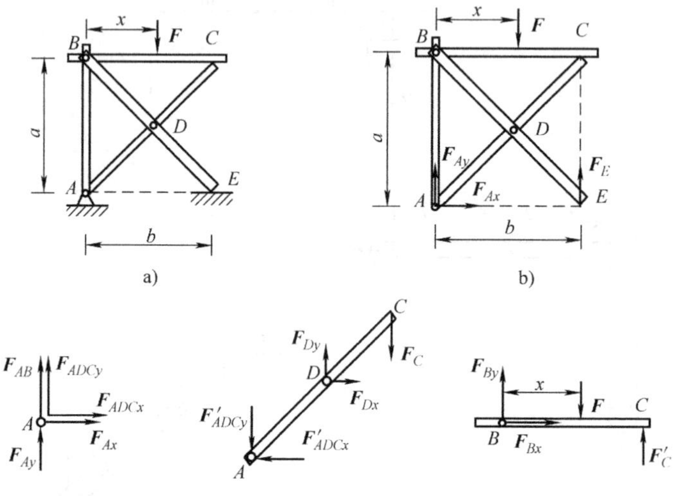

图 2-6

解题思路：AB 杆为二力杆，求其受力可以以 A 处销钉为研究对象。首先取整体为研究对象，其受到铰链 A 的约束力及 E 处光滑面约束，受力如图 2-6b 所示，三个未知力均可以求出。A 处销钉为复铰链，受力如图 2-6c 所示。根据水平方向平衡可以求出 $\boldsymbol{F}_{ADCx}$。再分析 ADC 杆受力如图 2-6d 所示，若已知 C 处的光滑面约束力 $\boldsymbol{F}_C$，就可以求出 $\boldsymbol{F}'_{ADCy}$。取 BC 杆为研究对象，受力分析如图 2-6e 所示，对 B 点取矩可以求出 $\boldsymbol{F}_C$。

解：(1) 以整体为研究对象，受力如图 2-6b 所示。

$$\sum F_x=0,\quad F_{Ax}=0$$

$$\sum M_E(\boldsymbol{F})=0,\quad F(b-x)-F_{Ay}b=0$$

解得
$$F_{Ay}=\frac{b-x}{b}F$$

（2）以 A 处销钉为研究对象，受力如图 2-6c 所示。

$$\sum F_x=0,\quad F_{Ax}+F_{ADCx}=0$$
$$\sum F_y=0,\quad F_{AB}+F_{Ay}+F_{ADCy}=0 \qquad (*)$$

解得
$$F_{ADCx}=0$$

（3）以 BC 杆为研究对象，受力如图 2-6e 所示。

$$\sum M_B(\boldsymbol{F})=0,\quad F'_C b-Fx=0$$

解得
$$F'_C=\frac{x}{b}F$$

（4）以 ADC 杆为研究对象，受力如图 2-6d 所示。

$$\sum M_D(\boldsymbol{F})=0,\quad F'_{ADCy}\frac{b}{2}-F_C\frac{b}{2}=0$$

解得 $F'_{ADCy}=\frac{x}{b}F$，代入式（ * ）可得

$$F_{AB}=-F$$

所以，AB 杆受压力 $\boldsymbol{F}$ 作用，其大小与 x 的位置无关。

注：该问题先以整体为研究对象求出 A 处约束力，再以 BC 为研究对象求出 $\boldsymbol{F}'_C$，最后以 ADC 杆和 A 处销钉整体为研究对象进行分析，可以使销钉与 ADC 杆的作用力变为内力，从而减少计算量。

例题 2-7 图 2-7a 所示结构中，已知：尺寸 a 及力 $\boldsymbol{F}$，A、B、C、D 处为光滑圆柱铰链约束，E 处为光滑面约束，各杆自重不计，求 A、D、B 处的约束力。

解题思路：以整体为研究对象，受主动力 $\boldsymbol{F}$ 及 B 和 C 处四个约束力作用，如图 2-7b 所示。无法求出 B 处的力，但可对点 C 取矩，从而可以求出 B 处 y 方向的约束力 $\boldsymbol{F}_{By}$。对 DEF 杆分析，如图 2-7c 所示，只有 D 处及 E 处三个未知力，可以求得 D 处的约束力。以 ADB 杆分析，受力如图 2-7d 所示，只剩下 A 处及 B 处 x 方向共三个未知力，列平面任意力系三个平衡方程可以求解。

解：（1）以整体为研究对象受力如图 2-7b 所示。

$$\sum M_C(\boldsymbol{F})=0,\quad F_{By}\cdot 2a=0$$

解得
$$F_{By}=0$$

（2）以 DEF 杆为研究对象受力如图 2-7c 所示。

$$\sum M_E(\boldsymbol{F})=0,\quad F'_{Dy}\cdot a-F\cdot a=0$$
$$\sum M_B(\boldsymbol{F})=0,\quad F'_{Dx}\cdot a-F\cdot 2a=0$$

解得
$$F'_{DX}=2F,\quad F'_{Dy}=F$$

（3）以 ADB 杆为研究对象受力如图 2-7d 所示。

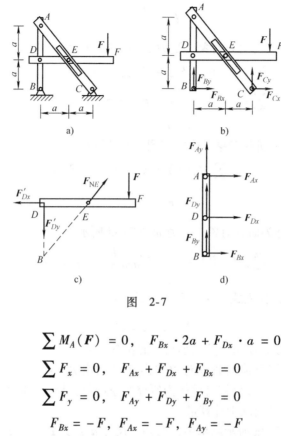

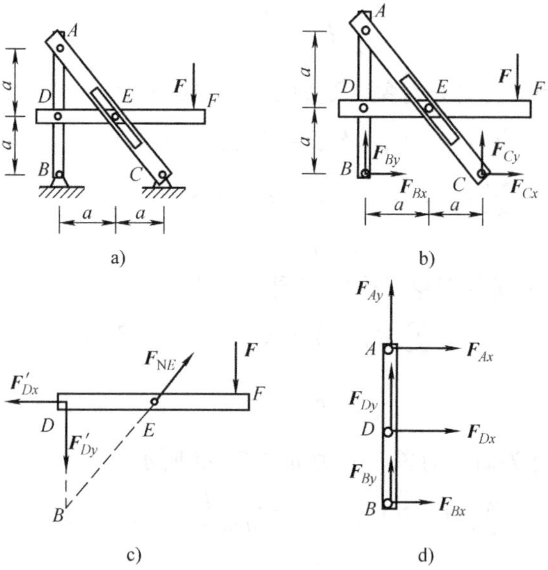

图 2-7

$$\sum M_A(\boldsymbol{F}) = 0, \quad F_{Bx} \cdot 2a + F_{Dx} \cdot a = 0$$

$$\sum F_x = 0, \quad F_{Ax} + F_{Dx} + F_{Bx} = 0$$

$$\sum F_y = 0, \quad F_{Ay} + F_{Dy} + F_{By} = 0$$

解得 $F_{Bx} = -F, \ F_{Ax} = -F, \ F_{Ay} = -F$

注：此题中，以 *DEF* 杆为研究对象计算时，选择 *B* 为矩心，可避免出现不需要求解的未知力 $\boldsymbol{F}_{NE}$，减少平衡方程的数目，减少计算量。本题通过恰当地选择研究对象及恰当地选择方程，使得仅列了 6 个方程便求解了要求的 6 个未知量。在求解物体系统平衡的问题时，对于静定问题选择每一个物体为研究对象，列出所有的方程，肯定是可以求出所有的未知力的。但在求解过程中需要认真分析、选择研究对象和选择适当的方程，以减少计算工作量。

例题 2-8 分析图 2-8a 所示桁架中指定杆件 1 和 2 的内力。

解题思路：以整体为研究对象，可以最先分析出 *A*、*B* 支座约束力，优先考虑截面法，当截面正好截断三根杆件时，其内力可利用平面任意力系的三个独立平衡方程求解，1 杆处显然有这样的截面存在；其次，若某节点处有三个未知力，且其中两个未知力共线，则第三个未知力可由该节点处共线未知力的垂线方向投影平衡求解，2 杆处的分析可利用这种方法。应当指明的是，桁架求解思路不唯一，一般条件下，先尝试截面法，因为截面法所能列的方程的数目多、形式丰富，求解能力比较突出。

解：（1）求解整体桁架的支座约束力，受力如图 2-8b 所示。

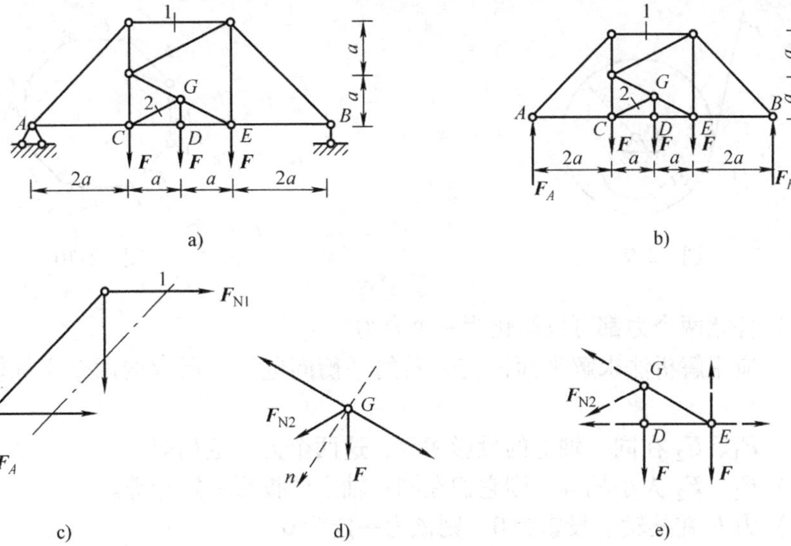

图 2-8

利用对称性，可知 $F_A = F_B = \dfrac{3}{2}F$ （↑）

（2）作图 2-8c 所示的截面，并取左半部分桁架为研究对象：

$$\sum M_C(\boldsymbol{F}) = 0,\ 2aF_{\mathrm{N1}} + \frac{3}{2}F\cdot 2a = 0，得\ F_{\mathrm{N1}} = -\frac{3}{2}F\ （压）$$

（3）以 D 节点为研究对象，分析竖直方向的受力平衡，易得 $F_{\mathrm{NDG}} = F$（拉）

（4）以 G 节点为研究对象，受力如图 2-8d 所示。

$$\sum F_n = 0,\ F_{\mathrm{N2}}\frac{4}{5} + F\frac{2}{\sqrt{5}} = 0\ ，得\ F_{\mathrm{N2}} = -\frac{\sqrt{5}}{2}F\ （压）$$

注：若取图 2-8e 所示的截面，并对 E 取矩，虽然截断多于三根杆件，但仍然可求解 2 杆内力：

$$\sum M_E(\boldsymbol{F}) = 0,\ F_{\mathrm{N2}}\frac{2a}{\sqrt{5}} + Fa = 0，得\ F_{\mathrm{N2}} = -\frac{\sqrt{5}}{2}F$$

【习题精练】

1. 判断题

（1）平面任意力系向平面内某点简化得到主矢的大小一定是该力系合力的大小。 （　）

（2）在图 2-9 中，圆轮在力偶矩为 M 的力偶和力 $\boldsymbol{F}$ 的共同作用下保持平衡，则说明一个力偶可由一个力平衡。 （　）

（3）作用在刚体的 A、B、C、D、E、F、G、H 八个点上的力满足 $\boldsymbol{F}_1 = -\boldsymbol{F}'_1$，$\boldsymbol{F}_2 = -\boldsymbol{F}'_2$，$\boldsymbol{F}_3 = -\boldsymbol{F}'_3$，$\boldsymbol{F}_4 = -\boldsymbol{F}'_4$，如图 2-10 所示，则由于力多边形自行封闭，所以该刚体是平衡的。 （　）

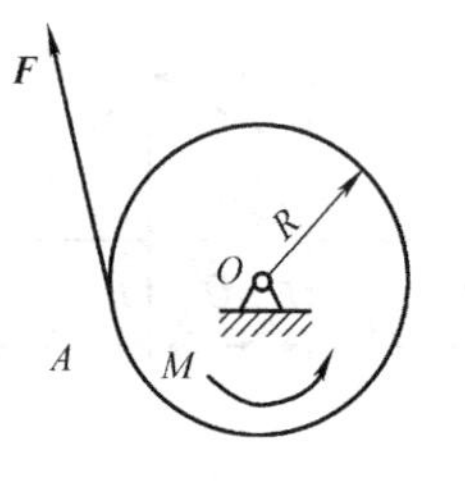

图 2-9

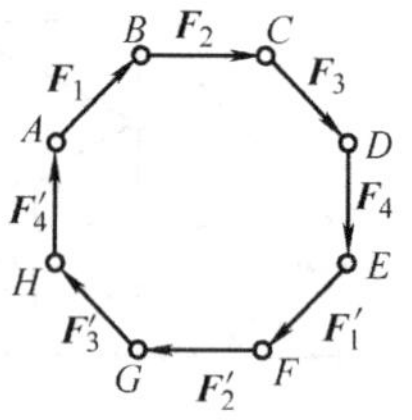

图 2-10

(4) 任意两个力都可以简化为一个合力。 ( )

(5) 应用解析法求解平面汇交力系的平衡问题时，所取的两个坐标轴必须互相垂直。 ( )

(6) $\boldsymbol{F}_1$、$\boldsymbol{F}_2$ 在同一轴上的投影相等，这两个力一定相等。 ( )

(7) $\boldsymbol{F}_1$、$\boldsymbol{F}_2$ 大小相等，则它们在同一轴上的投影一定相等。 ( )

(8) 力 $\boldsymbol{F}$ 在某轴上投影为0，则该力一定为0。 ( )

(9) 作用在刚体上的力，沿力作用线移动或任意平移改变力作用线的位置都不会改变力对刚体的作用效应。 ( )

(10) 作用于刚体的平面一般力系的主矢是个自由矢量，而该力系的合力（若有合力）是滑动矢量。但这两个矢量等值、同向。 ( )

(11) 作用于刚体的平面任意力系，若其力多边形自行封闭，则此刚体平衡。 ( )

(12) 将图2-11a 中的力偶移动到图2-11b 中的位置，则 A、B、C 处约束力都不变。 ( )

2. 选择题

(1) 汇交于点 O 的平面汇交力系，其平衡方程可表示为二力矩形式。即 $\sum M_A(\boldsymbol{F}) = 0$，$\sum M_B(\boldsymbol{F}) = 0$，但必须（ ）。

(A) A、B 两点中有一点与点 O 重合　　(B) 点 O 不在 A、B 两点的连线上

(C) 点 O 应在 A、B 两点的连线上　　(D) 无任何条件

(2) 两直角刚杆 AC、CB 支承如图2-12所示，在圆柱铰链 C 处受力 $\boldsymbol{F}$ 作用，则 A、B 两处约束力与 x 轴正向所成的夹角 α、β 分别为 α =（ ），β =（ ）。

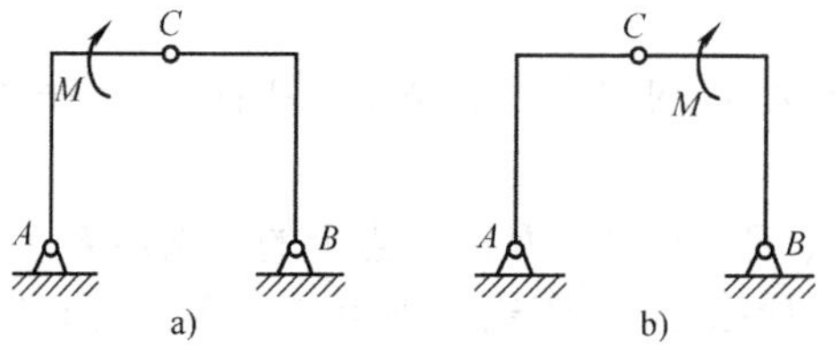

图 2-11

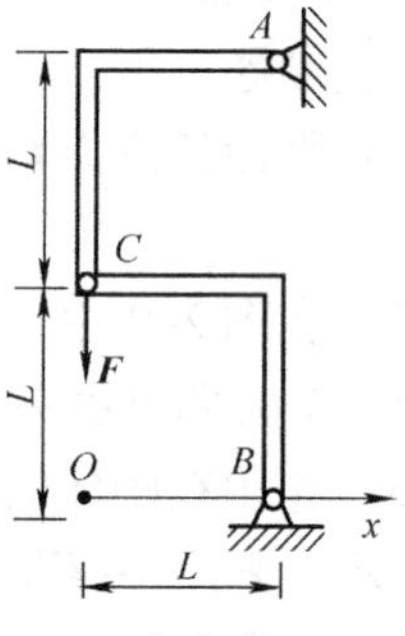

图 2-12

（A）30°　（B）45°　（C）90°　（D）135°

（3）已知杆 AB 和 CD 的自重不计，且在 C 处光滑接触，若作用在 AB 杆上的力偶的矩为 M_1，欲使系统保持平衡，作用在 CD 杆上的力偶的矩 M_2 的转向如图2-13所示，其力偶矩为（　　）。

（A）$M_2=M_1$　（B）$M_2=4M_1/3$　（C）$M_2=2M_1$　（D）$M_2=0.5M_1$

（4）在图2-14所示系统中，绳 DE 能承受的最大拉力为10kN，杆重不计。则力 $\boldsymbol{F}$ 的最大值为（　　）。

（A）5kN　（B）10kN　（C）15kN　（D）20kN

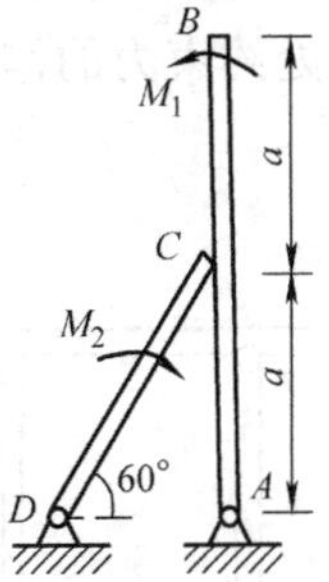

图　2-13

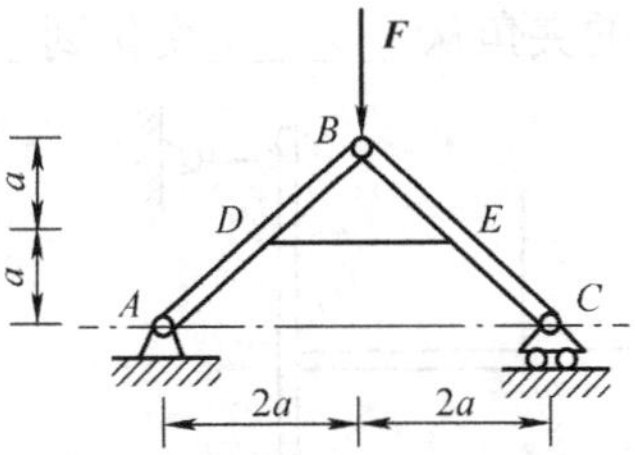

图　2-14

（5）图2-15所示各杆用光滑铰链连接成一菱形结构，各杆重不计，在铰链 A、B 处分别作用力 $\boldsymbol{F}_1$ 和 $\boldsymbol{F}_2$，且 $F_1=F_2=F$，则杆5内力的大小是（　　）。

（A）0　（B）$F/3$　（C）$F/\sqrt{3}$　（D）F

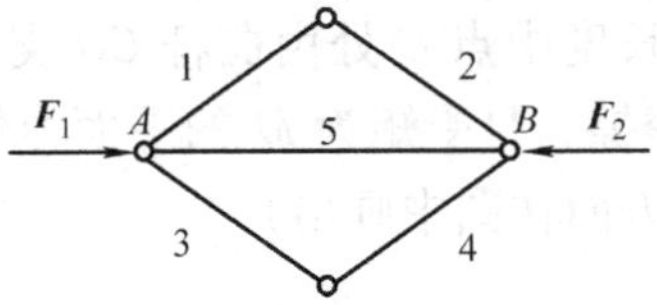

图　2-15

（6）若平面力系对一点 A 的主矩为零，则此力系（　　）。

（A）不可能合成一个力　（B）不可能合成一个力偶

（C）一定平衡　（D）可能合成一个力偶，也可能平衡

（7）平面力系向点1简化时，主矢 $F'_R=0$，主矩 $M_1\neq0$，如将该力系向另一点2简化，则（　　）。

（A）$F'_R\neq0$，$M_2\neq0$　（B）$F'_R=0$，$M_2\neq M_1$

（C）$F'_R=0$，$M_2=M_1$　（D）$F'_R\neq0$，$M_2=M_1$

3. 填空题

（1）已知平面汇交力系的汇交点为 A，且满足方程 $\sum M_B = 0$（B 为力系平面内的另一点），若此力系不平衡，则可简化为________。已知平面平行力系，诸力与 y 轴不垂直，且满足方程 $\sum F_y = 0$，若此力系不平衡，则可简化为________。

（2）不计重量的直杆 AB 与折杆 CD 在 B 处用光滑铰链连接，如图 2-16 所示。若结构受力 $\boldsymbol{F}$ 作用，则固定铰链支座 C 处约束力的大小为________，方向为________。

（3）两直角刚杆 ABC、DEF 在 F 处铰接，并支承如图 2-17 所示。若各杆重量不计，则当垂直 BC 边的力 $\boldsymbol{F}$ 从点 B 移动到点 C 的过程中，A 处约束力的作用线与 AB 方向的夹角从________变化到________（以°计）。

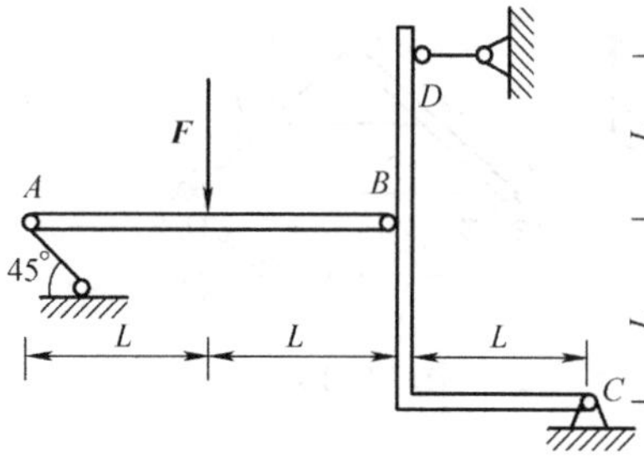

图　2-16

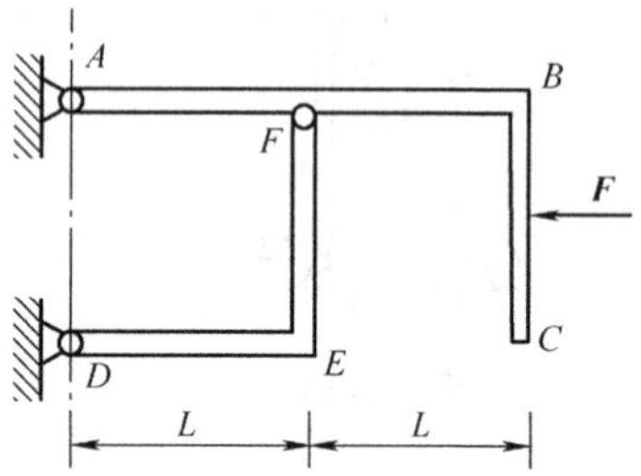

图　2-17

（4）如图 2-18 所示，自重不计的两杆 AB、CD 在 C 处光滑接触。若作用在 AB 上的力偶的矩为 M_1，为使系统平衡，则作用在 CD 上的力偶的矩 M_2 为________。

（5）杆 AB 长 L，在其长度中点 C 处由曲杆 CO 支承如图 2-19 所示，若 $AO = AC$，不计各杆自重及各处摩擦，且受矩为 M 的平面力偶作用，则图中 A 处约束力的大小为________。(力的方向在图中画出)。

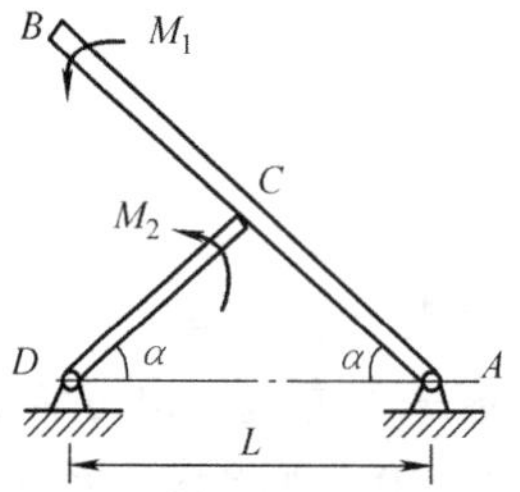

图　2-18

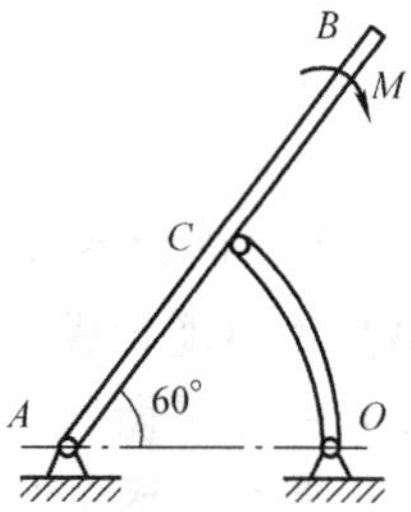

图　2-19

4. 直接判断出图 2-20 中 A、B 处约束力的方向。

5. 计算题

（1）图 2-21 所示行动式起重机（不计平衡锤）的重量 $G_1 = 500\text{kN}$，其重力作

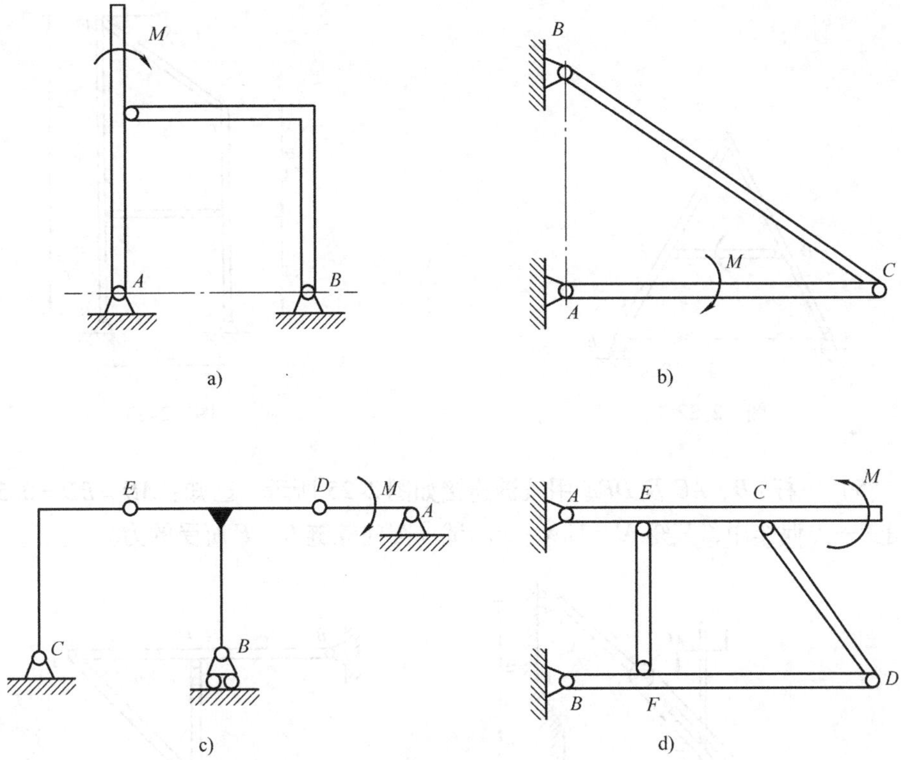

图　2-20

用线距右轨 1.5m。起重机的起重重量 $G_2=250\text{kN}$，起重臂伸出离右轨 10m。要使跑车空载和满载时在任何位置起重机都不会翻倒，求平衡锤的最小重量 G_3 以及平衡锤到左轨的最大距离 x，跑车重量略去不计。

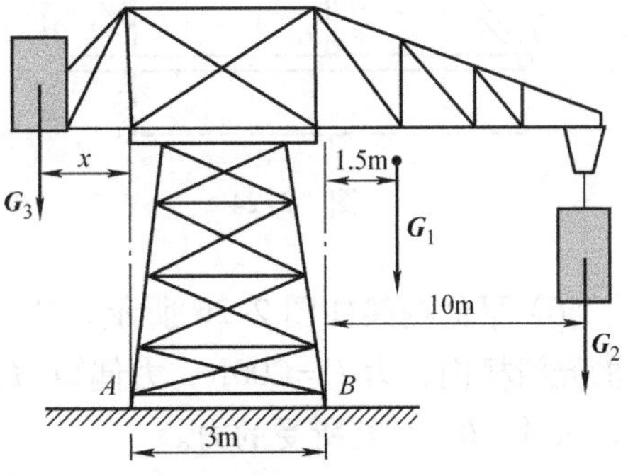

图　2-21

（2）图 2-22 所示结构由 AC、BC 及 DE 三根无重杆铰接而成，其中 $AB=BC=AC=l$，D、E 分别是 AC 和 BC 的中点。C 点作用有水平力 $\boldsymbol{F}$，DE 杆上作用一矩为 M 的力偶。试求固定铰链支座 A 和滚动支座 B 处的约束力。

（3）由 AE、BF、CD、EF 四个不计自重的杆连接而成的结构如图 2-23 所示，A、B、C、D、E、F 均为铰链，试求 CD 杆、EF 杆的内力。

（4）构架 ABC 如图 2-24 所示，由 AB、BC、DF 组成，杆 DF 上的销钉 E 可在杆 BC 的光滑槽内滑动，在杆 DF 上作用一力偶，其矩为 M，A 为固定端，C 为滚动支座。试求 A、C 两处的约束力。

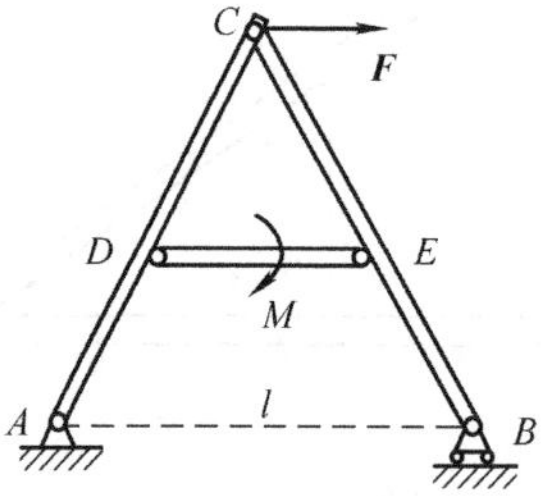

图 2-22

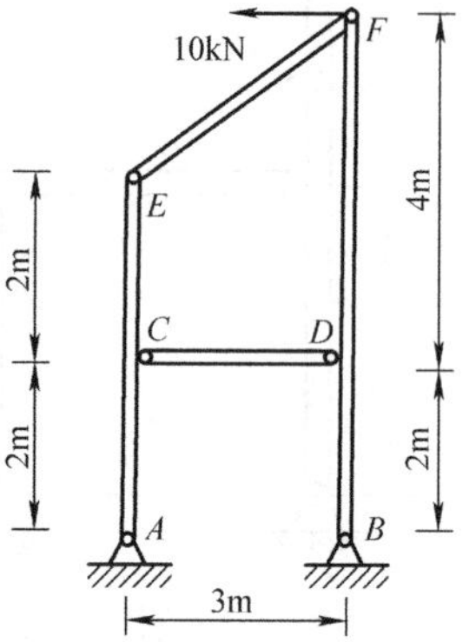

图 2-23

（5）三杆 AB、AC 及 DFE 用铰链连接如图 2-25 所示。已知：$AD=BD=0.5\text{m}$，E 端受一力偶作用，其矩 $M=1\text{kN}\cdot\text{m}$。试求圆柱铰链 D、F 所受的力。

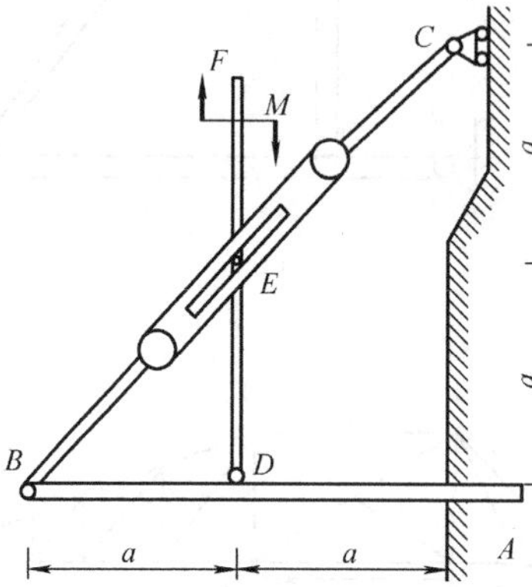

图 2-24

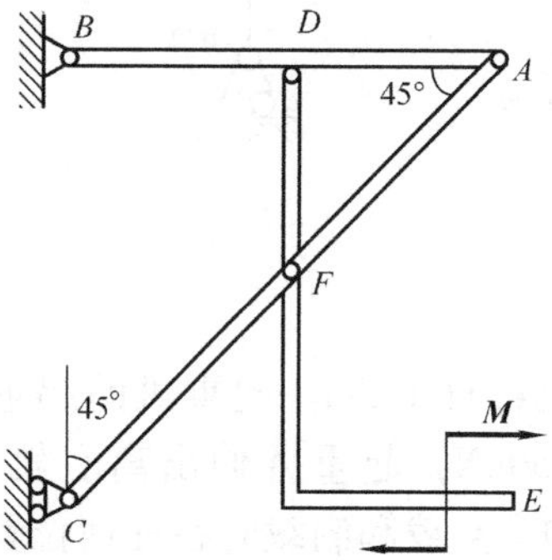

图 2-25

（6）平面构架如图 2-26 所示，C、D 处为铰链连接，BH 杆上的销钉置于 AC 杆的光滑槽内，力 $F=200\text{N}$，力偶矩 $M=100\text{N}\cdot\text{m}$，$AB=BC=0.8\text{m}$。不计各杆自重，求 A、B、C 处所受的力。

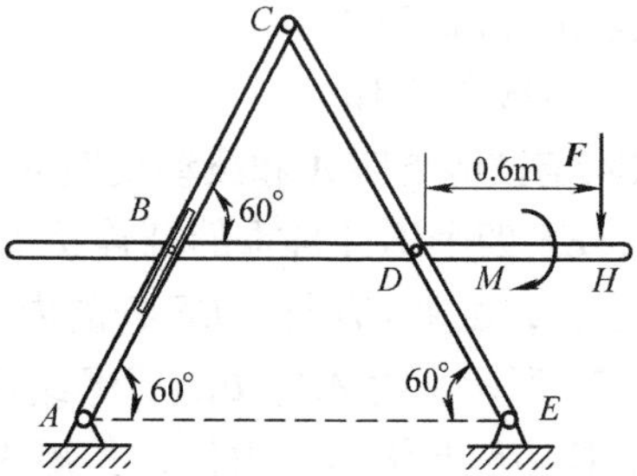

图 2-26

（7）图2-27所示的滑轮 B 重为 G，半径 $r=0.4d$，物体 H 重为 W，各杆的重量不计。求 AB 杆上 A、E、B 处受力大小。

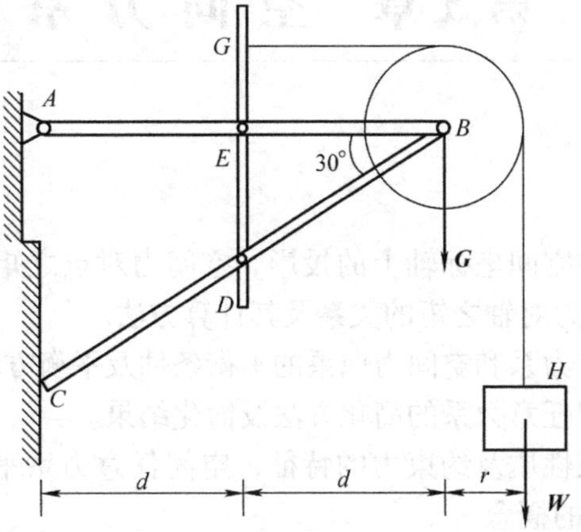

图　2-27

第3章　空间力系

【基本要求】

1. 熟练掌握力在空间坐标轴上的投影，空间力对点之矩及空间力偶的概念及性质，力对点之矩和力对轴之矩的关系及其计算方法。

2. 理解空间汇交力系和空间力偶系的平衡条件及平衡方程。

3. 熟练掌握空间任意力系的简化方法及简化结果。

4. 理解空间约束性质及约束力的特征，空间任意力系平衡的计算方法，空间平行力系中心和重心的概念。

5. 熟练掌握重心的计算方法。

重点：力在空间直角坐标轴上的投影和力对轴之矩；空间汇交力系、空间任意力系、空间平行力系平衡方程的应用；重心的坐标公式。

难点：空间矢量的运算；空间结构的几何关系和立体图。

【内容提要】

1. 基本概念

（1）**空间力系**　力系中各力的作用线不在同一平面内。根据力的作用线是否汇交或者平行，可以分为空间汇交力系、空间力偶系、空间平行力系和空间任意力系。

（2）**空间力对点之矩**　在空间情况下，力对点之矩有大小、转向和作用面三个要素，为一个矢量，称为力矩矢，可以用矩心到该力作用点的矢径与该力的矢量积来度量。

（3）**力对轴之矩**　力对轴之矩是力使刚体绕某轴转动效果的度量，是一个代数量。

（4）**空间力偶**　与平面力偶相比，空间力偶有力偶矩大小、力偶转向及力偶作用面三个要素，需用一个矢量——力偶矩矢来表示。对刚体而言，其矢量始端位置并不确定，为一自由矢量。

（5）**平行力中心**　平行力系合力作用点的位置仅与各平行力的大小和作用点的位置有关，而与各平行力的方向无关，称该点为平行力系的中心。

（6）**物体的重心**　物体重力合力的作用点。

2. 空间汇交力系

（1）**空间汇交力系合成的几何法**　与平面汇交力系类似，可以将汇交力系的各力首尾相连，连接第一个力的起点和最后一个力的终点就可以得到该力系的合力。由于空间汇交力系的各力不在同一平面内，因此得到的力多边形将是空间的。这在理论上比较简单，实际上求解起来非常困难。因此空间汇交力系很少采用几何法，多采用解析法。

（2）空间汇交力系合成与平衡的解析法

1）空间力的投影

直接投影法：如图3-1所示，已知力与三个坐标轴的夹角分别为α、β、γ，可以采用直接投影法得到力$\boldsymbol{F}$在x、y、z三个坐标轴上的投影为

$$F_x = F\cos\alpha,\ F_y = F\cos\beta,\ F_z = F\cos\gamma$$

二次投影法：如图3-2所示，已知力$\boldsymbol{F}$与z坐标轴的夹角γ，以及$\boldsymbol{F}$在xOy平面内的投影与x轴的夹角φ，则力$\boldsymbol{F}$在x、y、z三个坐标轴上的投影为

$$F_x = F\sin\gamma\cos\varphi,\ F_y = F\sin\gamma\sin\varphi,\ F_z = F\cos\gamma$$

若已知力$\boldsymbol{F}$在三个相互垂直的坐标轴上的投影为F_x、F_y、F_z，则可以求得力$\boldsymbol{F}$的大小和方向分别为

大小：
$$F = \sqrt{F_x^2 + F_y^2 + F_z^2}$$

方向余弦：
$$\cos\alpha = \frac{F_x}{F},\ \cos\beta = \frac{F_y}{F},\ \cos\gamma = \frac{F_z}{F}$$

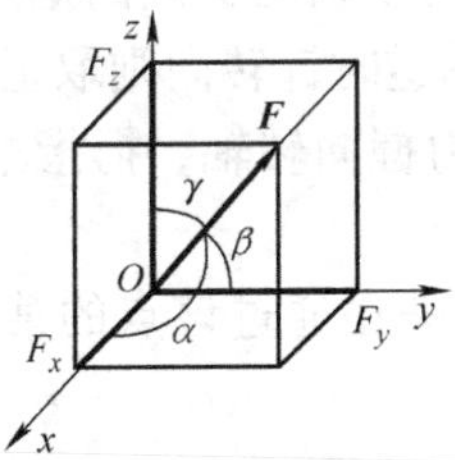

图　3-1

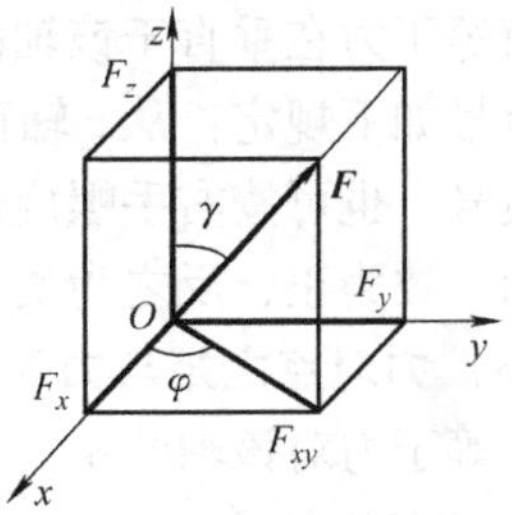

图　3-2

2）合力投影定理

空间汇交力系的合力在某轴上的投影，等于各分力对同一轴的投影的代数和，即

$$\begin{cases} F_{Rx} = \sum F_x = F_{1x} + F_{2x} + \cdots + F_{nx} \\ F_{Ry} = \sum F_y = F_{1y} + F_{2y} + \cdots + F_{ny} \\ F_{Rz} = \sum F_z = F_{1z} + F_{2z} + \cdots + F_{nz} \end{cases}$$

3）空间汇交力系合成

空间汇交力系合成结果为一个合力，合力的大小和方向余弦分别为

$$F_R = \sqrt{F_{Rx}^2 + F_{Ry}^2 + F_{Rz}^2} = \sqrt{\left(\sum F_x\right)^2 + \left(\sum F_y\right)^2 + \left(\sum F_z\right)^2}$$

$$\cos\langle \boldsymbol{F}_R, \boldsymbol{i}\rangle = \sum F_x / F_R$$

$$\cos\langle \boldsymbol{F}_R, \boldsymbol{j}\rangle = \sum F_y / F_R$$

$$\cos\langle \boldsymbol{F}_R, \boldsymbol{k}\rangle = \sum F_z / F_R$$

4）空间**汇交力系平衡的解析条件**

该力系中各力在三个坐标轴上投影的代数和分别等于0。即

$$\begin{cases}\sum F_x = 0\\ \sum F_y = 0\\ \sum F_z = 0\end{cases}$$

3. 力对点之矩和力对轴之矩

（1）**力对点之矩——力矩矢** 力 $\boldsymbol{F}$ 对点 O 的矩定义为

$$\boldsymbol{M}_O(\boldsymbol{F}) = \boldsymbol{r}\times\boldsymbol{F} = \begin{vmatrix}\boldsymbol{i} & \boldsymbol{j} & \boldsymbol{k}\\ x & y & z\\ F_x & F_y & F_z\end{vmatrix} = (yF_z - zF_y)\boldsymbol{i} + (zF_x - xF_z)\boldsymbol{j} + (xF_y - yF_x)\boldsymbol{k}$$

其中，O 是空间的任一点，可以在刚体上，也可以不在刚体上，称为力矩中心，简称矩心。$\boldsymbol{r}$ 为矩心到力作用点的矢径。

（2）**力对轴之矩** 它是力使刚体绕转轴转动效果的度量，是一个代数量，其绝对值等于力在垂直于该轴的平面上的投影对这个平面与该轴的交点的矩的大小。其正负号如下规定：从 z 轴正向来看，若力使物体绕该轴逆时针转向则取正号，反之取负号。也可按右手螺旋规则确定其正负号，四指沿力握向转轴，拇指指向与 z 轴正向一致为正，反之为负。

（3）**力对点之矩与力对轴之矩的关系** 力对点的矩矢在通过该点的某轴上的投影，等于力对该轴的矩。

4. 空间力偶系

（1）**空间力偶的等效定理** 作用在同一刚体上的两个空间力偶，如果其力偶矩矢相等，则它们彼此等效。由等效定理可知，空间力偶可以平移到与其作用面平行的任意平面上而不改变力偶对刚体的作用效果，也可以同时调整力和力偶臂的大小或将力偶在其作用面内任意移转，只要保持力偶矩矢不变，其作用效果不变。

（2）**空间力偶系的合成** 由力偶矩矢的性质可知，可以任意平移力偶矩矢，因此可以将各力偶矩矢平移至一个点得到空间汇交力偶系（与空间汇交力系类似）。空间力偶系的运算与空间汇交力系的运算完全相同，其合成结果为一个合力偶矩矢。即

$$\boldsymbol{M} = \boldsymbol{M}_1 + \boldsymbol{M}_2 + \cdots + \boldsymbol{M}_n$$

其大小为

$$M_x = \sum M_x = M_{1x} + M_{2x} + \cdots + M_{nx}$$

$$M_y = \sum M_y = M_{1y} + M_{2y} + \cdots + M_{ny}$$

$$M_z = \sum M_z = M_{1z} + M_{2z} + \cdots + M_{nz}$$

$$M = \sqrt{M_x^2 + M_y^2 + M_z^2}$$

方向为
$$\begin{cases}\cos\langle \boldsymbol{M},\boldsymbol{i}\rangle = \sum M_x/M \\ \cos\langle \boldsymbol{M},\boldsymbol{j}\rangle = \sum M_y/M \\ \cos\langle \boldsymbol{M},\boldsymbol{k}\rangle = \sum M_z/M\end{cases}$$

(3) **空间力偶系平衡的充要条件** 该力偶系的合力偶矩等于零，也即各分力偶矩矢的矢量和等于零。其平衡方程为

$$\sum M_x = 0,\ \sum M_y = 0,\ \sum M_z = 0$$

5. 空间任意力系

(1) **空间任意力系简化** 一般情况下，空间任意力系向简化中心 O 简化后得到一个力和一个力偶。这个力的大小和方向等于力系的主矢，力偶等于空间任意力系对简化中心 O 的主矩。

主矢：$\boldsymbol{F}_{\mathrm{R}}' = \sum \boldsymbol{F}_i = \sum F_x\boldsymbol{i} + \sum F_y\boldsymbol{j} + \sum F_z\boldsymbol{k}$

主矩：$\boldsymbol{M}_O = \sum \boldsymbol{M}_i = \sum (\boldsymbol{r}_i \times \boldsymbol{F}_i)$

主矢的大小和方向余弦分别为

$$F'_{\mathrm{R}} = \sqrt{\left(\sum F_x\right)^2 + \left(\sum F_y\right)^2 + \left(\sum F_z\right)^2}$$

$$\cos\langle \boldsymbol{F}'_{\mathrm{R}}, \boldsymbol{i}\rangle = \sum F_x/F'_{\mathrm{R}}$$

$$\cos\langle \boldsymbol{F}'_{\mathrm{R}}, \boldsymbol{j}\rangle = \sum F_y/F'_{\mathrm{R}}$$

$$\cos\langle \boldsymbol{F}'_{\mathrm{R}}, \boldsymbol{k}\rangle = \sum F_z/F'_{\mathrm{R}}$$

主矩的大小和方向余弦分别为

$$M_O = \sqrt{\left(\sum M_x\right)^2 + \left(\sum M_y\right)^2 + \left(\sum M_z\right)^2}$$

$$\cos\langle \boldsymbol{M}_O, \boldsymbol{i}\rangle = \sum M_x/M_O$$

$$\cos\langle \boldsymbol{M}_O, \boldsymbol{j}\rangle = \sum M_y/M_O$$

$$\cos\langle \boldsymbol{M}_O, \boldsymbol{k}\rangle = \sum M_z/M_O$$

(2) **空间任意力系的简化结果** 空间任意力系的简化结果见表3-1。

表3-1 空间任意力系的简化结果

力系的主矢和主矩		合成结果	说明
$\boldsymbol{F}'_{\mathrm{R}}=0$	$\boldsymbol{M}_O \neq 0$	合力偶	此时主矩与简化中心无关
$\boldsymbol{F}'_{\mathrm{R}} \neq 0$	$\boldsymbol{M}_O = 0$	合力	合力作用线通过点 O
	$\boldsymbol{M}_O \neq 0$ $\boldsymbol{F}'_{\mathrm{R}} \perp \boldsymbol{M}_O$		合力作用线与点 O 的距离 $d = \dfrac{\lvert \boldsymbol{M}_O \rvert}{F'_{\mathrm{R}}}$
$\boldsymbol{F}'_{\mathrm{R}} \neq 0$ $\boldsymbol{M}_O \neq 0$	$\boldsymbol{F}'_{\mathrm{R}} // \boldsymbol{M}_O$	力螺旋	力螺旋中心通过简化中心
	$\boldsymbol{F}'_{\mathrm{R}} \not\parallel \boldsymbol{M}_O$		简化中心到力螺旋中心的距离为 $d = M_O \sin\alpha / F'_{\mathrm{R}}$
$\boldsymbol{F}'_{\mathrm{R}}=0$	$\boldsymbol{M}_O = 0$	力系平衡	空间力系平衡的充要条件

(3) **空间任意力系平衡的充要条件** 空间任意力系平衡的充要条件是：该力系的主矢和对于任一点的主矩等于0，可得到下述6个平衡方程：

$$\sum F_x = 0,\ \sum F_y = 0,\ \sum F_z = 0$$

$$\sum M_x(\boldsymbol{F}) = 0,\ \sum M_y(\boldsymbol{F}) = 0,\ \sum M_z(\boldsymbol{F}) = 0$$

以上6个平衡方程为空间任意力系平衡方程的基本形式。另外可根据解题的要求，灵活选择四力矩式、五力矩式或者六力矩式。

6. 空间平行力系

空间平行力系是空间任意力系的特殊情况，其简化结果为一个力或者是一个力偶，不可能为力螺旋。其平衡方程为

$$\sum F_z = 0,\ \sum M_x(\boldsymbol{F}) = 0,\ \sum M_y(\boldsymbol{F}) = 0 \quad (\text{力与}\ z\ \text{轴平行})$$

7. 各力系平衡方程汇总

空间任意力系是最一般的力系，其他力系都是空间任意力系的特殊情况，它们的平衡方程均可从空间任意力系的平衡方程导出。具体见表3-2。

表3-2 各力系平衡方程汇总

力系名称		平衡方程	独立方程个数
共线力系		$\sum F = 0$	1
平面力系	汇交力系	$\sum F_x = 0,\ \sum F_y = 0$	2
	力偶系	$\sum M_i = 0$	1
	平行力系	$\sum F_y = 0,\ \sum M_O(\boldsymbol{F}) = 0$(基本形式) $\sum M_A(\boldsymbol{F}) = 0,\ \sum M_B(\boldsymbol{F}) = 0$(二力矩式)	2
	任意力系	$\sum F_x = 0,\ \sum F_y = 0,\ \sum M_O(\boldsymbol{F}) = 0$(基本形式) $\sum F_x = 0,\ \sum M_A(\boldsymbol{F}) = 0,\ \sum M_B(\boldsymbol{F}) = 0$(二力矩式) $\sum M_A(\boldsymbol{F}) = 0,\ \sum M_B(\boldsymbol{F}) = 0,\ \sum M_C(\boldsymbol{F}) = 0$(三力矩式)	3
空间力系	汇交力系	$\sum F_x = 0,\ \sum F_y = 0,\ \sum F_z = 0$	3
	力偶系	$\sum M_x = 0,\ \sum M_y = 0,\ \sum M_z = 0$	3
	平行力系	$\sum F_z = 0,\ \sum M_x(\boldsymbol{F}) = 0,\ \sum M_y(\boldsymbol{F}) = 0$	3
	任意力系	$\sum F_x = 0,\ \sum F_y = 0,\ \sum F_z = 0$ $\sum M_x(\boldsymbol{F}) = 0,\ \sum M_y(\boldsymbol{F}) = 0,\ \sum M_z(\boldsymbol{F}) = 0$	6

8. 常见的空间约束

(1) **球铰链** 限制物体的空间移动而不限制转动，提供的约束力用沿三个正交坐标轴的分力表示。

(2) **径向轴承** 限制转轴的径向移动，而不限制转动和轴向移动。约束力用垂直于转轴的两正交分力表示。

(3) **空间固定端** 限制物体空间内所有的运动。约束力用三个正交分力和绕三个坐标轴的力偶表示。

9. 物体的重心解析计算法

对于形状规则简单的物体可以采用解析计算的方法。

若 m_i 表示微元的质量，m 为物体的质量，则重心坐标可以表示为

$$x_C = \frac{\sum m_i x_i}{m},\ y_C = \frac{\sum m_i y_i}{m},\ z_C = \frac{\sum m_i z_i}{m}$$

若物体是均质的，V_i 为微元的体积，V 为物体的体积，则重心坐标可以表示为

$$x_C = \frac{\sum V_i x_i}{V},\ y_C = \frac{\sum V_i y_i}{V},\ z_C = \frac{\sum V_i z_i}{V}$$

若物体是均质板或者薄壳，A_i 为微元的面积，A 为板或者壳的面积，则重心坐标可以表示为

$$x_C = \frac{\sum A_i x_i}{A},\ y_C = \frac{\sum A_i y_i}{A},\ z_C = \frac{\sum A_i z_i}{A}$$

【例题精讲】

例题 3-1 图 3-3a 所示的三圆盘 A、B、C 的半径分别为 15cm、10cm 和 5cm，这三圆盘的边缘上各作用一个力偶，组成各力偶的力的大小相应地分别等于 10N、20N 和 F。轴 OA、OB 和 OC 在同一平面内，$\angle AOB = 90°$。如这三圆盘所构成的物系是自由的，求能使物系平衡的力 F 和角 α。

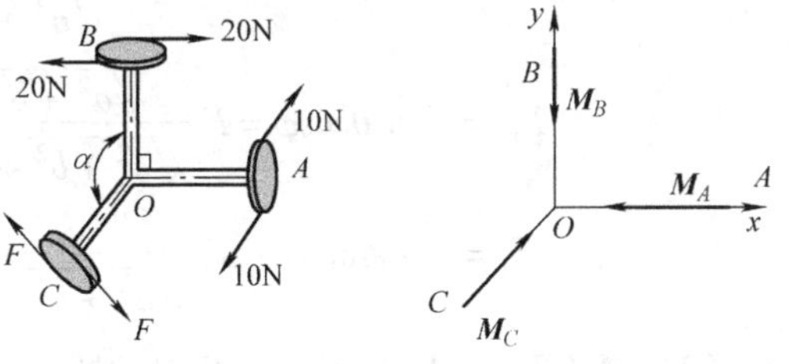

a) b)

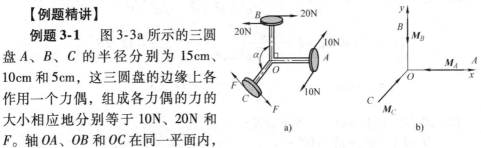

图 3-3

解：选整体为研究对象，受力如图 3-3b 所示。

$$M_A = 10\text{N} \times 30\text{cm} = 300\text{N} \cdot \text{cm}$$

$$M_B = 20\text{N} \times 20\text{cm} = 400\text{N} \cdot \text{cm}$$

$$M_C = 10\text{cm} \times F$$

$$\sum M_x = 0,\ M_C \cos(\alpha - 90°) - M_A = 0$$

$$\sum M_y = 0,\ M_C \sin(\alpha - 90°) - M_B = 0$$

解得

$$M_C = 500\text{N} \cdot \text{cm},\ F = \frac{M_C}{10\text{cm}} = 50\text{N}$$

$$\tan(\alpha - 90°) = \frac{M_B}{M_A} = \frac{4}{3},\ \alpha = 143°08'$$

注：对于空间力偶系进行合成和平衡问题分析计算时，需将力偶表示成矢量形式，之后与力矢量类似进行投影分析计算。

例题3-2 如图3-4所示，长方体尺寸$a=0.5\text{m}$，$b=0.4\text{m}$，$c=0.3\text{m}$，在其上有作用力$\boldsymbol{F}$和$\boldsymbol{F}'$。其中$F=80\text{N}$，$F'=100\text{N}$，方向如图所示，试计算：

（1）力$\boldsymbol{F}$在坐标轴x、y、z上的投影；

（2）力$\boldsymbol{F}$对坐标轴x、y、z的矩和力$\boldsymbol{F}$对点O的矩；

（3）力$\boldsymbol{F}'$对轴z_1（沿对角线DG）的矩。

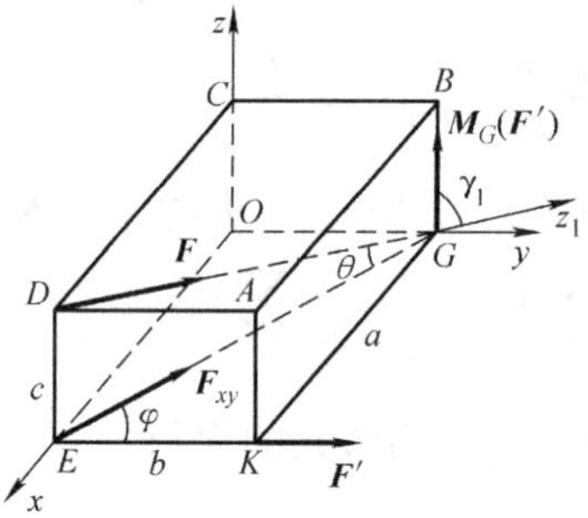

图 3-4

解：（1）$F_x=-F\cos\theta\sin\varphi=-F\dfrac{\sqrt{a^2+b^2}}{\sqrt{a^2+b^2+c^2}}\cdot\dfrac{a}{\sqrt{a^2+b^2}}=-40\sqrt{2}\text{N}$

$$F_y=F\cos\theta\cos\varphi=F\frac{\sqrt{a^2+b^2}}{\sqrt{a^2+b^2+c^2}}\cdot\frac{b}{\sqrt{a^2+b^2}}=32\sqrt{2}\text{N}$$

$$F_z=-F\sin\theta=-F\frac{c}{\sqrt{a^2+b^2+c^2}}=-24\sqrt{2}\text{N}$$

（2）$M_x(\boldsymbol{F})=yF_z-zF_y=-9.6\sqrt{2}\text{N}\cdot\text{m}$

$$M_y(\boldsymbol{F})=zF_x-xF_z=0\text{N}\cdot\text{m}$$

$$M_z(\boldsymbol{F})=xF_y-yF_x=16\sqrt{2}\text{N}\cdot\text{m}$$

$$\boldsymbol{M}_O(\boldsymbol{F})=(-9.6\sqrt{2}\boldsymbol{i}+16\sqrt{2}\boldsymbol{k})\text{N}\cdot\text{m}$$

（3）$M_{z_1}(\boldsymbol{F}')=[\boldsymbol{M}_G(\boldsymbol{F}')]_{z_1}=F'a\cos\gamma_1=-15\sqrt{2}\text{N}\cdot\text{m}$

注：计算力对轴之矩可以先计算力对该轴上某点的矩，然后将力矩矢量在该轴上投影即可得到力对轴的矩。也可以应用合力矩定理，将该力沿平行或者垂直于轴的方向分解，分别计算各分力对该轴的矩，求和得到合力对该轴的矩。

例题3-3 如图3-5所示，振动器中的偏心块为一等厚度的均质体，已知$R=10\text{cm}$，$r=1.3\text{cm}$，$b=1.7\text{cm}$，求偏心块重心的位置。

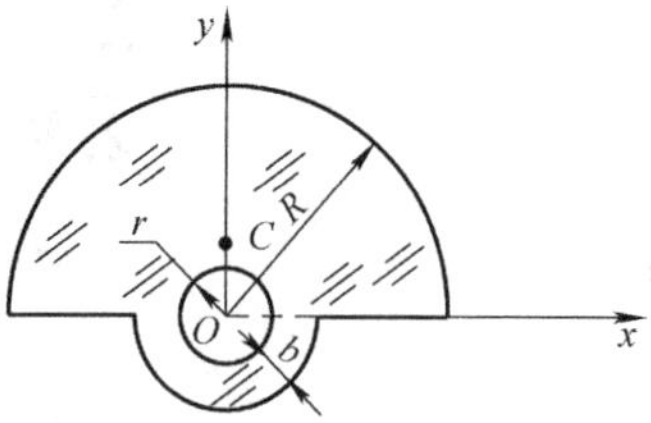

图 3-5

解：本题可以利用解析计算的方法。偏心块可以看成由三部分组成：半径为R的半圆、半径为$(r+b)$的半圆，以及半径为r的小圆，最后一部分是挖去的，所以在计算时其面积为负。建立参考坐标系Oxy如图所示，因为y轴为对称轴，则偏心块重心C在对称轴上，所以$x_C=0$。

其重心的 y 坐标则需计算确定。

$$A_1=\frac{1}{2}\pi R^2,y_1=\frac{4R}{3\pi}$$

$$A_2=\frac{1}{2}\pi(r+b)^2,y_2=-\frac{4(r+b)}{3\pi}$$

$$A_3=-\pi r^2,y_3=0$$

再由组合法求得偏心块重心的纵坐标为

$$y_C=\frac{A_1y_1+A_2y_2+A_3y_3}{A_1+A_2+A_3}=3.91\text{cm}$$

【习题精练】

1. 判断题

（1）力对于一点的矩在一轴上的投影一定等于该力对于该轴的矩。（　）

（2）物体的重心和形心总是在同一个点上。（　）

（3）某一力偶系，若其力偶矩矢构成的多边形是封闭的，则该力偶系向一点简化时，主矢一定等于零，主矩也一定等于零。（　）

（4）空间汇交力系在任选的三个投影轴上的投影的代数和分别等于零，则该汇交力系一定平衡。（　）

（5）一空间力系若对不共线的任意三点的主矩均等于零，则该力系平衡。（　）

（6）不平衡的任意力偶系总可以合成为一个合力偶，合力偶矩等于各分力偶矩的代数和。（　）

（7）一空间力系向某点简化后，得主矢 $\boldsymbol{F}'$、主矩 $\boldsymbol{M}_O$，若 $\boldsymbol{F}'$ 与 $\boldsymbol{M}_O$ 斜交，则此力系可进一步简化为一合力。（　）

（8）一空间力系向某点简化后，得主矢 $\boldsymbol{F}'$、主矩 $\boldsymbol{M}_O$，若 $\boldsymbol{F}'$ 与 $\boldsymbol{M}_O$ 平行，则此力系可进一步简化为一合力。（　）

（9）一空间力系向某点简化后，得主矢 $\boldsymbol{F}'$、主矩 $\boldsymbol{M}_O$，若 $\boldsymbol{F}'$ 与 $\boldsymbol{M}_O$ 正交，则此力系可进一步简化为一合力。（　）

（10）某空间力系由两个力构成，此二力既不平行，又不相交，则该力系简化的最后结果必为力螺旋。（　）

2. 选择题

（1）作用在刚体上仅有二力 $\boldsymbol{F}_A$、$\boldsymbol{F}_B$，且 $\boldsymbol{F}_A+\boldsymbol{F}_B=\boldsymbol{0}$，则此刚体（　）；作用在刚体上仅有二力偶，其力偶矩矢分别为 $\boldsymbol{M}_A$、$\boldsymbol{M}_B$，且 $\boldsymbol{M}_A+\boldsymbol{M}_B=\boldsymbol{0}$，则此刚体（　）。

（A）一定平衡　（B）一定不平衡　（C）平衡与否不能判断

（2）空间任意力系向某一定点 O 简化，若主矢量 $\boldsymbol{F}'_{\mathrm{R}}\neq\boldsymbol{0}$，主矩 $\boldsymbol{M}_O\neq\boldsymbol{0}$，则此力系简化的最后结果（　）。

（A）可能是一个力偶，也可能是一个力　　（B）一定是一个力

（C）可能是一个力，也可能是力螺旋　　（D）一定是力螺旋

（3）如图3-6所示，力 $\boldsymbol{F}$ 作用在 $OABC$ 平面内，x 轴与 $OABC$ 平面成 θ 角（$\theta \neq 90°$），则力 $\boldsymbol{F}$ 对三轴之矩为（　　）。

（A）$M_x = 0$，$M_y = 0$，$M_z \neq 0$

（B）$M_x = 0$，$M_y \neq 0$，$M_z = 0$

（C）$M_x \neq 0$，$M_y = 0$，$M_z = 0$

（D）$M_x \neq 0$，$M_y = 0$，$M_z \neq 0$

（4）如图3-7所示，已知一正方体，各边长为 a，沿对角线 BH 作用一个力 $\boldsymbol{F}$，则该力在 z_1 轴上的投影为（　　）。

（A）$F/\sqrt{6}$　　（B）0　　（C）$F/\sqrt{2}$　　（D）$-F/\sqrt{3}$

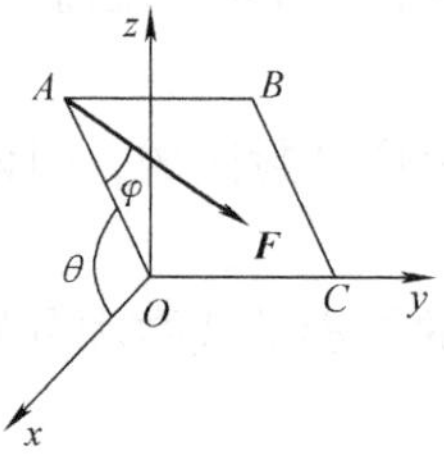

图 3-6

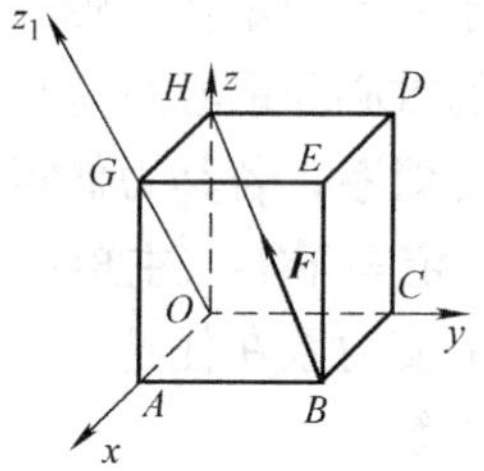

图 3-7

3. 填空题

（1）如图3-8所示，已知 A（1，0，1），B（0，1，2）（长度单位为m），$F = \sqrt{3}$kN。则力 $\boldsymbol{F}$ 对 x 轴的矩为________，对 y 轴的矩为________，对 z 轴的矩为________。

（2）直三棱柱的底面为等腰直角三角形，已知 $OA = OB = a$，在平面 $ABED$ 内有沿对角线 AE 的一个力 $\boldsymbol{F}$，图3-9中 $\theta = 30°$，则此力对各坐标轴之矩为 $M_x(\boldsymbol{F}) =$ ________，$M_y(\boldsymbol{F}) =$ ________，$M_z(\boldsymbol{F}) =$ ________。

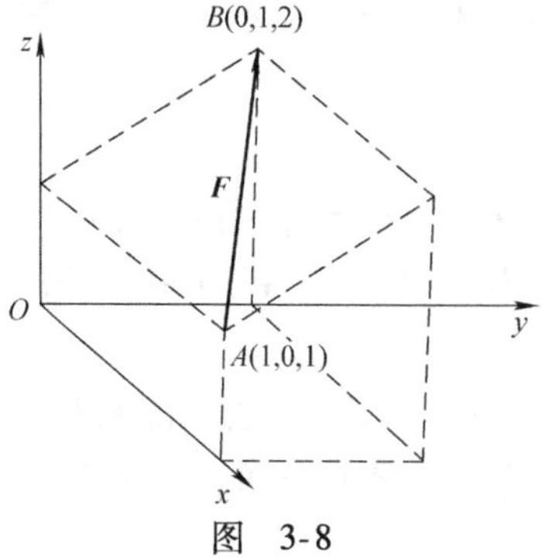

图 3-8

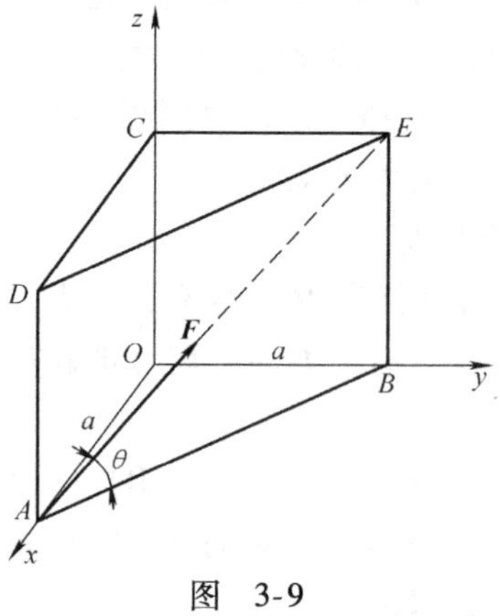

图 3-9

（3）图 3-10 中已知 $F=100N$，则 $F_x=$________，$F_y=$________，$M_z=$________。

（4）如图 3-11 所示，已知力 $\boldsymbol{F}$ 的大小，角 φ 和 β，以及长方体的边长 a、b、c，则力 $\boldsymbol{F}$ 在 z 轴和 y 轴上的投影：$F_z=$________，$F_y=$________，力 $\boldsymbol{F}$ 对 x 轴的矩 $M_x(\boldsymbol{F})=$________。

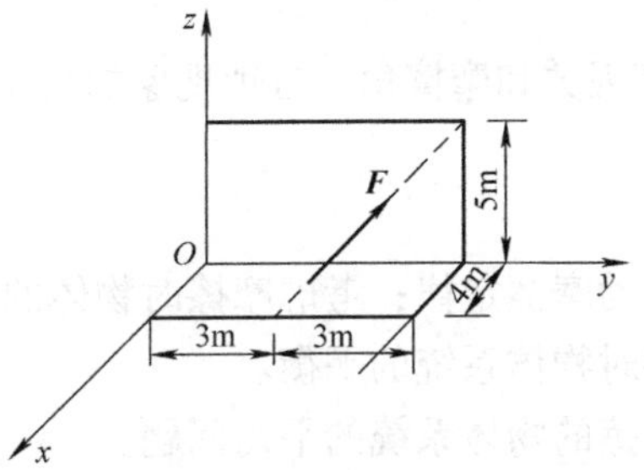

图　3-10

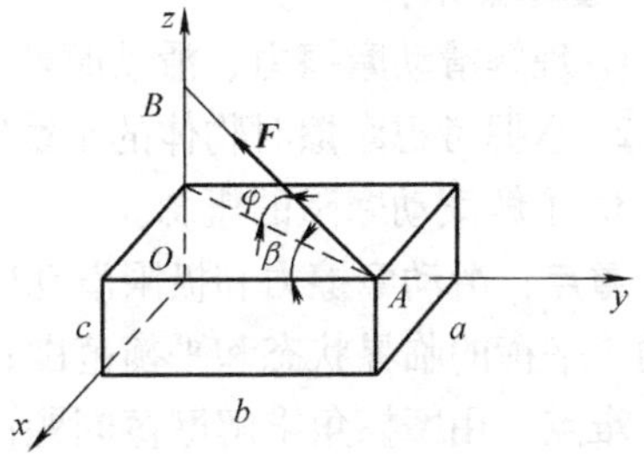

图　3-11

（5）如图 3-12 所示，已知力 $\boldsymbol{F}$ 及长方体的边长 a、b、c，则力 $\boldsymbol{F}$ 对 AB 轴（AB 轴与长方体顶面的夹角为 φ，且由 A 指向 B）的力矩为________。

（6）如图 3-13 所示，长方体棱边 CD 上的力 $\boldsymbol{F}$ 对 AB 轴的力矩大小为________。

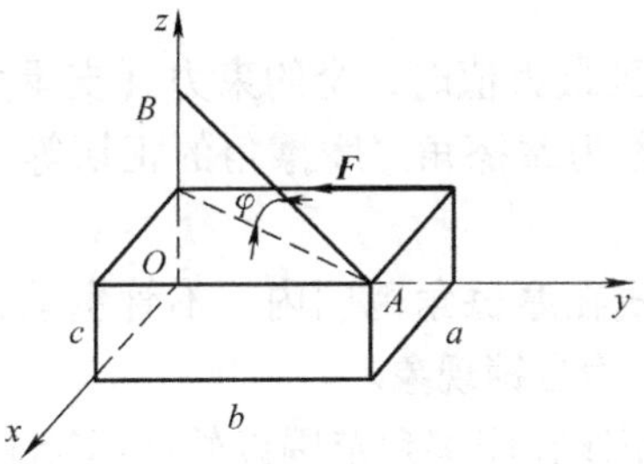

图　3-12

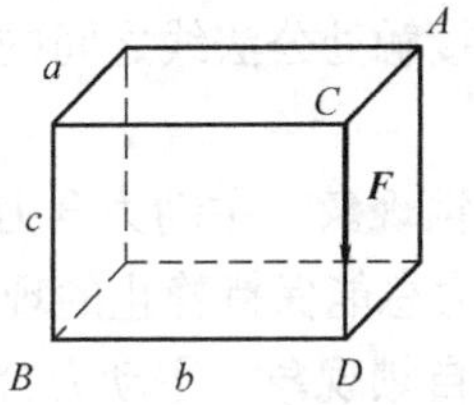

图　3-13

（7）某空间力系对不共线的 A、B、C 三点的主矩相同，则此力系简化的最后结果是____________。

（8）如图 3-14 所示，在半径为 R 的大圆内挖去一半径为 $\dfrac{R}{2}$ 的小圆，则剩余部分的形心坐标为 $x_C=$________；$y_C=$________。

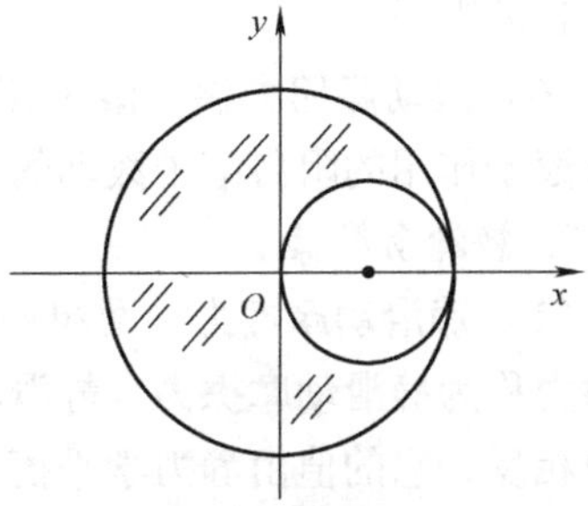

图　3-14

第 4 章　摩　　擦

【基本要求】

1. 理解滑动摩擦力、滑动摩擦定律、摩擦因数和摩擦角、自锁现象的概念。

2. 掌握考虑摩擦时物体的平衡问题。

3. 了解滚动摩阻的概念。

重点：滑动摩擦力和极限滑动摩擦力；滑动摩擦定律；考虑摩擦时物体的平衡问题；平衡的临界状态和平衡范围；考虑摩擦时物体系统的平衡。

难点：用摩擦角求解摩擦问题；含多处摩擦的物体系统的平衡问题。

【内容提要】

1. 基本概念

（1）**滑动摩擦**　两个相互接触、表面粗糙的物体有相对滑动趋势或产生相对滑动时，在接触处的公切面内会发生一种阻碍现象，此种现象称为滑动摩擦，彼此间作用的阻碍相对滑动的阻力，称为滑动摩擦力。根据相对运动情况可以分为静滑动摩擦力、动滑动摩擦力。静滑动摩擦力阻碍相对运动趋势，动滑动摩擦力阻碍相对运动。

（2）**摩擦角**　当静滑动摩擦力达到最大值时，全约束力（支承力与静摩擦力的合力）与接触处公法线之间的夹角称为摩擦角。摩擦角的正切等于静滑动摩擦因数。

（3）**自锁现象**　主动力合力作用线在摩擦角范围内，不管主动力有多大，物体依靠摩擦力总能保持静止的现象，称为自锁现象。

（4）**非自锁现象**　主动力合力作用线在摩擦角范围以外，不管主动力有多小，物体不可能保持静止的现象，称为非自锁现象。

（5）**滚动摩阻**　一个物体沿另一个物体的表面做相对滚动或具有滚动趋势时所受到的阻碍。

（6）**滚动摩阻力偶**　滚子相对支承面有相对滚动或者相对滚动趋势时，支承面对滚子作用的阻碍滚子滚动的力偶。

2. 静滑动摩擦

（1）**静滑动摩擦力**　两粗糙物体接触处有相对滑动趋势而尚未发生滑动时的摩擦力称为静滑动摩擦力，静滑动摩擦力 $\boldsymbol{F}_s$ 的方向总是和物体接触处相对滑动的趋势相反，它的值由静力学平衡方程确定。

（2）**最大静滑动摩擦力**　物体处于将要滑动还没有滑动时，静滑动摩擦力达到最大值，称为最大静滑动摩擦力。

(3) **静滑动摩擦定律** 最大静滑动摩擦力 $\boldsymbol{F}_{max}$ 的大小与两接触物体间的正压力 $\boldsymbol{F}_N$ 的大小成正比，即 $F_{max}=f_sF_N$。式中，f_s 称为静滑动摩擦因数，简称静摩擦因数，是一个无量纲量。其值由两接触物体的材料及表面润滑状况等因素决定。

3. 动滑动摩擦

已发生相对滑动的物体间的摩擦是动（滑动）摩擦。动滑动摩擦力 $\boldsymbol{F}_d$ 的大小与两接触物体间的正压力 $\boldsymbol{F}_N$ 的大小成正比，即 $F_d=fF_N$。式中，f 称为动滑动摩擦因数，简称动摩擦因数。

4. 滚动摩阻

(1) **滚动摩阻力偶矩** 滚动摩阻力偶矩与静滑动摩擦力相似，也是一个范围值，介于0和最大值之间。即

$$0<M_f\leqslant M_{fmax}$$

式中，M_{fmax} 是滚动摩阻力偶矩的最大值，称为最大滚动摩阻力偶矩。

(2) **滚动摩阻定律** 最大滚动摩阻力偶矩与两物体间的正压力 $\boldsymbol{F}_N$ 的大小成正比，即

$$M_{fmax}=\delta F_N$$

式中，δ 称为滚动摩阻系数，简称滚阻系数，具有长度的量纲。

5. 考虑摩擦的系统平衡问题的特点

(1) 受力图中除主动力、约束力外还出现了摩擦力，因而未知数增多。

(2) 考虑是否处于临界平衡状态，若是，则补充方程 $F_{max}=f_sF_N$。

(3) 由于摩擦力在一个范围内变化，求得的结果也可能在一个范围内变化而不像前面问题中求出的是一个确定的值。

【例题精讲】

例题4-1 均质物块 A 和 B 放置如图4-1a所示。已知 $m_A=10\text{kg}$，$m_B=6\text{kg}$，A 与地面以及 A、B 之间的静摩擦因数分别为 $f_A=0.2$，$f_{AB}=0.55$。试求不引起物块运动的最大水平力。

解题思路：在水平力作用下，物块可能发生三种运动：①A 和 B 一起沿地面运动；②物块 B 在物块 A 上滑动；③物块 B 在物块 A 上翻倒。分别求出上述三种情况下的力 $\boldsymbol{F}$，取其中的最小值，就是不引起物块运动的最大的 $\boldsymbol{F}$。

解：(1) 取物块 A 和 B 整体为研究对象，在力 $\boldsymbol{F}$ 作用下，A 和 B 整体处于临界平衡状态，受力如图4-1b所示。

$$\sum F_x=0,\quad F_{sA}-F=0$$

$$\sum F_y=0,\quad F_{NA}-m_Ag-m_Bg=0$$

且

$$F_{sA}=f_AF_{NA}$$

解得

$$F=31.36\text{N}$$

(2) 取物块 B 为研究对象，B 相对于 A 处于滑动临界平衡状态，受力如图 4-1c所示。

$$\sum F_x=0,\quad F_{sB}-F=0$$

$$\sum F_y=0,\quad F_{NB}-m_Bg=0$$

且
$$F_{sB}=f_{AB}F_{NB}$$

解得
$$F=32.34\text{N}$$

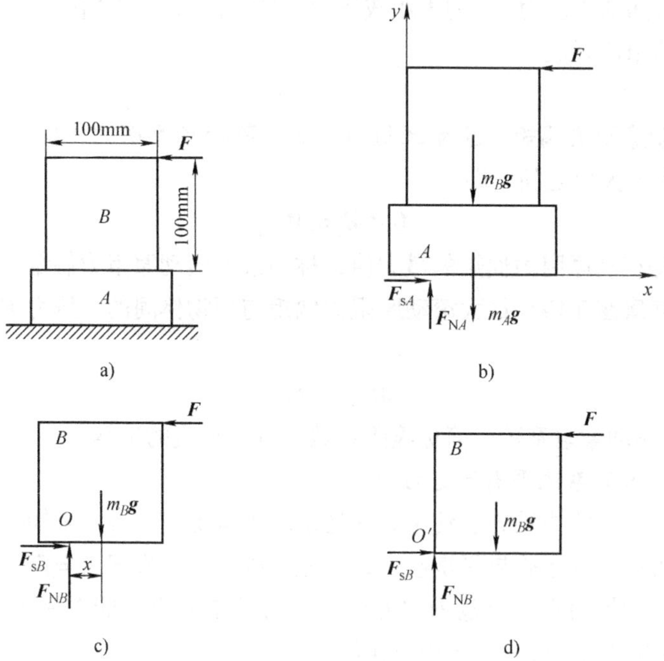

图 4-1

(3) 物块 B 滑动之前先翻转，此时法向力 $\boldsymbol{F}_{NB}$ 的作用点将位于点 O' 处，如图 4-1d所示。

$$\sum M_{O'}(\boldsymbol{F})=0,100\text{mm}F-50\text{mm}m_Bg=0$$

解得
$$F=29.4\text{N}$$

综合以上计算可见，当水平力 F 达到 29.4N 时，物块 B 就会翻倒，系统平衡会被破坏。

注：对于求解最大主动力的情况，一定要注意系统平衡破坏的形式除了滑动外还有翻转。求解翻转的主动力时，只要对翻转中心列取力矩平衡方程即可。翻转时，摩擦力一般为静滑动摩擦力，而不是最大静滑动摩擦力。

例题 4-2 图 4-2a 所示均质圆柱重 P，半径为 r，搁在不计自重的水平杆和固定斜面之间。杆端 A 为光滑铰链，D 端受一铅垂向上的力 $\boldsymbol{F}$，圆柱上作用一力偶 M。已知 $F=P$，圆柱与杆和斜面间的静滑动摩擦因数皆为 $f_s=0.3$，不计滚动摩阻，当 $\theta=45°$ 时，$AB=BD$。求此时能保持系统平衡的力偶矩 M 的最小值。

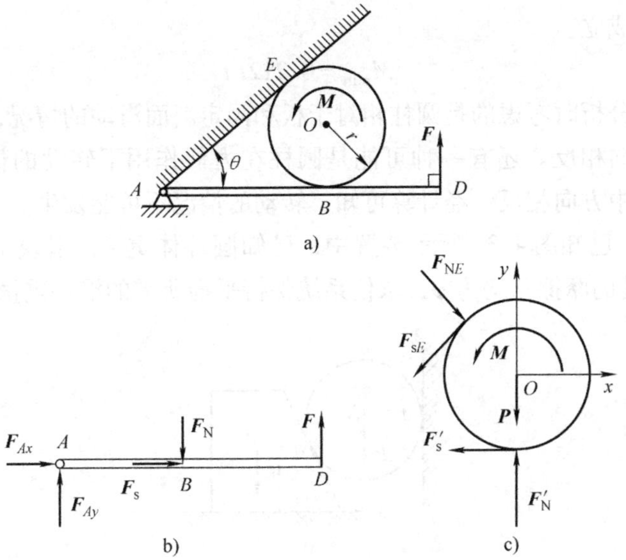

图 4-2

解：(1) 以杆 AD 为研究对象受力如图 4-2b 所示。

$$\sum M_A(\boldsymbol{F})=0,\quad F\cdot AD-F_{\mathrm{N}}\cdot AB=0$$

解得
$$F_{\mathrm{N}}=2F=2P$$

(2) 以圆柱为研究对象，受力如图 4-2c 所示。

$$\sum F_x=0,\quad F_{\mathrm{N}E}\frac{\sqrt{2}}{2}-F_{\mathrm{s}E}\frac{\sqrt{2}}{2}-F'_{\mathrm{s}}=0$$

$$\sum F_y=0,\quad -F_{\mathrm{N}E}\frac{\sqrt{2}}{2}-F_{\mathrm{s}E}\frac{\sqrt{2}}{2}+F'_{\mathrm{N}}-P=0$$

$$\sum M_O(\boldsymbol{F})=0,\quad M+F_{\mathrm{s}E}r-F'_{\mathrm{s}}r=0$$

1) 若点 B 处达到最大静摩擦力，则

$$F'_{\mathrm{s}}=f_{\mathrm{s}}F_{\mathrm{N}}=0.6P$$

代入计算可得

$$M=0.317Pr,\quad F_{\mathrm{s}E}=\frac{\sqrt{2}}{5}P,\quad F_{\mathrm{N}E}=\frac{4}{5}P$$

显然 $F_{\mathrm{s}E}>f_{\mathrm{s}}F_{\mathrm{N}E}$，所以该假设不成立。

2) 若点 E 处达到最大静摩擦，则

$$F_{\mathrm{s}E}=f_{\mathrm{s}}F_{\mathrm{N}E}=0.3F_{\mathrm{N}E}$$

代入计算可得
$$M=0.212Pr$$

此时，
$$F'_s=\frac{7}{13}P=0.538P\leqslant f_sF_N=0.6P$$

所以假设成立。

综上可得
$$M_{\min}=0.212Pr$$

注：本题分析时考虑的是圆柱相对于板和固定斜面滑动的情况，此时摩擦力的方向与滑动方向相反。还有一种可能是圆柱在力偶作用下转动的情况。转动时 E 处摩擦力与图中方向相反。经计算可知，转动的情况不可能发生。

例题 4-3 已知图 4-3a 所示装置中，已知圆柱体重 P，滑块上斜面的倾角为 α，各接触面处的摩擦角均为 φ，求使系统保持平衡所需的滑块重量 W。

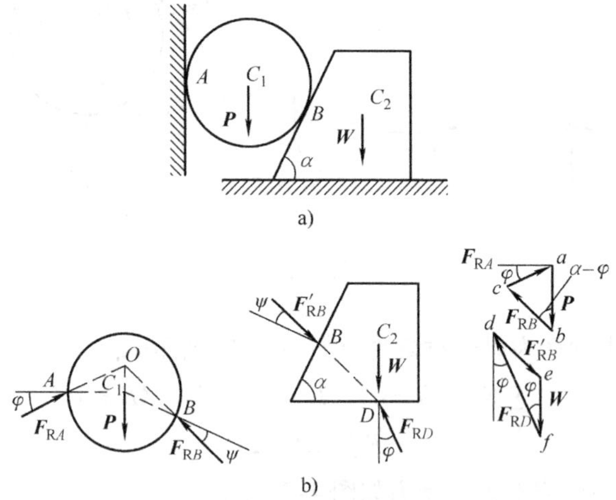

图 4-3

解：(1) 取圆柱为研究对象，平衡时圆柱受到 A 处的全约束力 $\boldsymbol{F}_{RA}$、B 处的全约束力 $\boldsymbol{F}_{RB}$ 及主动力 $\boldsymbol{P}$，满足三力平衡汇交定理如图 4-3b 所示。由几何关系可知 $\angle C_1BO<\angle C_1AO$，所以 A 处的摩擦力先达到最大静滑动摩擦力。此时 B 处的全约束力 $\boldsymbol{F}_{RB}$ 与法线的夹角 ψ 小于摩擦角。由几何关系可知

$$OC_1=r\tan\varphi$$

$$\frac{OC_1}{\sin\psi}=\frac{BC_1}{\sin(\alpha-\psi)}$$

所以
$$\frac{r\tan\varphi}{\sin\psi}=\frac{r}{\sin(\alpha-\psi)}$$

可知
$$\cot\psi=\frac{\cot\varphi}{\sin\alpha}+\cot\alpha$$

(2) 以滑块为研究对象，作出滑块和圆柱体的力 $\triangle abc$ 和 $\triangle def$，如图 4-3b 所示。

$$F_{RB}=\frac{\sin(90°-\varphi)\cdot P}{\sin(90°-\alpha+\varphi+\psi)}=\frac{\cos\varphi\cdot P}{\cos(\alpha-\varphi-\psi)}$$

$$W=\frac{\sin(\alpha-\varphi-\psi)\cdot F'_{RB}}{\sin\varphi}=P\frac{\cos\varphi}{\sin\varphi}\frac{\sin(\alpha-\varphi-\psi)}{\cos(\alpha-\varphi-\psi)}$$

所以
$$W=P\cot\varphi\tan(\alpha-\varphi-\psi)$$

要保持系统静止的条件为 W 的值应大于上述计算值。

注1：用摩擦角求解问题时应该采用全约束力进行受力分析。

注2：全约束力位于接触面的公法线的哪一侧，要根据相对运动趋势的方向，事先进行预判。

【习题精练】

1. 判断题

（1）只要向放在水平面上的一个物体施加一水平力，物体就不会静止。（　　）

（2）摩擦力的方向总是与物体之间相对滑动或者相对滑动趋势的方向相反。（　　）

（3）物体滑动时，摩擦力的方向与相对滑动的速度方向相反，但有时又与相对速度方向相同。（　　）

（4）不论作用于物体的主动力大小如何或存在与否，只要有相对运动，其动摩擦力就是一个恒定的值。（　　）

（5）物体的最大静滑动摩擦力总是与物体的重量成正比。（　　）

（6）当一物体上有几处与周围物体接触时，这几个接触面上的摩擦力同时达到临界平衡状态。（　　）

（7）摩擦力的方向总是和物体运动的方向相反。（　　）

（8）在任何情况下，摩擦力的大小总等于摩擦因数与正压力的乘积。（　　）

（9）当考虑摩擦时，支承面对物体的法向约束力和摩擦力的合力与法线的夹角 φ 称为摩擦角。（　　）

2. 选择题

（1）图4-4所示系统仅在直杆 OA 与小车接触的点 A 处存在摩擦，在保持系统平衡的前提下，逐步增加拉力 F_T，则在此过程中，A 处的法向约束力将（　　）。

（A）越来越大　　（B）越来越小

（C）保持不变　　（D）不能确定

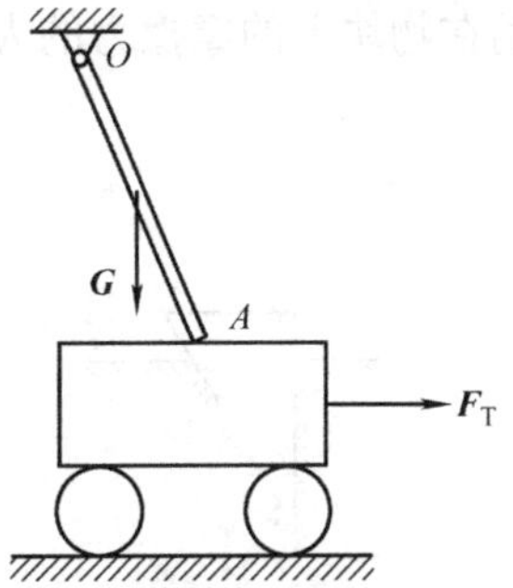

图　4-4

（2）如图4-5所示，已知 $F_1=60\text{kN}$，$F_2=20\text{kN}$，物体与地面间的静摩擦因数 $f_s=0.5$，动摩擦因数 $f=0.4$，则物体所受的摩擦力的大小为（　　）。

（A）25kN　　（B）20kN　　（C）17.3kN　　（D）0

（3）如图 4-6 所示，重 $P=80\mathrm{kN}$ 的物体自由地放在倾角为 30°的斜面上，若物体与斜面间的静摩擦因数 $f_s=\frac{\sqrt{3}}{4}$，动摩擦因数 $f=0.4$，则作用在物体上的摩擦力的大小为（　　）。

（A）30kN　　（B）40kN　　（C）27.7kN　　（D）0

（4）如图 4-7 所示，若 $F=50\mathrm{kN}$，$P=10\mathrm{kN}$，墙与物体间的静摩擦因数 $f_s=0.3$，则摩擦力为（　　）。

（A）15kN　　（B）3kN　　（C）10kN　　（D）12kN

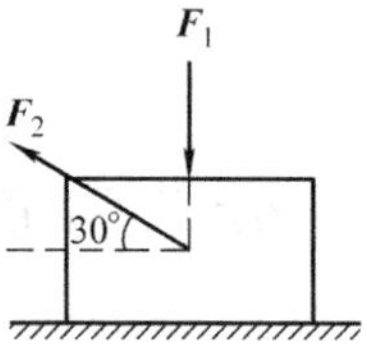

图 4-5

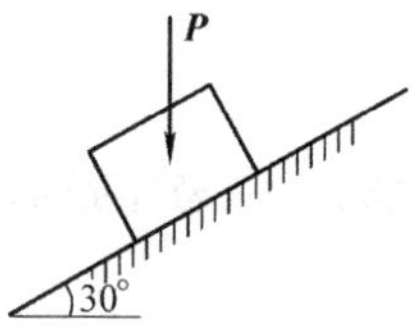

图 4-6

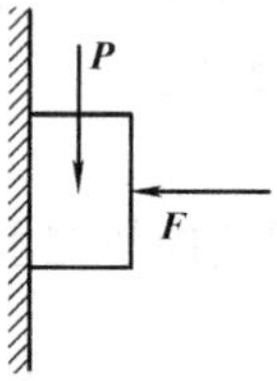

图 4-7

3. 填空题

（1）一直角尖劈如图 4-8 所示，两侧面与物体间的摩擦角均为 φ_m，不计尖劈自重，欲使尖劈打入后不致滑出，顶角 α 应满足________。

（2）图 4-9 所示的均质立方体，重 P，置于 30°倾角的斜面上，摩擦因数 $f=0.25$，开始时在拉力 $\boldsymbol{F}_T$ 作用下物体静止不动，然后逐渐增大力 $\boldsymbol{F}_T$，则物体先________（填滑动或翻倒）；物体在斜面上保持静止时，$\boldsymbol{F}_T$ 的最大值为________。

（3）物块重 $W=50\mathrm{N}$，它与竖直墙面间的静滑动摩擦因数 $f_s=0.2$，动滑动摩擦因数 $f=0.15$。F_N 为垂直于墙面的压力，F 表示墙面对物体的摩擦力。则当 $F_N=100\mathrm{N}$ 时，$F=$________；当 $F_N=500\mathrm{N}$ 时，$F=$________。

（4）物块重 $P=100\mathrm{kN}$，自由地放在倾角为 30°的斜面上，如图 4-10 所示。若物体与斜面间的静摩擦因数 $f_s=0.3$，动摩擦因数 $f=0.2$，水平力 $F=50\mathrm{kN}$，则作用在物块上的摩擦力的大小为________。

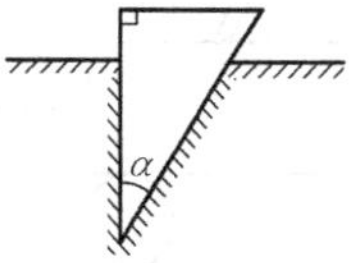

图 4-8

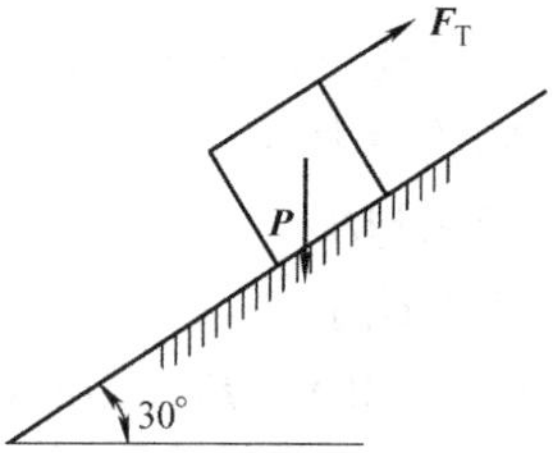

图 4-9

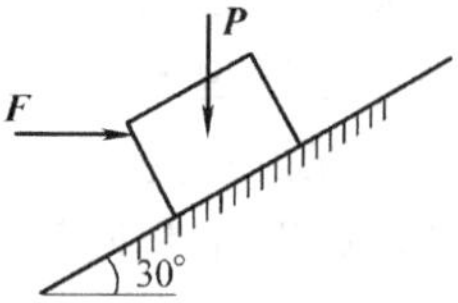

图 4-10

（5）如图 4-11 所示，置于铅垂面内的均质正方形薄板重 $P=100\mathrm{kN}$，与地面间的静摩擦因数$f_s=0.5$，欲使薄板静止不动，则作用在点A的力F的最大值应为________。

（6）如图4-12所示，物体A、B分别重$P_1=1\text{kN}$，$P_2=0.5\text{kN}$，A与B以及A与地面间的摩擦因数均为$f_s=0.2$，A、B通过滑轮C用一绳连接，滑轮处摩擦不计。今在物体A上作用一水平力$\boldsymbol{F}$，则能拉动物体A时该力应大于________。

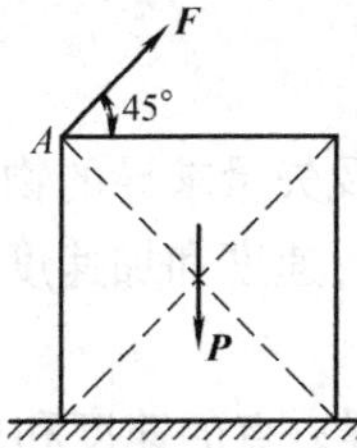

图 4-11

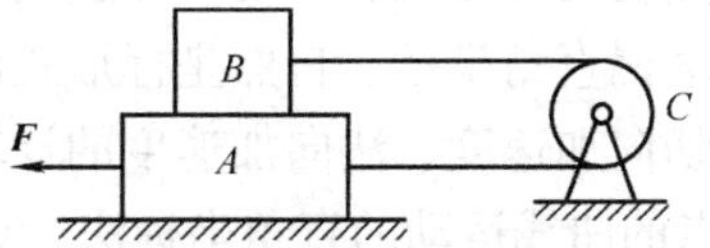

图 4-12

第 5 章　点的运动学

【基本要求】

1. 掌握点的运动方程、速度、加速度等基本概念及矢量求导的物理意义。

2. 熟练掌握直角坐标、自然坐标形式的运动方程、速度和加速度公式。

3. 掌握切向加速度、法向加速度的计算。

重点：点的曲线运动的直角坐标法；点的运动方程；点的速度和加速度在直角坐标轴上的投影；点的曲线运动的自然法；点沿已知轨迹的运动方程；点的切向加速度和法向加速度。

难点：矢量求导及自然轴系的概念。

【内容提要】

1. 基本概念

（1）**参考体**　研究物体的运动时，需选取另外的一个物体作为参考，称这个参考的物体为参考体。

（2）**参考系**　与参考体固连的坐标系。

（3）**运动方程**　动点的空间位置随时间的变化规律。

（4）**速度**　动点的位置矢径对时间的变化率。

（5）**加速度**　动点的速度矢量对时间的变化率。

（6）**弧坐标**　在轨迹上任选一点 O 为参考点，并设点 O 的某一侧为正向，动点 M 在轨迹上的位置由弧长确定，视弧长 s 为代数量，称它为动点 M 在轨迹上的弧坐标。

（7）**自然坐标系**　以动点 M 为原点，以其切线、主法线、副法线为坐标轴组成的正交坐标系称为曲线在点 M 的自然坐标系。

2. 点的运动方程

点的运动方程可以描述点在空间中的位置随时间的变化规律，利用运动方程可以给出点的运动轨迹、速度和加速度。点的运动方程有以下常用形式：

（1）**矢量形式**

$$\boldsymbol{r}=\boldsymbol{r}(t)$$

其中，$\boldsymbol{r}$ 是点的矢径。

（2）**直角坐标形式**

$$x=f_1(t),\ y=f_2(t),\ z=f_3(t)$$

其中，x、y、z 是点在直角坐标系 $Oxyz$ 中的坐标分量。

（3）**自然坐标形式**（或称弧坐标形式）

$$s=f(t)$$

其中，s 表示动点在运动轨迹上从原点开始走过的弧长。

3. 点的速度和加速度

（1）**矢量形式**

$$\boldsymbol{v}=\frac{\mathrm{d}\boldsymbol{r}}{\mathrm{d}t}=\dot{\boldsymbol{r}},\boldsymbol{a}=\frac{\mathrm{d}\boldsymbol{v}}{\mathrm{d}t}=\ddot{\boldsymbol{r}}$$

（2）**直角坐标形式**

$$\boldsymbol{v}=v_x\boldsymbol{i}+v_y\boldsymbol{j}+v_z\boldsymbol{k}=\frac{\mathrm{d}x}{\mathrm{d}t}\boldsymbol{i}+\frac{\mathrm{d}y}{\mathrm{d}t}\boldsymbol{j}+\frac{\mathrm{d}z}{\mathrm{d}t}\boldsymbol{k}$$

$$\boldsymbol{a}=a_x\boldsymbol{i}+a_y\boldsymbol{j}+a_z\boldsymbol{k}=\frac{\mathrm{d}v_x}{\mathrm{d}t}\boldsymbol{i}+\frac{\mathrm{d}v_y}{\mathrm{d}t}\boldsymbol{j}+\frac{\mathrm{d}v_z}{\mathrm{d}t}\boldsymbol{k}=\frac{\mathrm{d}^2x}{\mathrm{d}t^2}\boldsymbol{i}+\frac{\mathrm{d}^2y}{\mathrm{d}t^2}\boldsymbol{j}+\frac{\mathrm{d}^2z}{\mathrm{d}t^2}\boldsymbol{k}$$

（3）**自然坐标形式**

$$\boldsymbol{v}=\frac{\mathrm{d}s}{\mathrm{d}t}\boldsymbol{\tau}=v\boldsymbol{\tau},\quad \boldsymbol{a}=a_{\mathrm{t}}\boldsymbol{\tau}+a_{\mathrm{n}}\boldsymbol{n}=\frac{\mathrm{d}v}{\mathrm{d}t}\boldsymbol{\tau}+\frac{v^2}{\rho}\boldsymbol{n}$$

注：矢量形式的速度和加速度方程非常简洁，与坐标系无关，用于理论推导较为方便。而直角坐标形式和自然坐标形式适用于求解具体的问题。当运动轨迹已知时，使用自然坐标形式物理意义十分明确，计算也非常方便。

【例题精讲】

例题5-1　杆 AB 绕点 A 转动时，带动套在固定圆环上的小环 M，如图5-1所示。已知固定圆环的半径为 R，$\varphi=\omega t$（ω 为常数）。试求点 M 的运动方程、速度和加速度。

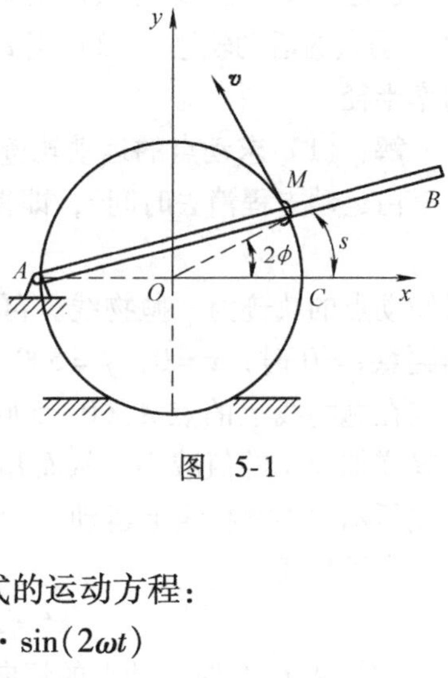

图　5-1

解：（1）**直角坐标法**

建立图5-1所示的直角坐标系。为了列出点 M 的运动方程，应当在任意瞬时 t 考察该点的情况，图中画出了点 M 在任意瞬时的位置，其中 $\triangle AOM$ 是等腰三角形，把点 M 的坐标看作是矢径 $\boldsymbol{r}=\overrightarrow{OM}$ 在对应轴上的投影，即

$$x=OM\cdot\cos(2\phi),y=OM\cdot\sin(2\phi)$$

由已知条件 $\phi=\omega t$，得到点 M 的直角坐标形式的运动方程：

$$x=OM\cdot\cos(2\omega t),\ y=OM\cdot\sin(2\omega t)$$

速度：

$$v_x=\dot{x}=-2R\omega\cdot\sin(2\omega t),\ v_y=\dot{y}=2R\omega\cdot\cos(2\omega t)$$

所以 $v=\sqrt{v_x^2+v_y^2}=2R\omega$。

$$\cos<\boldsymbol{v},\boldsymbol{i}> = \frac{v_x}{v} = -\sin(2\phi) = \cos(90^\circ + 2\phi),\ \cos<\boldsymbol{v},\boldsymbol{j}> = \frac{v_y}{v} = \cos(2\phi)$$

所以 $<\boldsymbol{v},\ \boldsymbol{i}> = 90^\circ + 2\phi$，$<\boldsymbol{v},\ \boldsymbol{j}> = 2\phi$。

加速度：

$$a_x = \dot{v}_x = -4R\omega^2 \cdot \cos(2\omega t) = -4\omega^2 x,\ a_y = \dot{v}_y = -4R\omega^2 \cdot \sin(2\omega t) = -4\omega^2 y$$

所以 $a = \sqrt{a_x^2 + a_y^2} = 4R\omega^2$，且有 $\boldsymbol{a} = -4\omega^2 x\boldsymbol{i} - 4\omega^2 y\boldsymbol{j} = -4\omega^2(x\boldsymbol{i} + y\boldsymbol{j}) = -4\omega^2\boldsymbol{r}$。

可见加速度的大小为 $4\omega^2 r$，方向正好与矢径 $\boldsymbol{r}$ 相反，即由点 M 指向点 O（曲率中心）。

（2）**自然坐标法**

已知点 M 的轨迹是半径为 R 的圆，取圆上的点 C 为起点量取弧坐标 s，并规定沿轨迹的逆时针方向为正。点 M 沿轨迹的运动方程：

$$s = R(2\phi) = 2R\omega t$$

速度：

$$v = \dot{s} = 2R\omega$$

加速度：

$$a_{\mathrm{t}} = \dot{v} = 0,\ a_{\mathrm{n}} = \frac{v^2}{\rho} = \frac{(2R\omega)^2}{R} = 4R\omega^2$$

方向由点 M 指向点 O。

例题 5-2 已知动点的运动方程为 $x = 50t$，$y = 500 - 5t^2$，单位为 m，求：（1）动点的运动轨迹；（2）当 $t = 0$ 时，动点的切向加速度、法向加速度和轨迹的曲率半径。

解：（1）求动点的运动轨迹

由运动方程消去时间 t，即得到动点的轨迹方程为

$$x^2 = 250000 - 500y$$

可知动点的轨迹为一抛物线。再做进一步分析：根据题意 $t = 0$ 时，$x = 0$，$y = 500\mathrm{m}$，即开始运动时，动点在抛物线上的点 A（0，500）处。以后，当 x 从零增加而 y 的值减小，从而知动点仅在图 5-2 中实线所示的半抛物线上运动。所以，该动点的轨迹应为半抛物线。

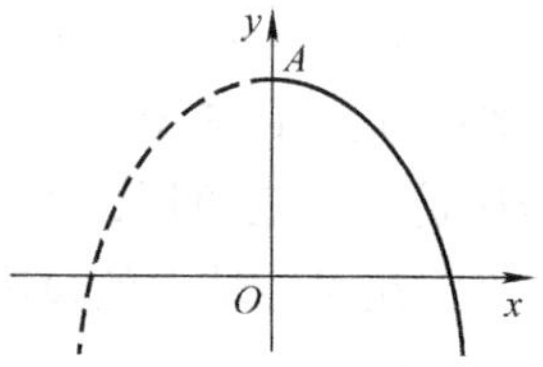

图 5-2

$$x^2 = 250000 - 500y \quad (x \geqslant 0)$$

（2）求 $t = 0$ 时，动点的切向加速度、法向加速度和轨迹的曲率半径

由题中所给动点的运动方程求导得

$$v_x = \dot{x} = 50,\ v_y = \dot{y} = -10t \tag{1}$$

故动点的速度为

$$v = \sqrt{v_x^2 + v_y^2} = 10\sqrt{25 + t^2}\text{m/s} \quad (2)$$

又由式（1）对时间求导得

$$a_x = \dot{v}_x = 0,\ a_y = \dot{v}_y = -10$$

故动点的加速度

$$a = \sqrt{a_x^2 + a_y^2} = 10\text{m/s}^2$$

而动点的切向加速度为

$$a_t = \frac{dv}{dt} = \frac{10t}{\sqrt{25 + t^2}} \quad (3)$$

所以动点的法向加速度为

$$a_n = \sqrt{a^2 - a_t^2} = \frac{50}{\sqrt{25 + t^2}} \quad (4)$$

轨迹的曲率半径为

$$\rho = \frac{v^2}{a_n} = 2(25 + t^2)^{\frac{3}{2}} \quad (5)$$

将 $t=0$ 代入式（3）、式（4）、式（5），求此时动点的切向加速度、法向加速度及曲率半径分别为

$$a_t = 0,\quad a_n = 10\text{m/s}^2,\quad \rho = 250\text{m}$$

注1：求动点的运动轨迹，由运动方程消去时间 t 后，应注意再做进一步的分析，以得出轨迹的确切结论。

注2：本题有助于读者熟悉直角坐标法表示的动点运动方程、轨迹、速度、加速度之间的关系；熟悉切向加速度、法向加速度、速度、曲率半径之间的关系。

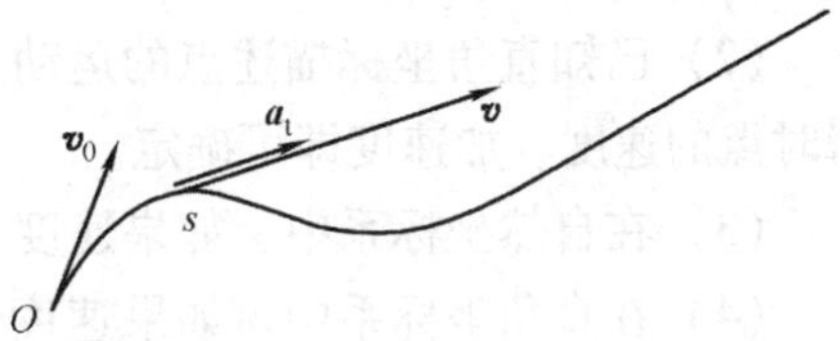

图 5-3

例题5-3 一点沿某曲线以初速度 $v_0 = 5\text{m/s}$ 和切向加速度 $a_t = 0.6t$（a_t 以 m/s^2 计，t 以 s 计）运动，如图5-3所示，动点从原点算起的运动方程为(　　)。

（A）$s = 5t + 0.3t^3$　（B）$s = 5t + 0.1t^3$　（C）$s = 5t + 0.6t^3$　（D）$s = 5t + 0.3t^2$

解：该动点做曲线运动。则

$$v_t = v_0 + \int_0^t a_t dt = v_0 + 0.3t^2$$

走过的路程 $s = \int_0^t v_t dt = \int_0^t (v_0 + 0.3t^2)dt = 5t + 0.1t^3$。答案是（B）。

注1：题目中动点切向加速度随时间变化，要与动点做匀加速直线运动相区别。如果按照匀加速直线运动的公式 $v_t = v_0 + at$，$s = v_0 t + \frac{1}{2}at^2$ 计算，会得出错误的结果（D）。

注2：在理论力学课程中，若 a_t = 恒量，则动点的运动称为匀变速曲线运动，若 $a_t=0$ 称为匀速曲线运动，但此时的全加速度并不为0。

例题5-4 动点运动时的运动轨迹为直线，如图5-4a所示，则其位置矢（　　）；若点运动时的运动轨迹为圆，如图5-4b所示，其位置矢（　　）。

（A）方向保持不变，大小可变　　（B）大小保持不变，方向可变

（C）大小、方向均保持不变　　（D）大小和方向可任意变化

解：本题考查对位置矢量概念的把握。位置矢径是从坐标原点向动点作的矢量，与坐标原点的选择有关。该题的分析如图5-4所示，答案是（D）。

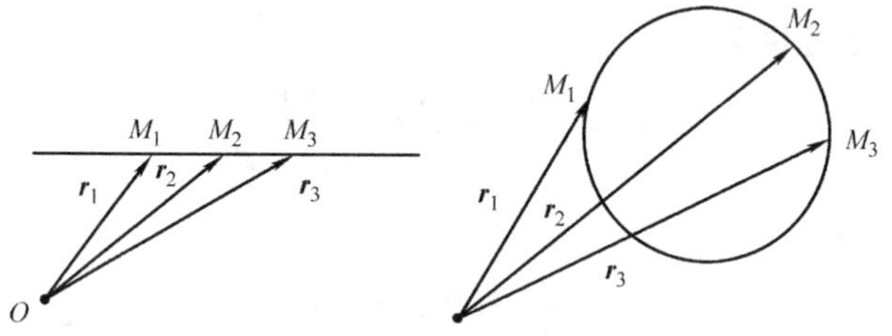

a)　　b)

图 5-4

【习题精练】

1. 判断题

（1）已知自然法描述的点的运动方程为 $s=f(t)$，则任一瞬时点的速度、加速度即可确定。（　　）

（2）已知直角坐标描述点的运动方程为 $x=f_1(t)$，$y=f_2(t)$，$z=f_3(t)$，则任一瞬时点的速度、加速度即可确定。（　　）

（3）在自然坐标系中，如果速度 v = 常数，则加速度 $a=0$。（　　）

（4）在直角坐标系中，如果速度$\boldsymbol{v}$的投影 v_x = 常数，v_y = 常数，v_z = 常数，则其加速度 $a=0$。（　　）

（5）加速度$\frac{\mathrm{d}\boldsymbol{v}}{\mathrm{d}t}$的大小为$\frac{\mathrm{d}v}{\mathrm{d}t}$。（　　）

（6）只要点做匀速运动，其加速度总为零。（　　）

（7）已知点做圆周运动，其运动方程为 $s=2t^3$，则该点的加速度 $a=12t$。（　　）

（8）由于加速度 $\boldsymbol{a}$ 永远位于轨迹上动点处的密切面内，故 $\boldsymbol{a}$ 在副法线上的投影恒等于零。（　　）

2. 选择题

（1）点 M 沿半径为 R 的圆周运动，其速度为 $v=kt$，k 是有量纲的常量。则点 M 的全加速度为（　　）。

（A）$(k^2t^2/R)+k^2$　　（B）$[(k^2t^2/R^2)+k^2]^{1/2}$

（C）$[(k^4t^4/R^2)+k^2]^{1/2}$　　（D）$[(k^4t^2/R^2)+k^2]^{1/2}$

（2）点做曲线运动如图 5-5 所示。若点在不同位置时加速度 $\boldsymbol{a}_1=\boldsymbol{a}_2=\boldsymbol{a}_3$ 是一个恒矢量，则该点做（　　）。

（A）匀速运动　　（B）匀变速运动

（C）非匀变速运动　　（D）圆周运动

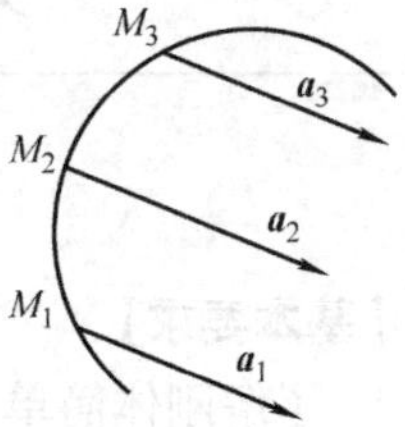

图 5-5

（3）一动点做平面曲线运动，若其速率不变，则其速度矢量与加速度矢量（　　）。

（A）平行　　（B）垂直

（C）夹角随时间变化　　（D）夹角为非 0°和 90°的常量

（4）点做直线运动，已知某瞬时加速度为 $a=-2\text{m/s}^2$，$t=1\text{s}$ 时速度为 $v_1=2\text{m/s}$，则 $t=2\text{s}$ 时，该点的速度的大小为（　　）。

（A）0　　（B）-2m/s　　（C）4m/s　　（D）无法确定

3. 填空题

（1）点沿半径 $R=50\text{cm}$ 的圆周运动，若点的运动规律为 $s=5t+0.2t^2(\text{cm})$，则当 $t=5\text{s}$ 时，点的速度的大小为________，加速度的大小为________。

（2）点沿半径 $R=4\text{m}$ 的圆周运动，初瞬时速度 $v_0=-2\text{m/s}$，切向加速度 $a_t=4\text{m/s}^2$（为常量）。则 $t=2\text{s}$ 时，该点速度的大小为________，加速度的大小为________。

（3）在图 5-6 所示曲柄滑块机构中，曲柄 OC 绕 O 轴转动，$\varphi=\omega t$（ω 为常数）。滑块 A、B 可分别沿通过点 O 且相互垂直的两直槽滑动，若 $AC=CB=OC=L$，则点 A 速度的大小为________，点 B 速度的大小为________。

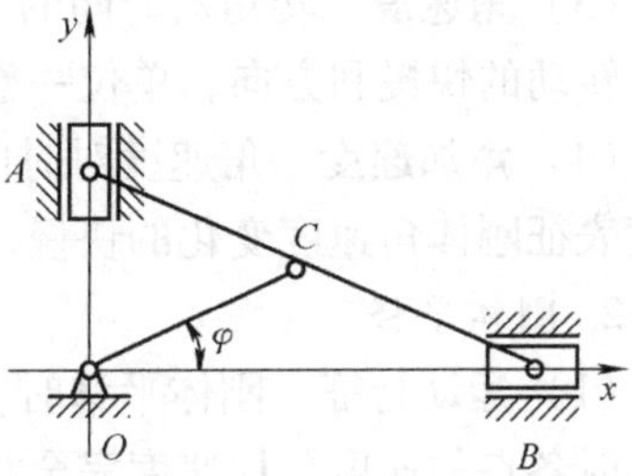

图 5-6

第 6 章　刚体的简单运动

【基本要求】

1. 了解刚体简单运动——平移和定轴转动的特征。

2. 掌握刚体平移和定轴转动的运动方程的建立方法。

3. 掌握刚体平移和定轴转动时刚体上各点的速度和加速度的计算。

重点：刚体平移及其运动特征；刚体的定轴转动；转动方程；角速度；角加速度；定轴转动刚体上任一点的速度和加速度。

难点：刚体定轴转动的矢量表示。

【内容提要】

1. 基本概念

（1）**刚体的平移**　刚体运动时，其上任一直线始终平行于其初始位置，这种运动称为刚体的平行移动，简称平移。

（2）**刚体的定轴转动**　刚体运动时，其上或其扩展部分有一条直线保持不动，这种运动称为刚体绕定轴的转动，简称刚体的转动。

（3）**角速度**　转角对时间的一阶导数，称为刚体的瞬时角速度。角速度表征刚体转动的快慢和方向，单位一般为 rad/s。

（4）**角加速度**　角速度对时间的一阶导数，称为刚体的瞬时角加速度。角加速度表征刚体角速度变化的快慢，单位一般为 rad/s^2。

2. 刚体平移

（1）**运动特征**　刚体平移时，其上各点的轨迹形状完全相同且彼此平行，每一瞬时各点的速度、加速度完全相同。因此，刚体的平移可简化成其上任意一点的运动来研究。

（2）**运动方程**

矢量形式　$\boldsymbol{r}=\boldsymbol{r}(t)$

直角坐标形式　$x=f_1(t)$，$y=f_2(t)$，$z=f_3(t)$

3. 刚体的定轴转动

（1）**运动特征**　刚体做定轴转动时，刚体内除转轴上任意一点都做圆周运动，圆心在转轴上，圆周所在的平面与转轴垂直，圆周的半径等于该点到转轴的垂直距离。

（2）**运动方程**　通过轴线作一固定平面作为参考平面，再通过轴线作一与刚体固结的动平面，两平面的夹角即为刚体定轴转动的运动方程。

$$\varphi=f(t)$$

角速度　$\omega=\dfrac{d\varphi}{dt}=\dot{\varphi}$

角加速度　$\alpha=\dfrac{d\omega}{dt}=\dfrac{d^2\varphi}{dt^2}=\ddot{\varphi}$

（3）**刚体上各点的速度**

$$v=r\omega$$

其中，r 是动点到转轴的垂直距离，称为转动半径；ω 是刚体转动的角速度。它的方向沿圆周的切线指向转动的一方。

（4）**刚体上各点的加速度**

切向加速度　$a_t=r\alpha$，　法向加速度　$a_n=\dfrac{v^2}{r}=r\omega^2$

定轴转动刚体上各点的全加速度　$a=\sqrt{a_t^2+a_n^2}=r\sqrt{\alpha^2+\omega^4}$

加速度 a 与转动半径的夹角为　$\tan\theta=\dfrac{|a_t|}{a_n}=\dfrac{\alpha}{\omega^2}$

（5）**刚体定轴转动的两种特殊情形**

1）匀速转动　$\omega=$常数

2）匀变速转动　$\alpha=$常数，有以下的运动关系：

$$\begin{cases}\omega=\omega_0+\alpha t\\ \varphi=\varphi_0+\omega_0 t+\dfrac{1}{2}\alpha t^2\\ \omega^2=\omega_0^2+2\alpha(\varphi-\varphi_0)\end{cases}$$

4. 刚体定轴转动的矢量表示法

（1）**角速度和角加速度的矢量表示分别为**

角速度矢：$\boldsymbol{\omega}=\dfrac{d\varphi}{dt}\boldsymbol{k}=\omega\boldsymbol{k}$，　角加速度矢：$\boldsymbol{\alpha}=\dfrac{d\omega}{dt}\boldsymbol{k}=\alpha\boldsymbol{k}$

（2）**任意点速度的矢量积表示式为**　$\boldsymbol{v}=\boldsymbol{\omega}\times\boldsymbol{r}$

（3）**任意点加速度的矢量积表示式为**　$\boldsymbol{a}=\boldsymbol{a}_t+\boldsymbol{a}_n=\boldsymbol{\alpha}\times\boldsymbol{r}+\boldsymbol{\omega}\times\boldsymbol{v}$

5. 轮系的传动比

（1）**齿轮传动**　$i_{12}=\dfrac{\omega_1}{\omega_2}=\pm\dfrac{R_2}{R_1}=\pm\dfrac{z_2}{z_1}$

式中正号表示内啮合传动，负号表示外啮合传动，R_1、R_2表示啮合齿轮的节圆半径，z_1、z_2为啮合齿轮的齿数。

（2）**带轮传动**　$i_{12}=\dfrac{\omega_1}{\omega_2}=\dfrac{R_2}{R_1}$

传动比等于角速度之比，等于带轮半径的反比。

【例题精讲】

例题 6-1　平行连杆机构如图 6-1a 所示，曲柄 O_1A 以不变的转速 $n=320\text{r/min}$

转动。曲柄长 $O_1A=O_2B=150\text{mm}$，连杆长 $AB=O_1O_2$。求连杆 AB 的中点 C 的速度和加速度。

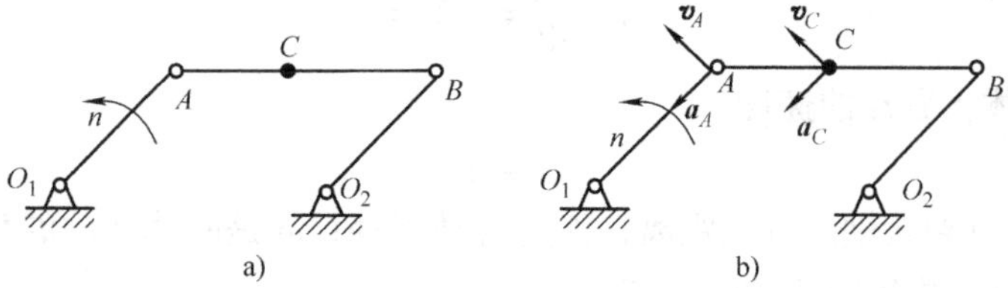

图 6-1

解题思路：杆 O_1A、杆 O_2B 做定轴转动，杆 AB 做平移，求点 C 的速度、加速度转化成求点 A 的速度和加速度。

解：运动学分析如图 6-1b 所示。

$$v_A=\omega\cdot O_1A=\left(\frac{2\pi\times320}{60}\times0.15\right)\text{m/s}=5.024\text{m/s}$$

$$a_A=a_A^{\text{n}}=\omega^2\cdot O_1A=\left[\left(\frac{2\pi\times320}{60}\right)^2\times0.15\right]\text{m/s}^2=168.27\text{m/s}^2$$

因为 O_1A 平行且等于 O_2B，所以连杆 AB 做平移。

$$v_C=v_A=5.024\text{m/s}$$

$$a_C=a_A=168.27\text{m/s}^2$$

注：给出一个机构，先确定该机构由几个构件组成，每个构件做什么运动。根据运动形式的相关理论进行速度和加速度分析。

例题 6-2 直角刚杆 OAB 在图 6-2 所示瞬时有 $\omega=2\text{rad/s}$，$\alpha=5\text{rad/s}^2$，若 $OA=0.4\text{m}$，$AB=0.3\text{m}$，则 B 点的速度为（　　）m/s，加速度为（　　）m/s^2。

（A）1　　（B）1.6　　（C）2　　（D）3.2

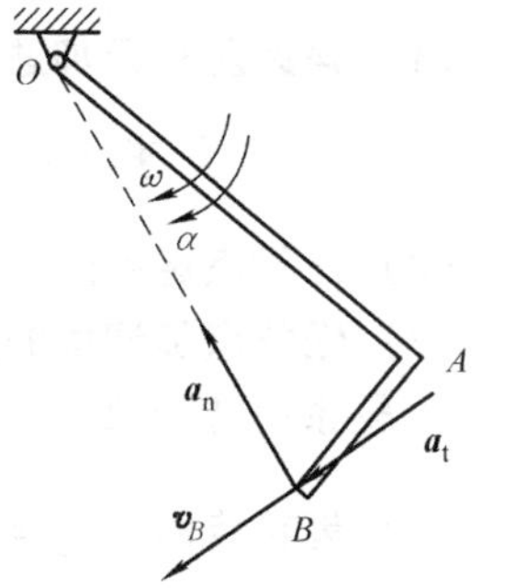

图 6-2

解题思路：直角刚杆 OAB 绕点 O 做定轴转动，点 B 到转轴的距离为 OB。

解：$OB=\sqrt{OA^2+AB^2}=0.5\text{m}$，所以

速度：$v_B=OB\cdot\omega=1\text{m/s}$

加速度：$a_{\text{t}}=OB\cdot\alpha$，$a_{\text{n}}=OB\cdot\omega^2$，$a=\sqrt{(a_{\text{t}})^2+(a_{\text{n}})^2}=3.2\text{m/s}^2$

答案是（A）和（D）。

例题 6-3 齿轮 A、B 为两个互相啮合的齿轮，两轮节圆半径分别为 R_1、R_2，齿数分别为 z_1、z_2，如图 6-3 所示。若已知主动轮 A 的转速为 n_1，试求从动轮 B 的角速度。

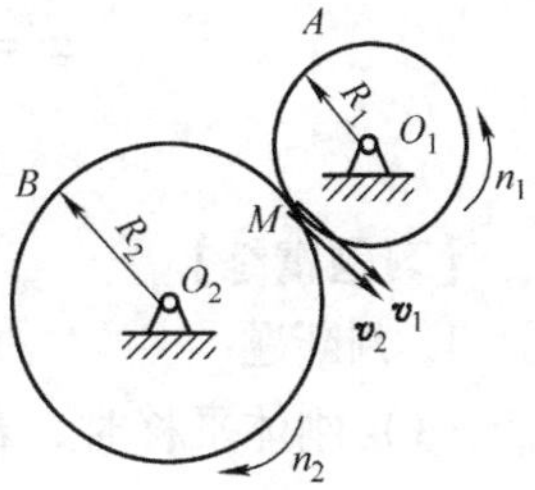

图　6-3

解：在齿轮传动中，因齿轮互相啮合，两齿轮在接触点 M 处无相对滑动，因而有

$$v_1 = v_2$$

$$v_1 = R_1\omega_1 = 2\pi n_1 R_1/60$$

$$v_2 = R_2\omega_2 = 2\pi n_2 R_2/60$$

因此，得

$$\omega_2 = \frac{R_1}{R_2}\omega_1, n_2 = \frac{R_1}{R_2}n_1$$

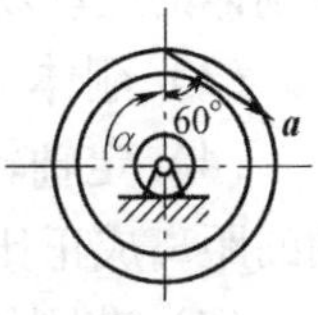

图　6-4

例题 6-4　如图 6-4 所示，飞轮绕固定轴 O 转动，其轮缘上任一点的全加速度在某段运动过程中与轮半径的夹角恒为 60°。当运动开始时，其转角 φ_0 等于零，角速度为 ω_0。求飞轮的转动方程以及角速度与转角的关系。

解题思路：该题已知全加速度，要求角速度及转动方程，是一个积分运算，要注意积分常数的确定。

解：
$$\omega = \frac{\mathrm{d}\varphi}{\mathrm{d}t}, \quad \alpha = \frac{\mathrm{d}\omega}{\mathrm{d}t}$$

根据已知条件
$$\tan 60° = \frac{a_\mathrm{t}}{a_\mathrm{n}} = \frac{r\alpha}{r\omega^2} = \frac{\frac{\mathrm{d}\omega}{\mathrm{d}t}}{\omega\frac{\mathrm{d}\varphi}{\mathrm{d}t}} = \frac{\mathrm{d}\omega}{\omega\mathrm{d}\varphi}$$

分离变量得到
$$\frac{\mathrm{d}\omega}{\omega} = \sqrt{3}\mathrm{d}\varphi$$

$$\int_{\omega_0}^{\omega}\frac{\mathrm{d}\omega}{\omega} = \sqrt{3}\int_0^{\varphi}\mathrm{d}\varphi$$

积分得
$$\omega = \omega_0 \mathrm{e}^{\sqrt{3}\varphi}$$

由 $\omega = \frac{\mathrm{d}\varphi}{\mathrm{d}t} = \omega_0\mathrm{e}^{\sqrt{3}\varphi}$ 得

$$\int_0^{\varphi}\mathrm{e}^{-\sqrt{3}\varphi}\mathrm{d}\varphi = \int_0^t \omega_0\mathrm{d}t$$

积分得到转动方程
$$\varphi = \frac{\sqrt{3}}{3}\ln\left(\frac{1}{1-\sqrt{3}\omega_0 t}\right)$$

例题 6-5　刚体做定轴转动，已知转轴通过坐标原点 O，角速度矢量为 $\boldsymbol{\omega} = 5\sin\frac{\pi t}{2}(\boldsymbol{i}+\sqrt{3}\boldsymbol{k})\mathrm{rad/s}$。求当 $t = 1\mathrm{s}$ 时，刚体上点 M（0，2，3）（单位：m）的速度矢量和加速度矢量。

解：
$$\boldsymbol{v} = \boldsymbol{\omega}\times\boldsymbol{r} = 5\begin{vmatrix}\boldsymbol{i} & \boldsymbol{j} & \boldsymbol{k}\\ 1 & 0 & \sqrt{3}\\ 0 & 2 & 3\end{vmatrix} = (-10\sqrt{3}\boldsymbol{i} - 15\boldsymbol{j} + 10\boldsymbol{k})\ \mathrm{m/s}$$

$$\boldsymbol{a} = \boldsymbol{a}_\mathrm{t} + \boldsymbol{a}_\mathrm{n} = \boldsymbol{\alpha} \times \boldsymbol{r} + \boldsymbol{\omega} \times \boldsymbol{v} = \frac{\mathrm{d}\boldsymbol{\omega}}{\mathrm{d}t} \times \boldsymbol{r} + \boldsymbol{\omega} \times \boldsymbol{v}$$

$$= (75\sqrt{3}\boldsymbol{i} - 200\boldsymbol{j} - 75\boldsymbol{k})\ \mathrm{m/s^2}$$

【习题精练】

1. 判断题

（1）刚体平移时，若刚体上任一点的运动已知，则其他各点的运动随之确定。（　　）

（2）在刚体运动过程中，若其上有一条直线始终平行于它的初始位置，则这种刚体的运动就是平移。（　　）

（3）刚体平移时，其上各点的轨迹一定是互相平行的直线。（　　）

（4）定轴转动刚体上各点的切向加速度与法向加速度的大小都与该点到转动轴的距离成正比。（　　）

（5）若刚体内各点均做圆周运动，则此刚体的运动必是定轴转动。（　　）

（6）两个做定轴转动的刚体，若其角加速度始终相等，则其转动方程相同。（　　）

（7）刚体做平移时，其上各点的轨迹可以是直线，可以是平面曲线，也可以是空间曲线。（　　）

（8）若刚体运动时，其上两点的轨迹相同，则该刚体一定做平行移动。（　　）

2. 选择题

（1）图6-5所示直角杆 OAB，可绕固定轴 O 在图示平面内转动，已知 $OA=0.4\mathrm{m}$，$AB=0.3\mathrm{m}$，$\omega=2\mathrm{rad/s}$，$\alpha=1\mathrm{rad/s^2}$。则图示瞬时，点 B 的加速度在 x 方向的投影为（　　）$\mathrm{m/s^2}$，在 y 方向的投影为（　　）$\mathrm{m/s^2}$。

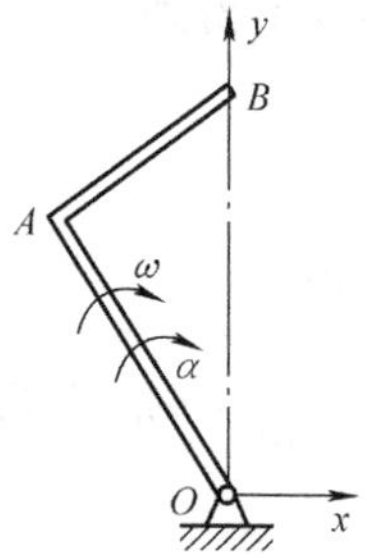

图　6-5

（A）0.4　（B）2　（C）0.5　（D）−2

（2）在图6-6所示机构中，杆 $O_1A//O_2C//O_3D$，且 $O_1A=O_2B=0.2\mathrm{m}$，$O_2C=O_3D=0.4\mathrm{m}$，$CM=MD=0.3\mathrm{m}$，若杆 AO_1 以匀角速度 $\omega=3\mathrm{rad/s}$ 转动，则点 M 的速度的大小为（　　）m/s，点 B 的加速度的大小为（　　）$\mathrm{m/s^2}$。

（A）0.6　（B）1.2　（C）1.5　（D）1.8

（3）图6-7所示直角刚杆，$AO=2\mathrm{m}$，$BO=3\mathrm{m}$，已知某瞬时点 A 的速度 $v_A=6\mathrm{m/s}$，而点 B 的加速度与 BO 的夹角 $\theta=60°$。则该瞬时刚杆的角速度 $\omega=$（　　）rad/s，角加速度 $\alpha=$（　　）$\mathrm{rad/s^2}$。

（A）3　（B）$\sqrt{3}$　（C）$5\sqrt{3}$　（D）$9\sqrt{3}$

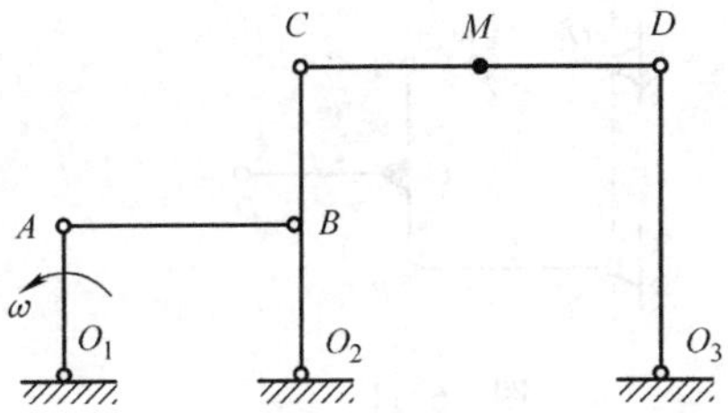

图 6-6

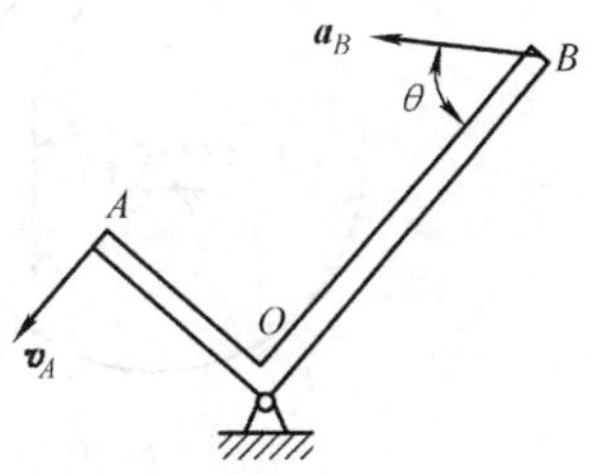

图 6-7

3. 填空题

(1) 平面机构如图6-8所示。已知 $AB//O_1O_2$，且 $AB=O_1O_2=L$，$AO_1=BO_2=r$，$ABCD$ 是矩形板，$AD=BC=b$，AO_1 杆以匀角速度 ω 绕 O_1 轴转动，则矩形板中心点 C' 的速度和加速度的大小分别为 $v=$________，$a=$________，并在图中标出它们的方向。

(2) 已知T形杆某瞬时以角速度 ω、角加速度 α 在图6-9所示平面内绕 O 轴转动，则点 C 的速度大小为________；加速度大小为________（在图中标出它们的方向）。

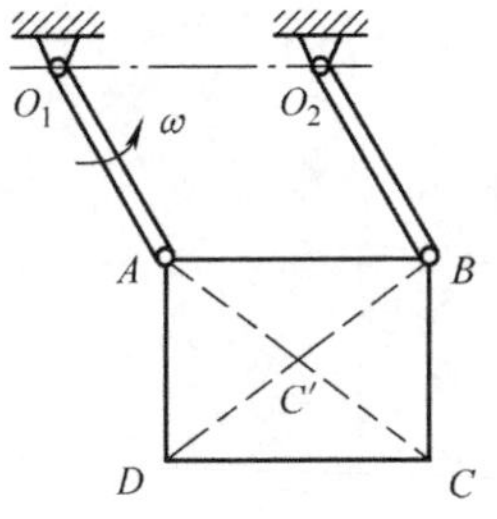

图 6-8

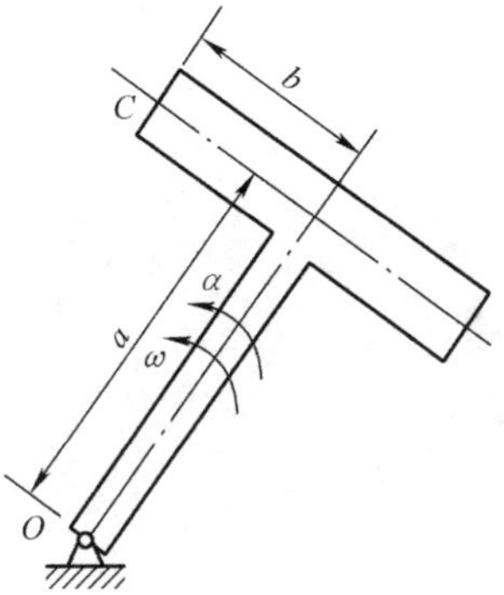

图 6-9

(3) 圆轮绕定轴 O 转动，已知 $OA=0.5\text{m}$，某瞬时 $\boldsymbol{v}_A$、$\boldsymbol{a}_A$ 的方向如图6-10所示，且 $a_A=10\text{m/s}^2$，则该瞬时角速度 $\omega=$________；角加速度 $\alpha=$________（在图上标出角速度、角加速度的转向）。

(4) 在图6-11所示平行四杆机构 O_1ABO_2 中，CD 杆与 AB 杆固结，若 $O_1A=O_2B=CD=L$，O_1A 杆以匀角速度 ω 转动，在图示位置 $O_1A\perp AB$ 时，点 D 的加速度为________，方向在图中标出。

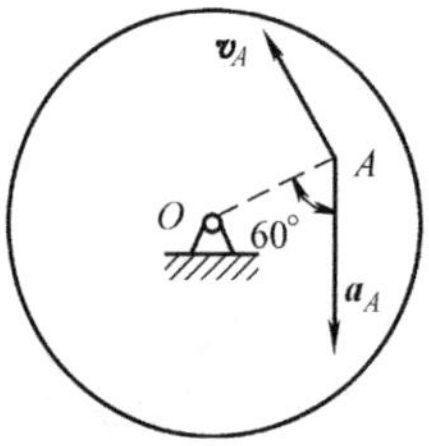

图 6-10

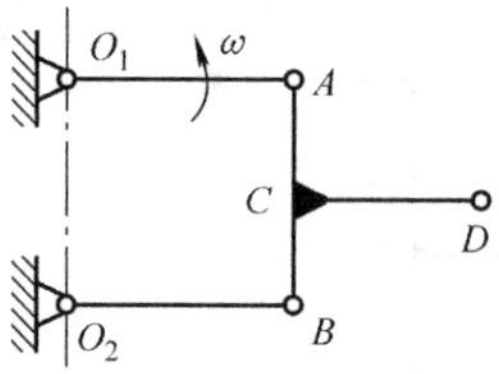

图 6-11

(5) 如图 6-12 所示，齿轮半径为 r，绕定轴 O 转动，并带动齿条 AB 移动。已知某瞬时齿轮的角速度为 ω，角加速度为 α，齿轮上的点 C 与齿条上的点 C' 相重合，则点 C' 的速度大小为________；点 C' 的加速度大小为________（在图中标出它们的方向）。

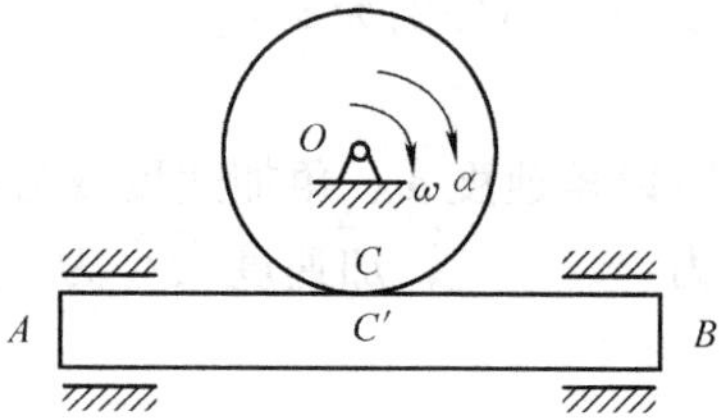

图 6-12

第7章　点的合成运动

【基本要求】

1. 理解绝对运动、相对运动、牵连运动、牵连点的概念。

2. 掌握点的合成运动中动点、动坐标系的选取方法。

3. 掌握速度合成定理、加速度合成定理。

重点：运动的合成与分解；点的速度合成定理及应用；点的加速度合成定理及应用。

难点：动点、动系的选择和相对运动的分析；科氏加速度的概念；牵连运动为定轴转动时的加速度合成定理。

【内容提要】

1. 基本概念

（1）**动点**　所研究的运动着的点。

（2）**定系**　固定在地面上的坐标系，也称为静系。

（3）**动系**　固定在运动刚体上的坐标系。

（4）**绝对运动**　动点相对于定系的运动。绝对运动是点的运动，因此可以定义动点相对于定系的速度和加速度为绝对速度$\boldsymbol{v}_a$和绝对加速度$\boldsymbol{a}_a$。

（5）**相对运动**　动点相对于动系的运动。相对运动也是点的运动，因此可以定义动点相对于动系的速度和加速度为相对速度$\boldsymbol{v}_r$和相对加速度$\boldsymbol{a}_r$。

（6）**牵连运动**　动系相对于定系的运动。牵连运动是刚体的运动。

（7）**牵连点**　在运动瞬时，动系上与动点重合的点。牵连点可能位于实际运动刚体的延伸拓展部分。牵连点相对于定系的速度和加速度为牵连速度$\boldsymbol{v}_e$和牵连加速度$\boldsymbol{a}_e$。

以上概念之间的关系如图7-1所示。如果能判断出三种运动的轨迹，则沿轨迹的切线方向，即为三种速度的方向。

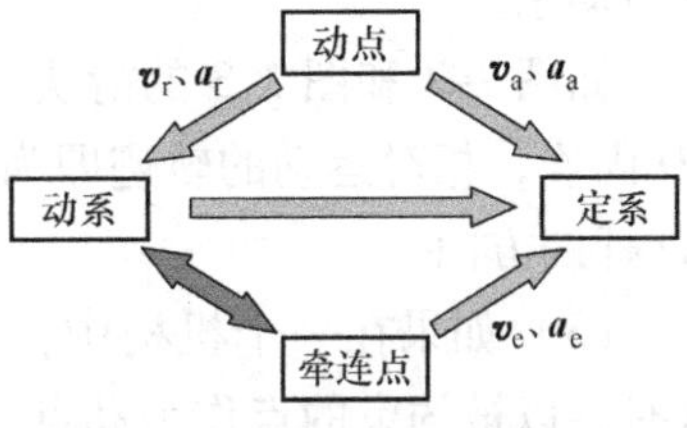

图　7-1

三种加速度，一般来说每种加速度都有切向和法向两个分量，切向加速度沿轨迹切线方向，法向加速度沿主法线方向。如果运动轨迹为直线，则没有法向加速度分量；如果运动为匀速率的，则没有切向加速度分量。

2. 基本理论

（1）**点的速度合成定理** $\boldsymbol{v}_a=\boldsymbol{v}_e+\boldsymbol{v}_r$

式中各项都是矢量，包括大小和方向共六个量，只要知道其中的四个量，就可通过平行四边形法则或两个投影表达式求得其余两个未知量。

（2）**点的加速度合成定理** $\boldsymbol{a}_a=\boldsymbol{a}_e+\boldsymbol{a}_r+\boldsymbol{a}_C$

式中各项都是矢量，包括大小和方向共八个量，只要知道其中的六个量，就可通过平行四边形法则或两个投影表达式求得其余两个未知量。

注意：以上两式中的投影式是根据合矢量投影定理（合矢量在某轴上的投影，等于所有分矢量在该轴上投影的代数和）而写出的，不能写为加速度的投影“平衡”方程。

$\boldsymbol{a}_C=2\boldsymbol{\omega}_e\times\boldsymbol{v}_r$ 称为科氏加速度，该项反映牵连运动和相对运动的相互影响，其大小 $a_C=2\omega_e v_r\sin<\boldsymbol{\omega}_e,\boldsymbol{v}_r>$，方向由右手螺旋规则确定。如果角速度矢量 $\boldsymbol{\omega}_e$ 与相对速度矢量$\boldsymbol{v}_r$ 垂直，即当动点、动系在同一平面中运动时，相对速度$\boldsymbol{v}_r$ 的方向沿着牵连角速度旋转方向转 90°即为科氏加速度 $\boldsymbol{a}_C$ 的方向。当牵连运动为平移时，$\boldsymbol{\omega}_e$ 大小为 0，所以科氏加速度 $\boldsymbol{a}_C$ 等于 0。

3. 基本方法

速度合成定理和加速度合成定理的求解，实际是一个平面矢量合成问题，一个矢量方程最多能求解两个未知量。一般来说，三种运动的速度方向（即三种运动轨迹的切线方向）和其中一个速度的大小应易于确定，再以此为基础，求解其他两个未知量。为此，动点、动系的选取一般应满足以下原则：

（1）动点、动系应选在不同的刚体上；

（2）相对运动的运动轨迹应易于确定。

根据上面提出的动点、动系选取原则，常见的问题一般可以分成四种情况来讨论：

（1）对于没有约束联系的，一般可根据题意选取所研究的点为动点，如雨滴、矿石；而动系固定在另一运动的物体上，如车辆、传送带。

（2）对于由主动件和被动件组成的机构，要根据约束与被约束的性质确定动点与动系。

如图 7-2 和图 7-3 的滑块 - 滑道机构中，可以选取滑块 *A* 为动点，动系与滑道 *CD* 固连，相对运动的轨迹即为滑块 *A* 相对于滑道 *CD* 杆的运动。相对速度方向沿 *CD* 杆的方向。

（3）如果在一个机构中，一个构件上总有一个点始终被另一个构件所约束。这时，以被约束的点作为动点，在约束动点的构件上建立动系，相对运动轨迹便是约束构件的轮廓线或者约束动点的轨道。

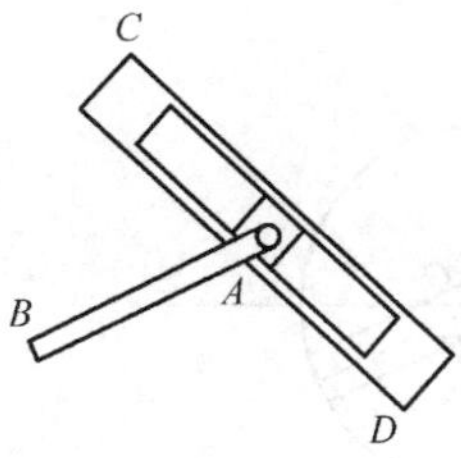

图　7-2

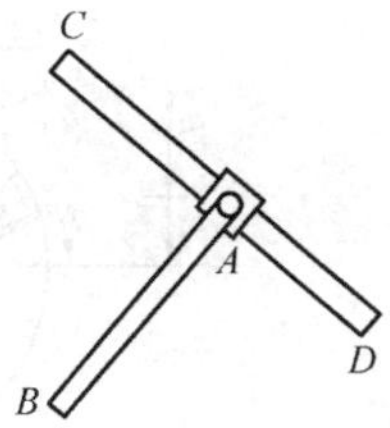

图　7-3

如图7-4中，选取 AB 杆上的点 A 为动点，动系与 CD 固连。相对运动即为点 A 相对于 CD 的运动，相对运动轨迹即为 CD 的轮廓线，相对速度沿 CD 轮廓线的切线方向。

（4）对于特殊问题，进行特殊处理。

此类问题两个构件的接触点是变化的，如图7-5所示的凸轮推杆机构。其特点为两个传动构件中，一般有一个是圆形的。宜选圆形构件的圆心为动点，动系与另一个构件固连。此时动点的相对运动轨迹易于确定。

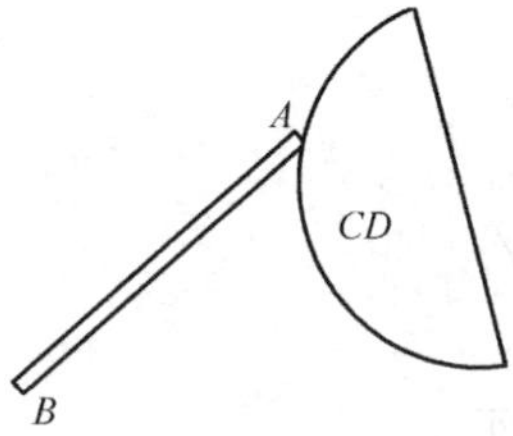

图　7-4

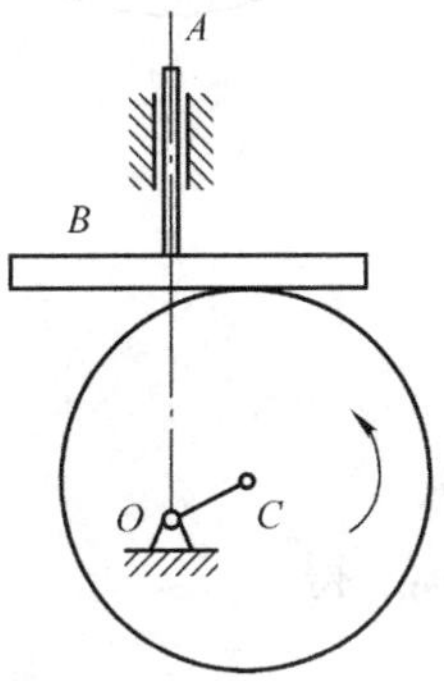

图　7-5

【例题精讲】

例题7-1　在图7-6a所示平面机构中，杆 DB 绕 B 轴转动，带动滑块 D 在圆轮 A 的滑槽内滑动，从而使圆轮 A 转动。L 为已知，图示瞬时：$\theta=30°$，杆 BD 的角速度为 ω_0，角加速度为 α_0。试求此瞬时圆轮的角速度和角加速度。

解题思路：该机构中 BD 杆的运动通过滑块传递到轮 A 上，属于滑块 - 滑道的情况。以滑块 D 为动点，动系与滑道圆轮固连是最佳的方案。

解：以滑块 D 为动点，动系与滑道圆轮固连，速度和加速度分析如图7-6b、c所示。

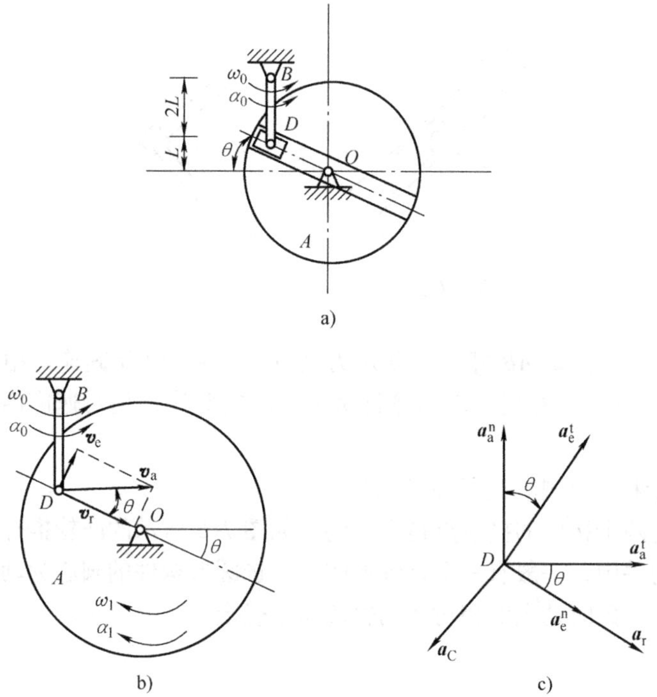

图 7-6

速度分析 $\boldsymbol{v}_a = \boldsymbol{v}_e + \boldsymbol{v}_r$

大小 √ ? ?

方向 √ √ √

其中，$v_a = 2L\omega_0$。得

$$v_e = L\omega_0,\ v_r = \sqrt{3}L\omega_0$$

所以 $$\omega_1 = \frac{v_e}{2L} = \frac{\omega_0}{2} \quad （顺时针）$$

加速度分析 $\boldsymbol{a}_a^t + \boldsymbol{a}_a^n = \boldsymbol{a}_e^t + \boldsymbol{a}_e^n + \boldsymbol{a}_r + \boldsymbol{a}_C$

大小 √ √ ? √ ? √

方向 √ √ √ √ √ √

其中，$a_a^t = 2L\alpha_0$，$a_a^n = 2L\omega_0^2$，$a_C = 2\omega_1 v_r = \sqrt{3}\ L\omega_0^2$。在 $\boldsymbol{a}_e^t$ 方向上投影：

$$a_a^t \cos 60° + a_a^n \sin 60° = a_e^t - a_C$$

得 $$a_e^t = L\alpha_0 + 2\sqrt{3}L\omega_0^2$$

所以 $$\alpha_1 = \frac{a_e^t}{2L} = \frac{1}{2}\alpha_0 + \sqrt{3}\omega_0^2$$

例题 7-2 图 7-7a 所示系统中，半径 $r = 400\text{mm}$ 的半圆形凸轮 A 水平向右做匀加速运动，$a_A = 100\text{mm/s}^2$，推动杆 BC 沿 $\varphi = 30°$的导槽运动。在图示位置时，$\theta = 60°$，$v_A = 200\text{mm/s}$。试求该瞬时杆 BC 的加速度。

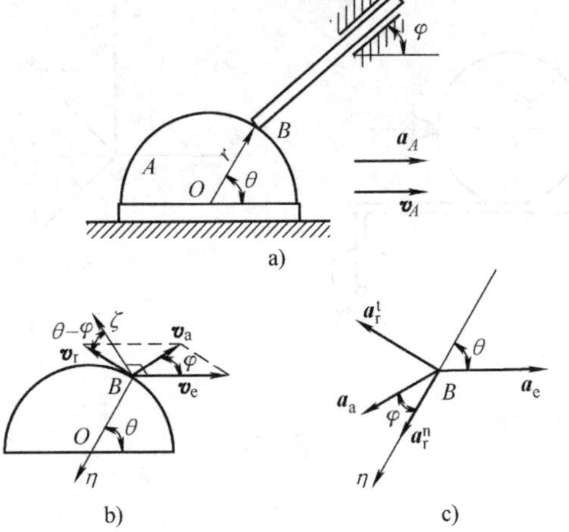

图　7-7

解题思路： 本题属于一个构件上有一个点始终被另一个构件所约束的情况，宜选择被约束的 CB 杆的点 B 为动点，动系与凸轮固连进行运动学分析。因为动系为平移，所以没有科氏加速度，且牵连速度和加速度就是动系上任意一点的速度和加速度。

解： 以 BC 杆端的点 B 为动点，动系与凸轮固连，速度和加速度分析如图7-7 b、c 所示。

速度分析	$\boldsymbol{v}_a = \boldsymbol{v}_e + \boldsymbol{v}_r$
大小	？　√　？
方向	√　√　√

其中，$v_e = v_A$，在 ζ 方向投影：

$$v_r \cos 30° - v_e \cos 60° = 0$$

得 $v_r = 11.55\text{cm/s}$。

加速度分析	$\boldsymbol{a}_a = \boldsymbol{a}_e + \boldsymbol{a}_r^t + \boldsymbol{a}_r^n$
大小	？　√　？　√
方向	√　√　√　√

其中，$a_e = a_A$，$a_r^n = \dfrac{v_r^2}{r}$。在 η 方向投影：

$$a_a \cos 30° = a_r^n - a_e \cos 60°$$

得 $a_a = -1.92\text{cm/s}^2$（与图示方向相反）。

例题 7-3　平面机构如图 7-8a 所示。已知直角杆 $OC = R$，轮 B 半径为 R，杆与圆盘始终相切。在图示位置时，$AC=2R$，杆 ACO 的角速度为 ω_0，角加速度为零。试用点的合成运动方法求该瞬时轮 B 的角速度和角加速度。

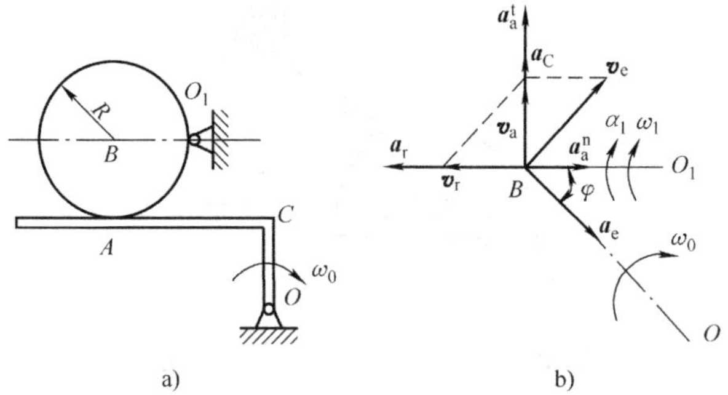

图 7-8

解题思路：本题属于接触点时刻变化的情况，应选圆轮的圆心为动点，动系固连在另一个构件即折杆上。

解：以轮心 B 为动点，动系与折杆 ACO 杆固连。速度分析和加速度分析如图 7-8b 所示。

速度分析	$\boldsymbol{v}_a=$	$\boldsymbol{v}_e+$	$\boldsymbol{v}_r$
大小	?	√	?
方向	√	√	√

其中，$v_e=\omega_0\cdot OB=2\sqrt{2}R\omega_0$，$v_a=v_r=v_e\cos45°=2R\omega_0$。所以轮 B 的角速度为

$$\omega_1=\frac{v_a}{R}=2\omega_0(\text{顺时针})$$

加速度分析	$\boldsymbol{a}_a^n+$	$\boldsymbol{a}_a^t=$	$\boldsymbol{a}_e+$	$\boldsymbol{a}_r+$	$\boldsymbol{a}_C$
大小	√	?	√	?	√
方向	√	√	√	√	√

其中，$a_C=2v_r\omega_0=4R\omega_0^2$，$a_e=2\sqrt{2}R\omega_0^2$。向 $\boldsymbol{a}_a^t$ 方向投影：

$$a_a^t=a_C-a_e\sin45°=2R\omega_0^2$$

所以 $\alpha_1=\dfrac{a_a^t}{R}=2\omega_0^2$（顺时针）。

例题 7-4 在图 7-9a 所示平面机构中，杆 AC 与杆 AB 铰接于 A，杆 AB 穿过套筒 O。已知：L，$AP=b$；在图示位置，$\varphi=60°$，杆 AC 的速度为 $\boldsymbol{v}$，加速度为 $\boldsymbol{a}$。试用点的合成运动方法求该瞬时套筒 O 的角速度和角加速度。

解：以 A 为动点，动系与套筒固连。速度分析和加速度分析如图 7-9b、c 所示。

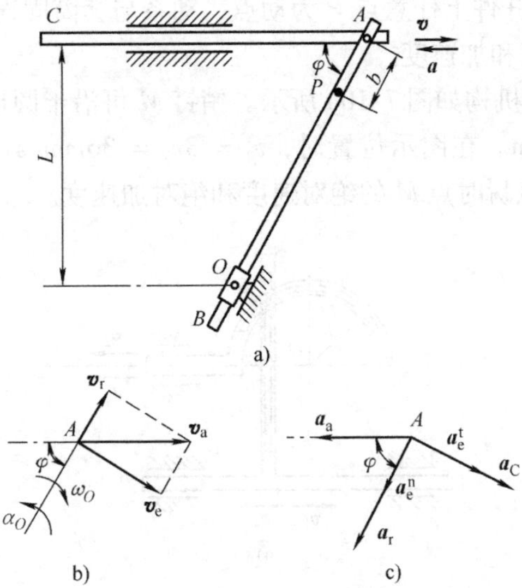

图　7-9

速度分析　　$\boldsymbol{v}_a = \boldsymbol{v}_e + \boldsymbol{v}_r$

大小　　√　?　?

方向　　√　√　√

其中，$\boldsymbol{v}_a = \boldsymbol{v}$，可得

$$v_e = v\sin\varphi$$

所以

$$\omega_O = \frac{v_e}{OA} = \frac{3v}{4L} \quad（顺时针）$$

$$v_r = v\cos\varphi = \frac{v}{2}$$

加速度分析　　$\boldsymbol{a}_a = \boldsymbol{a}_e^t + \boldsymbol{a}_e^n + \boldsymbol{a}_r + \boldsymbol{a}_C$

大小　　√　?　√　?　√

方向　　√　√　√　√　√

向 $\boldsymbol{a}_C$ 方向投影：$-a_a\sin\varphi = a_e^t + a_C$，可得

$$a_e^t = -a\sin\varphi - 2\omega_O v_r = -\left(\frac{\sqrt{3}a}{2} + \frac{3v^2}{4L}\right)$$

$$\alpha_O = \frac{a_e^t}{AO} = -\frac{3\left(a + \dfrac{\sqrt{3}v^2}{2L}\right)}{4L} = -\frac{3a}{4L} - \frac{3\sqrt{3}v^2}{8L^2} \quad（逆时针）$$

注 1：杆件在套筒中滑动的机构也是工程中常见的。对于这种机构宜选择动系

固连于套筒上，以滑动杆件上运动已知的点为动点进行运动学分析。

注2：再以滑动杆件上任意点 P 为动点，动系与套筒固连，可以求得滑动杆件上任意一点 P 的速度和加速度。

例题7-5 平面机构如图7-10a所示。销钉 M 可沿半圆形导槽 CD 和铅垂导杆 ABE 滑动。$r=150\text{mm}$。在图示位置时，$v_1=3v_2=36\text{mm/s}$，$a_1=3a_2=15\text{mm/s}^2$。$MM'=90\text{mm}$。试求该瞬时点 M 的绝对速度和绝对加速度。

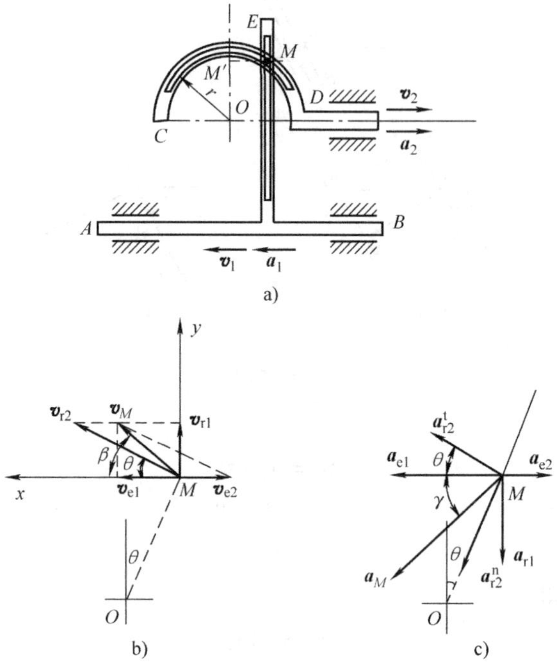

图 7-10

解：以点 M 为动点，分别以 CD 杆和 ABE 杆为动系，速度分析如图7-10b所示。

速度分析
$$\boldsymbol{v}_M=\boldsymbol{v}_{e1}+\boldsymbol{v}_{r1} \tag{1}$$
$$\boldsymbol{v}_M=\boldsymbol{v}_{e2}+\boldsymbol{v}_{r2} \tag{2}$$

其中，$v_{e1}=v_1$，$v_{e2}=v_2$。

联立式（1）、式（2）向水平方向投影和铅垂方向投影：

$$v_1=-v_2+v_{r2}\cos\theta,\ v_{r2}=\frac{v_1+v_2}{\cos\theta}$$

$$v_{r1}=v_{r2}\sin\theta=36\text{mm/s}$$

$$v_M=\sqrt{v_1^2+v_{r1}^2}=50.9\text{mm/s}\ ,\beta=45^\circ$$

以点 M 为动点，分别以 CD 杆和 ABE 杆为动系，加速度分析如图7-10c所示。

加速度分析　　$\boldsymbol{a}_M=\boldsymbol{a}_{e1}+\boldsymbol{a}_{r1}=\boldsymbol{a}_1+\boldsymbol{a}_{r1}$　(3)

$$\boldsymbol{a}_M=\boldsymbol{a}_{e2}+\boldsymbol{a}_{r2}^{n}+\boldsymbol{a}_{r2}^{t}=\boldsymbol{a}_2+\boldsymbol{a}_{r2}^{n}+\boldsymbol{a}_{r2}^{t}\quad(4)$$

联立式（3）、式（4），并在MO方向投影：

$$a_1\sin\theta+a_{r1}\cos\theta=a_{r2}^{n}-a_2\sin\theta$$

$$a_{r2}^{n}=\frac{v_{2r}^2}{r}=24\text{mm/s}$$

$$a_{r1}=\frac{a_{r2}^{n}-a_2\sin\theta-a_1\sin\theta}{\cos\theta}=15\text{mm/s}^2$$

$$a_M=\sqrt{a_1^2+(a_{r1})^2}=21.21\text{mm/s}^2,\gamma=45°$$

注：当一个点相对于两个构件都有运动时，通常要以该点为动点，分别将动系固连于两个构件上进行分析，联立矢量方程求解。

【习题精练】

1. 判断题

（1）在点的合成运动中，动点在某瞬时的牵连速度是指该瞬时和动点相重合的动坐标系上的一点的速度。　（　）

（2）不论牵连运动是何种运动，点的速度合成定理$\boldsymbol{v}_a=\boldsymbol{v}_e+\boldsymbol{v}_r$始终成立。　（　）

（3）当牵连运动为定轴转动时一定有科氏加速度。　（　）

（4）动参考系相对于定参考系的运动称为牵连运动。　（　）

（5）在点的合成运动中，动点的绝对加速度总是等于牵连加速度与相对加速度的矢量和。　（　）

（6）科氏加速度的大小等于相对速度与牵连角速度的大小的乘积的两倍。　（　）

（7）牵连速度是动参考系相对于固定参考系的速度。　（　）

（8）用合成运动的方法分析点的运动时，若牵连角速度$\boldsymbol{\omega}_e\neq\boldsymbol{0}$，相对速度$\boldsymbol{v}_r\neq\boldsymbol{0}$，则科氏加速度一定不为零。　（　）

（9）在点的合成运动问题中，设在一般情况下的牵连速度为$\boldsymbol{v}_e$，相对速度为$\boldsymbol{v}_r$，则牵连加速度为$\boldsymbol{a}_e=\frac{d\boldsymbol{v}_e}{dt}$，相对加速度为$\boldsymbol{a}_r=\frac{d\boldsymbol{v}_r}{dt}$。　（　）

2. 选择题

（1）一曲柄连杆机构，在图7-11所示位置时（$\phi=60°$，$OA\perp AB$），曲柄OA的角速度为ω，若取滑块B为动点，动坐标与OA固连在一起，设OA长r。则在该瞬时动点牵连速度的大小

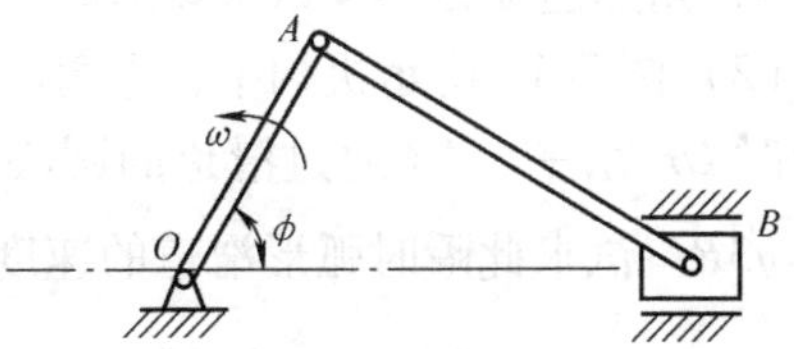

图　7-11

为(　　)。

(A) $r\omega$　　(B) $2r\omega$　　(C) $\sqrt{3}r\omega$　　(D) 0

(2) 图7-12所示平面机构，已知$s=a+b\sin\omega t$，且$\theta=\omega t$（其中a、b、ω均为常数)，杆长为L，若取小球A为动点，物体B为动坐标系，则牵连加速度的大小为（　　）；相对加速度的大小为（　　）；科氏加速度的大小为（　　）。

(A) $L\omega^2$　　(B) 0　　(C) $2L\omega^2$　　(D) $-b\omega^2\sin\omega t$

(3) 平面机构如图7-13所示，选小环M为动点，动系与曲柄OCD固连，则动点M的科氏加速度的方向（　　）。

(A) 垂直于CD　　(B) 垂直于AB

(C) 垂直于OM　　(D) 垂直于纸面

(4) 图7-14所示正方形板以等角速度ω绕O轴转动，小球M以匀速率v沿板内半径为R的圆槽运动，则M的绝对加速度为（　　）。

(A) $R\omega^2-2\omega v$　　(B) $R\omega^2+\dfrac{v^2}{R}$

(C) $R\omega^2-2\omega v+\dfrac{v^2}{R}$　　(D) $R\left(\omega+\dfrac{v}{R}\right)^2$

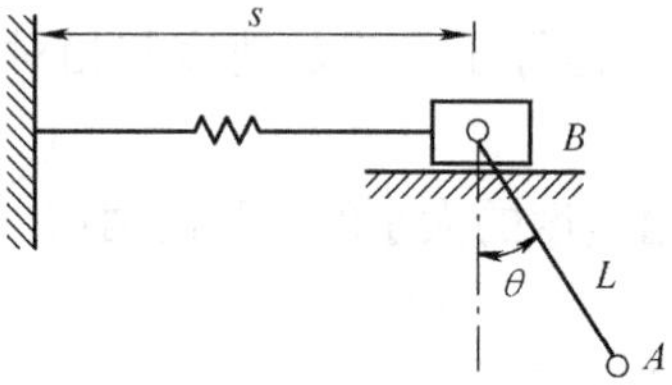

图　7-12

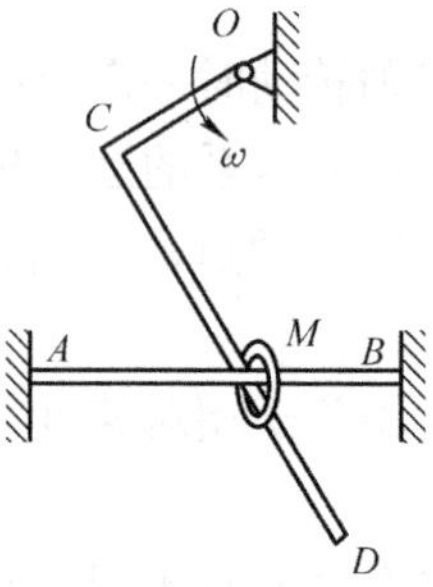

图　7-13

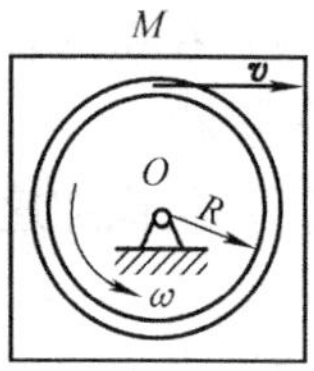

图　7-14

3. 计算题

(1) 图7-15所示平面机构中，杆O_1D绕O_1轴转动，并通过O_1D上的销钉M带动直角曲杆OAB摆动，已知$L=75\text{cm}$。当$\varphi=45°$时，杆O_1D的角速度$\omega=2\text{rad/s}$，角加速度为零。试求该瞬时杆OAB的角速度和角加速度。

(2) 图7-16所示机构中，直角曲杆OAB绕O轴转动，弧形滑道半径为R，图示瞬时OB水平，AB通过滑道的圆心，且角速度为ω_0。角加速度$\alpha=0$，$OA=R$，$AB=\sqrt{3}R$。试求此瞬时弧形滑道的速度和加速度。

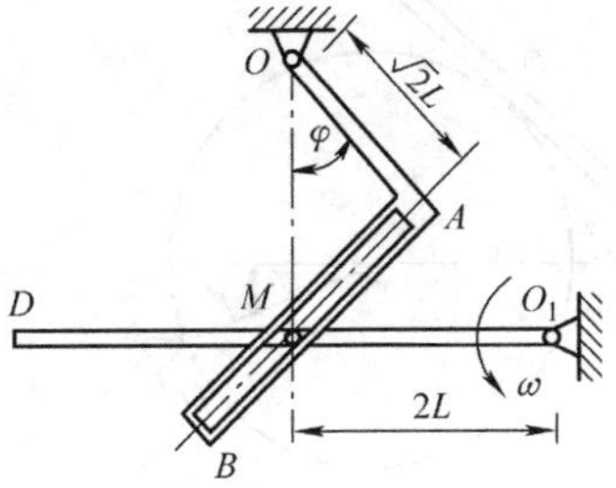

图 7-15

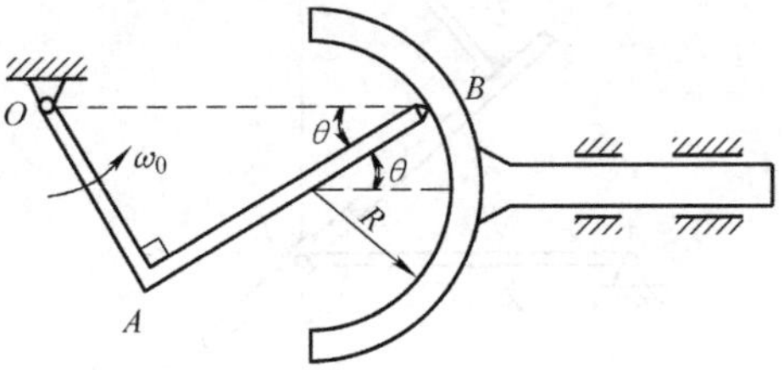

图 7-16

（3）在图7-17所示平面机构中，已知：$OO_1=CD$，$OC=O_1D=r$，$\theta=30°$，在图示位置$\varphi=60°$时，杆OC的角速度为ω，角加速度为α。试求此瞬时杆AB的速度和加速度（杆AB垂直于OO_1）。

（4）在图7-18所示平面机构中，曲柄OA以匀角速度ω转动。已知：$OA=r$，$OO'=L$。试用点的合成运动的方法，求$OA\perp OO'$时，摆杆$O'B$的角速度及角加速度。

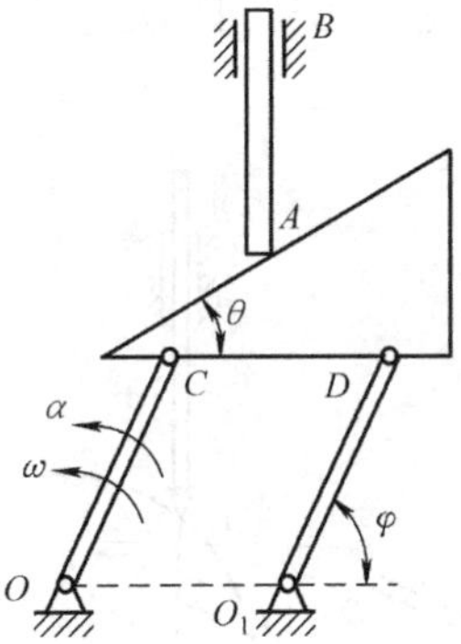

图 7-17

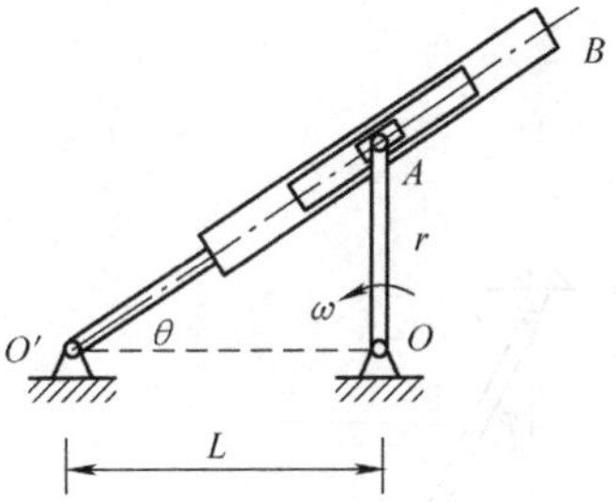

图 7-18

（5）平面曲柄摇杆机构如图7-19所示。直角杆OCD穿过套筒B，套筒B铰接在杆AB上。已知：$AB=CO=r$。在图示位置时，$\varphi=90°$，杆AB的角速度为ω，角加速度为零，$BC=r$。试求该瞬时杆OCD的角速度和角加速度。

（6）平面机构如图7-20所示，半径为R的圆轮以匀角速ω绕轴O转动，带动杆AB绕轴A转动。试求图示位置（$\varphi=\theta=30°$）时杆AB的角速度和角加速度。

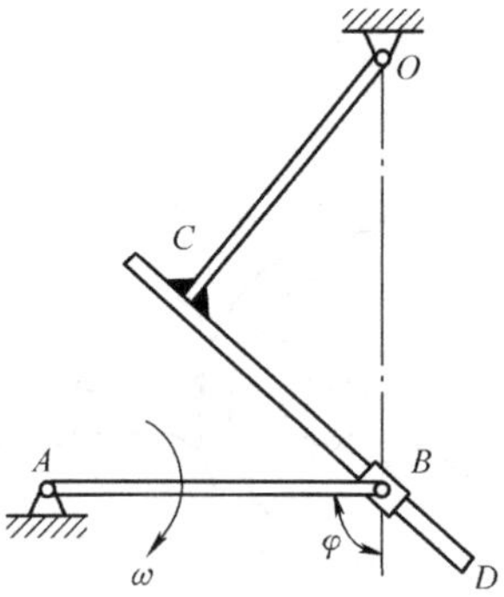

图 7-19

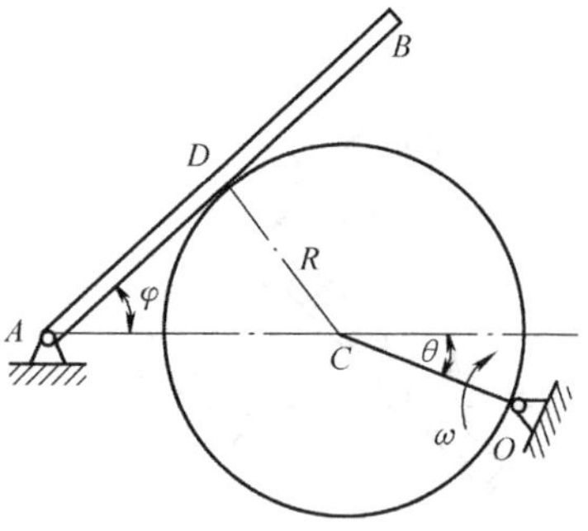

图 7-20

(7) 图 7-21 所示半径为 r 的半圆形凸轮以匀速率 v 向右运动，带动长为 L 的直杆 AB 绕轴 A 转动。在图示位置时，$\varphi=30°$，点 A 与凸轮中心 O 恰在同一铅垂线上，试求该瞬时杆 AB 端点 B 的速度和加速度。

(8) 在图 7-22 所示平面机构中，杆 AB 在水平滑道中匀速滑动，速度 $v=10\text{m/s}$，长 12m 的杆 AD 穿过套筒，套筒可绕 O 轴转动，$h=3\text{m}$。试求图示 $\theta=30°$瞬时：①套筒的角速度、角加速度；②杆 AD 的中点 O 的速度和加速度。

(9) 图 7-23 所示偏心凸轮的偏心距 $OC=e$，半径 $r=\sqrt{3}e$。若凸轮以匀角速度 ω 绕轴 O 转动，在图示位置时，OC 与水平线夹角 $\varphi=30°$，且 $OC\perp CA$。试求该瞬时推杆 AB 的速度与加速度。

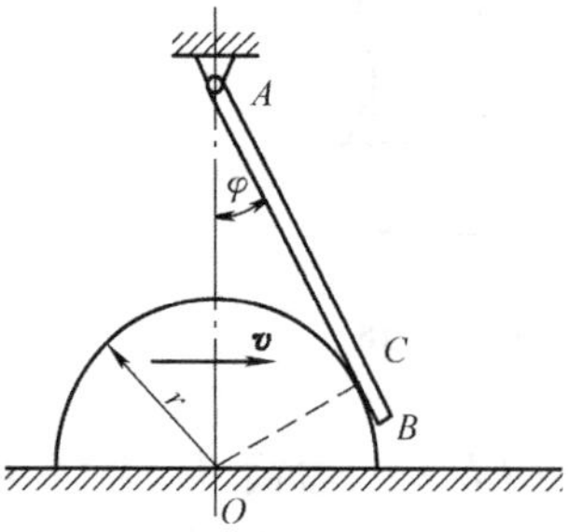

图 7-21

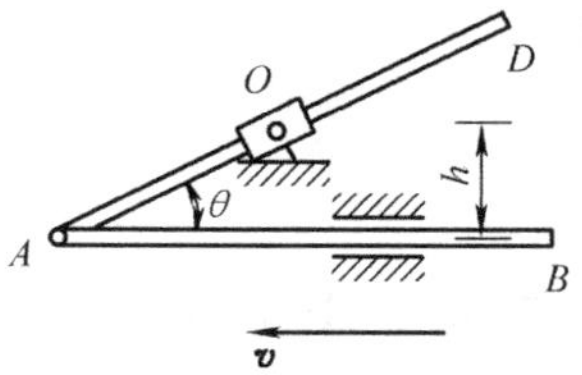

图 7-22

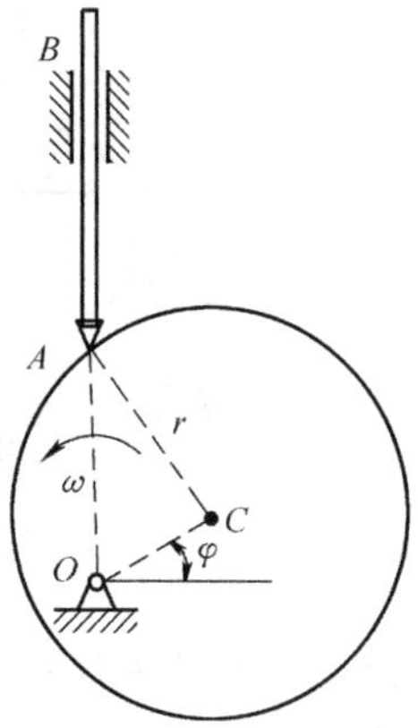

图 7-23

第8章　刚体的平面运动

【基本要求】

1. 理解刚体平面运动的概念、刚体平面运动的简化、运动方程以及运动分解方法。

2. 熟练掌握求平面图形上任一点速度的基点法、速度投影法和速度瞬心法。

3. 熟练掌握平面图形内各点加速度分析的基点法。

重点：以运动的分解与合成为出发点，研究求平面图形上各点速度的基点法；求平面图形上各点的速度瞬心法；以运动的分解与合成为出发点，研究求平面图形上各点加速度的基点法。

难点：运动学综合运用。

【内容提要】

1. 刚体平面运动的特征

刚体在运动过程中，其上任意一点与某一固定平面的距离始终保持不变，则该刚体的运动称为平面运动。平面运动最终可以简化为“平面图形”在其自身平面内的运动。

2. 刚体平面运动的描述

（1）采用合成运动的理论将刚体平面运动（绝对运动）分解为随基点的平移（牵连运动）和绕基点的转动（相对运动）。注意牵连运动总是固连在基点上的动系的平移。

（2）刚体的平面运动方程为

$$\begin{cases} x_{O'} = f_1(t) \\ y_{O'} = f_2(t) \\ \varphi = f_3(t) \end{cases}$$

（3）选择的基点不同，刚体随基点平移的速度和加速度是不同的。但是绕基点转动的角速度和角加速度与基点的选择无关，是平面图形的一个运动量。即任意瞬时，平面图形绕任意一个基点转动的角速度和角加速度是相同的，无须指明绕哪一个点转动。

3. 平面图形各点的速度分析

（1）**基点法**

如图8-1所示，　$\boldsymbol{v}_B = \boldsymbol{v}_A + \boldsymbol{v}_{BA}$

其中　$v_{BA} = \omega \cdot AB$

优点：可以求出平面图形上任意点的速度，还可以求出刚体的角速度 $\boldsymbol{\omega}$。

缺点：每一点的速度都要使用速度矢量合成定理，计算过程烦琐。

(2) **速度投影定理**

由基点法的速度合成关系可知，$\boldsymbol{v}_{BA}$ 方向始终垂直于 AB 连线，所以将矢量方程 $\boldsymbol{v}_B = \boldsymbol{v}_A + \boldsymbol{v}_{BA}$ 向 AB 连线投影，必有 $[\boldsymbol{v}_A]_{AB} = [\boldsymbol{v}_B]_{AB}$。

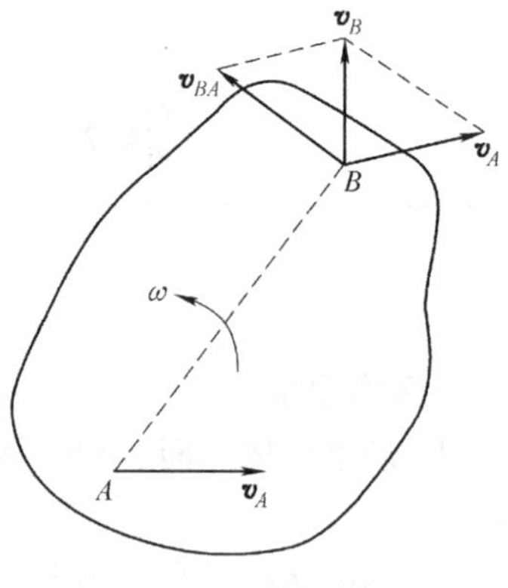

图 8-1

速度投影定理：平面图形上任意两点的速度，沿两点连线方向的投影相等。

优点：若已知 A、B 两点速度的方向及其中一点速度的大小，就可以求出另一点速度的大小。求解过程是代数计算，非常简便。

缺点：无法求出平面图形的角速度。

(3) **瞬心法**

速度瞬心：在某一瞬时，平面图形内速度等于零的点称为瞬时速度中心，简称速度瞬心。速度瞬心的特点为瞬时性和唯一性。即平面图形上各瞬时的瞬心位置是不同的，且任一瞬时最多只能有一个点是瞬心。瞬心速度为零，但是加速度一般不等于零。

瞬心法：瞬心确定之后，平面图形的运动就速度分布而言，可以看作是绕瞬心的瞬时转动。转动角速度等于平面图形对任何一个基点的转动角速度，图形上各点速度分布与定轴转动类似。需要特别说明的是平面图形上各点的加速度与定轴转动是完全不同的。

优点：可以方便地求出任意点的速度和角速度。

缺点：需要确定瞬心的位置，理解速度的分布规律。

确定瞬心位置的几种情况：

1）已知平面图形沿固定面滚动而不滑动（纯滚动），则图形上与固定面接触的点即为图形的瞬心。如图 8-2a 所示。需要强调的是沿固定面纯滚动。

2）已知图形上任意两点 A、B 速度的方向，而且它们不平行，如图 8-2b 所示，则过这两点分别作速度的垂线，垂线的交点即为图形的速度瞬心。

3）已知图形上两点 A、B 速度矢量同时垂直于这两点的连线，如图 8-2c、d 所示，则瞬心必在连线 AB 及速度矢端连线的交点上。只要知道 A、B 两点速度的大小，就可以确定图形该瞬时的瞬心位置。

4）当 A、B 两点速度方向相同，但并不垂直于 A、B 两点连线时，速度垂线的交点在无穷远处，如图 8-2e 所示，此时图形的角速度为零，图形上各点的速度都相同，称为瞬时平移。需要强调的是图形的角加速度并不等于零，图形上各点的加速度不相等。这是平面运动刚体瞬时平移与刚体平移的差别。

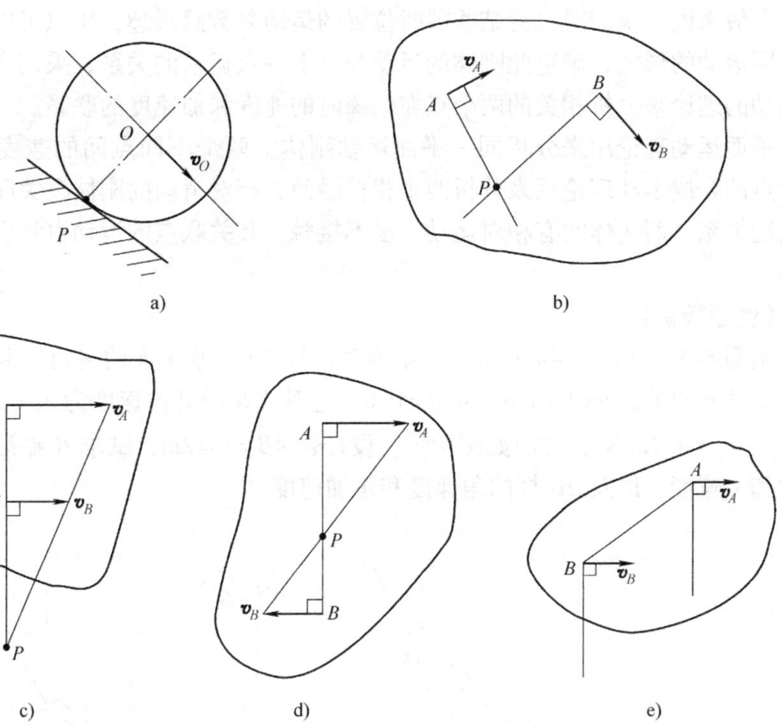

图　8-2

4. 平面运动刚体内各点的加速度

平面运动加速度分析的方法通常为基点法。如图 8-3 所示，基点法加速度合成定理为

$$\boldsymbol{a}_B=\boldsymbol{a}_A+\boldsymbol{a}_{BA}^{\mathrm{t}}+\boldsymbol{a}_{BA}^{\mathrm{n}}$$

其中，$a_{BA}^{\mathrm{n}}=\omega^2\cdot AB$，方向沿 BA 连线，指向 A 点；$a_{BA}^{\mathrm{t}}=\alpha\cdot AB$，方向顺着 α 的转向，垂直 AB 指向前方；$a_{BA}=\sqrt{(a_{BA}^{\mathrm{t}})^2+(a_{BA}^{\mathrm{n}})^2}$，表示 B 绕 A 转动的全加速度。

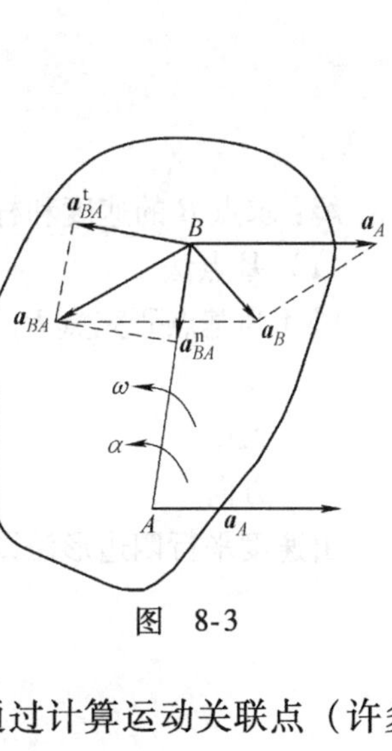

图　8-3

用基点法解题时，通常选择加速度已知的点为基点。

5. 运动学综合应用

工程中的机构都是由数个物体（简称构件）组成的，各构件间通过连接点而传递运动。为分析机构的运动，首先要分清各构件都做什么运动，分清已知运动构件与所求构件之间运动的传递关系，然后通过计算运动关联点（许多情况等同于连接点）的速度和加速度来建立两者的关系。

一般来说，我们对机构某些瞬时位置的运动参数感兴趣，所以可以根据刚体各种不同运动的形式，确定此刚体的运动与其上一点运动的关系，采用合成运动或平面运动的理论来分析相关的两个点在某瞬时的速度和加速度的联系。

平面运动理论用来分析同一平面运动刚体上两个不同点间的速度和加速度联系。点的合成运动理论用来分析两个相接触而有相对滑动的刚体在关联点的速度和加速度关系。两物体间有相对运动，虽不接触，其关联点的运动也符合合成运动的关系。

【例题精讲】

例题 8-1 如图 8-4a 所示，在某瞬时，杆 AB 与水平面的夹角 φ 和斜面与铅垂线的夹角 θ 相等。$\cos\theta=0.8$，$\sin\theta=0.6$。这时 A 端滑动的速度为 $v_A=0.36\text{m/s}$，加速度为 $a_A=0.2\text{m/s}^2$，方向如图所示。设杆长 $AB=l=2\text{m}$，试求 B 端沿斜坡滑动的速度和加速度，以及 AB 杆的角速度和角加速度。

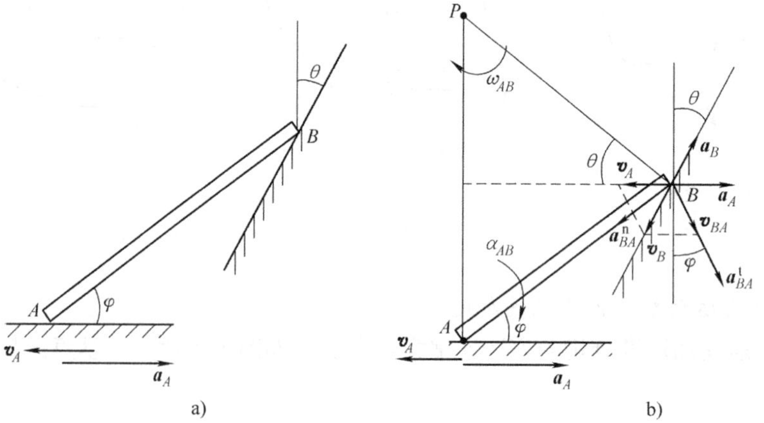

图 8-4

解： 求点 B 的速度和杆的角速度

(1) 基点法

以 A 为基点研究点 B，则有

	$\boldsymbol{v}_B$	$=\boldsymbol{v}_A$	$+\boldsymbol{v}_{BA}$
大小	?	√	?
方向	√	√	√

由速度平行四边形法则可知

$$v_B=v_{BA}=\frac{v_A}{2\sin\varphi}=0.3\text{m/s}$$

$$\omega_{AB}=\frac{v_{BA}}{l}=0.15\text{rad/s}$$

（2）速度投影定理

$$v_A\cos\varphi = v_B\sin2\varphi$$

$$v_B = \frac{v_A}{2\sin\varphi} = 0.3\text{m/s}$$

可见速度投影定理无法求出杆的角速度。

（3）瞬心法

根据 A、B 两点速度的方向，可以得到点 P 为杆 AB 的瞬心。由图示几何关系可得

$$PB = AB = 2\text{m},\ PA = 2AB\sin\varphi = 2.4\text{m}$$

所以
$$\omega_{AB} = \frac{v_A}{PA} = 0.15\text{rad/s},\ v_B = \omega_{AB}\cdot PB = 0.3\text{m/s}$$

求点 B 的加速度。只要遇到平面运动刚体加速度分析，可以肯定的是采用基点法。

以 A 为基点，研究点 B，则有

$$\boldsymbol{a}_B = \boldsymbol{a}_A + \boldsymbol{a}_{BA}^{\mathrm{n}} + \boldsymbol{a}_{BA}^{\mathrm{t}}$$

	$\boldsymbol{a}_B$	$\boldsymbol{a}_A$	$\boldsymbol{a}_{BA}^{\mathrm{n}}$	$\boldsymbol{a}_{BA}^{\mathrm{t}}$
大小	?	√	√	?
方向	√	√	√	√

其中 $a_{BA}^{\mathrm{n}} = \omega^2\cdot AB$。沿 AB 轴及水平轴投影，得

$$a_B\sin2\varphi = a_A\cos\varphi - a_{BA}^{\mathrm{n}}$$

$$a_B\sin\varphi = a_A + a_{BA}^{\mathrm{t}}\sin\varphi - a_{BA}^{\mathrm{n}}\cos\varphi$$

解得
$$a_B = 0.12\ \text{m/s}^2,\ a_{BA}^{\mathrm{t}} = -0.153\ \text{m/s}^2,\ \alpha_{AB} = \frac{a_{BA}^{\mathrm{t}}}{l} = -0.077\text{rad/s}$$

上述结果中的负号说明 a_{BA}^{t} 和 α_{AB} 的实际方向和图中假设方向相反。

注：此问题还可以选择点 B 为基点，分析点 A 的速度和加速度从而对问题进行求解。基点的选择并不是唯一确定的。通常选择运动已知的点为基点。

例题 8-2　如图 8-5a 所示，半径为 R 的卷筒沿固定水平面滚动而不滑动。卷筒上固连有半径为 r 的同轴鼓轮，缠在鼓轮上的绳子由下边水平地伸出，绕过定滑轮，并于下端悬有重物 M。设在已知瞬时重物具有向下的速度 v 和加速度 a。试求该瞬时卷筒沿铅垂直径两端 C 和 B 的加速度的大小。

解：卷筒做平面运动，且沿固定面只滚不滑，所以点 C 为瞬心。鼓轮上点 D 的速度和切向加速度与重物的速度和加速度大小相同。所以可以计算得

鼓轮的角速度为
$$\omega = \frac{v}{R-r}$$

角加速度为
$$\alpha = \frac{\mathrm{d}\omega}{\mathrm{d}t} = \frac{a}{R-r}$$

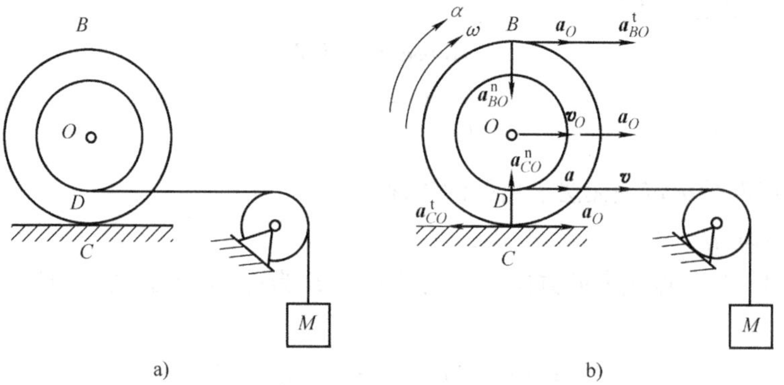

图 8-5

轮心的速度为 $$v_O = R\omega = \frac{Rv}{R-r}$$

轮心的加速度为 $$a_O = \frac{\mathrm{d}v_O}{\mathrm{d}t} = \frac{Ra}{R-r}$$

点 C 的加速度分析，以轮心 O 为基点，研究点 C，如图 8-5b 所示。

$$\boldsymbol{a}_C = \boldsymbol{a}_O + \boldsymbol{a}_{CO}^{\mathrm{n}} + \boldsymbol{a}_{CO}^{\mathrm{t}}$$

大小	?	√	√	√
方向	?	√	√	√

其中，$a_{CO}^{\mathrm{t}} = R\alpha = a_O$，方向与 $\boldsymbol{a}_O$ 的方向相反。所以点 C 加速度的大小为

$$a_C = a_{CO}^{\mathrm{n}} = R\omega^2 = \frac{Rv^2}{(R-r)^2}$$

点 B 的加速度分析，以 O 为基点研究点 B，如图 8-5b 所示。

$$\boldsymbol{a}_B = \boldsymbol{a}_O + \boldsymbol{a}_{BO}^{\mathrm{n}} + \boldsymbol{a}_{BO}^{\mathrm{t}}$$

大小	?	√	√	√
方向	?	√	√	√

其中，$a_{BO}^{\mathrm{t}} = R\alpha = a_O$，方向与 $\boldsymbol{a}_O$ 的方向相同；$a_{BO}^{\mathrm{n}} = R\omega^2$。所以点 B 的加速度为

$$a_B = \sqrt{(a_O + a_{BO}^{\mathrm{t}})^2 + (a_{BO}^{\mathrm{n}})^2} = \frac{R}{(R-r)^2}\sqrt{4a^2(R-r)^2 + v^4}$$

注：圆轮沿固定面做纯滚动问题中，圆轮中心的加速度为 $a_O = R\alpha$ 这个结论经常使用。

例题 8-3 图 8-6a 所示的平面机构中，连杆 BC 一端与滑块 C 铰接，另一端铰接于半径 $r = 12\mathrm{cm}$ 的圆盘的边缘点 B。圆盘在一半径 $R = 3r$ 的凹形圆弧槽内做纯滚动。在图示瞬时，滑块 C 的速度 $v_C = 50\mathrm{cm/s}$（水平向右），加速度 $a_C = 75\mathrm{cm/s^2}$（水平向左），圆弧槽圆心 O_1、B 两点及圆盘中心 O 在同一铅垂线上，$\tan\theta = 0.75$。试求该瞬时圆盘的角速度和角加速度。

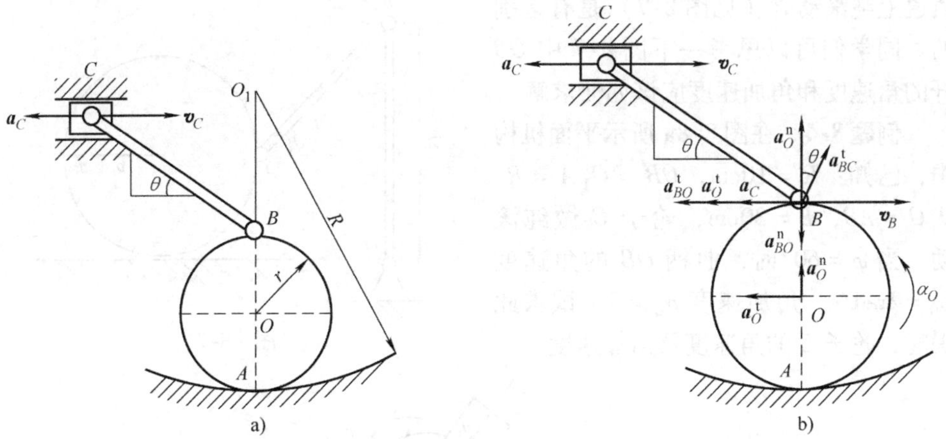

图　8-6

解：BC 杆做平面运动，圆盘也做平面运动，各运动量分析如图 8-6b 所示。A 为圆盘的速度瞬心，点 B 的速度 $\boldsymbol{v}_B$ 水平向右，所以杆 BC 做瞬时平移。故有

$$v_B = v_C,\ \omega_{AB} = 0,\ \omega_O = \frac{v_B}{2r} = \frac{v_C}{2r} = 2.08\text{rad/s}$$

以 C 为基点分析点 B，则有

$$\boldsymbol{a}_B = \boldsymbol{a}_C + \boldsymbol{a}_{BC}^{t} \tag{1}$$

	$\boldsymbol{a}_B$	$\boldsymbol{a}_C$	$\boldsymbol{a}_{BC}^{t}$
大小	?	√	?
方向	?	√	√

再以 O 为基点分析点 B，则有

$$\boldsymbol{a}_B = \boldsymbol{a}_O^{t} + \boldsymbol{a}_O^{n} + \boldsymbol{a}_{BO}^{t} + \boldsymbol{a}_{BO}^{n} \tag{2}$$

	$\boldsymbol{a}_B$	$\boldsymbol{a}_O^{t}$	$\boldsymbol{a}_O^{n}$	$\boldsymbol{a}_{BO}^{t}$	$\boldsymbol{a}_{BO}^{n}$
大小	?	?	√	?	√
方向	?	√	√	√	√

联立式（1）和式（2）两式得

$$\boldsymbol{a}_C + \boldsymbol{a}_{BC}^{t} = \boldsymbol{a}_O^{t} + \boldsymbol{a}_O^{n} + \boldsymbol{a}_{BO}^{t} + \boldsymbol{a}_{BO}^{n} \tag{3}$$

因为轮心点 O 绕点 O_1 做圆周运动，所以

$$a_O^{n} = \frac{v_O^2}{OO_1} = \frac{r^2\omega_O^2}{R-r} = \frac{v_C^2}{8r},\quad a_{BO}^{t} = r\alpha_O,\quad a_O^{t} = r\alpha_O,\quad a_{BO}^{n} = \omega_O^2 r = \frac{v_C^2}{4r}$$

将式（3）沿 BC 方向投影可得

$$a_C\cos\theta = a_O^{t}\cos\theta + a_O^{n}\sin\theta + a_{BO}^{t}\cos\theta - a_{BO}^{n}\sin\theta$$

圆盘的角加速度为 $\alpha_O = 3.94\text{rad/s}$。

注1：因为轮心 O 和 C 不在同一个刚体上，所以不能直接以 C 为基点分析点 O，而应以点 A 为一个过渡点来建立它们之间的联系。

注2：本题中圆轮在圆弧轨道上纯滚动时圆心 O 的运动情况分析与圆轮在直线

轨道上纯滚动时（见图 8-7）是有区别的。同学们可以思考一下图 8-7 中 OB 杆的角速度和角加速度应该如何求解。

例题 8-4 在图 8-8a 所示平面机构中，已知：$R=10\text{cm}$，$OB=O_1A=R$，$O_1O=AB$，$L=30\text{cm}$，轮子 C 做纯滚动。当 $\varphi=60°$ 时，曲柄 OB 的角速度 $\omega_0=2\text{rad/s}$，角加速度 $\alpha_0=0$。试求此瞬时，轮子 C 的角速度及角加速度。

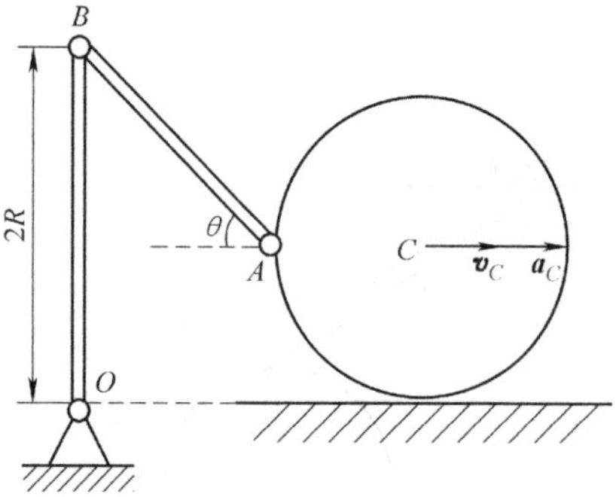

图 8-7

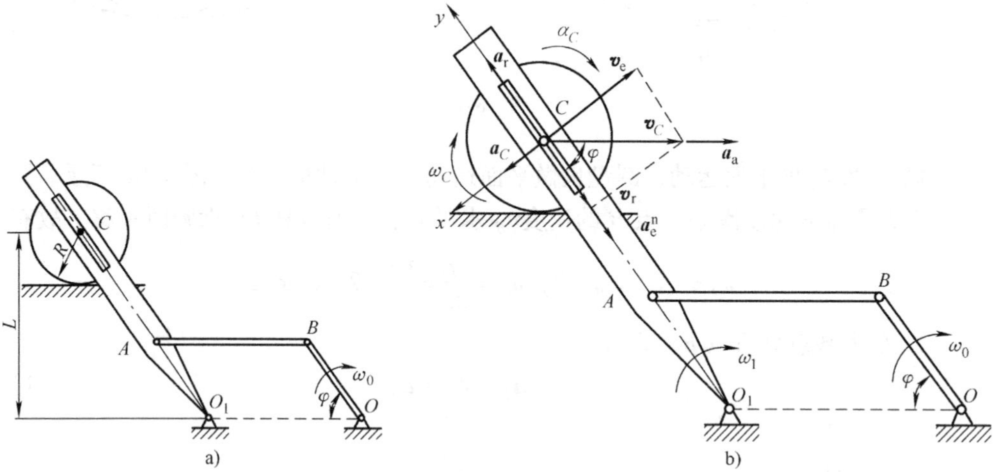

图 8-8

解：AB 杆平移，$\omega_1=\omega_0$，$\alpha_1=\alpha_0=0$

以轮心 C 为动点，动系与 O_1A 杆固连，速度分析和加速度分析如图 8-8b 所示。

速度分析	$\boldsymbol{v}_C=\boldsymbol{v}_e+\boldsymbol{v}_r$
大小	? √ ?
方向	√ √ √

其中 $v_e=O_1C\cdot\omega_1$。解得

$$v_C=\frac{v_e}{\sin\varphi},\ v_r=v_e\cot\varphi=\frac{2L\omega_1}{3}$$

$$\omega_C=\frac{v_C}{R}=\frac{4\omega_0L}{3R}=8\text{rad/s}\quad（顺时针）$$

加速度分析	$\boldsymbol{a}_a=\boldsymbol{a}_e^n+\boldsymbol{a}_r+\boldsymbol{a}_C$
大小	? √ ? √
方向	√ √ √ √

其中，$a_C=2\omega_1 v_r$。沿 x 轴方向投影可得

$$a_a\sin\varphi=-a_C$$

所以
$$\alpha_C=\frac{a_a}{R}=-18.48\text{rad/s}^2\ (\text{逆时针})$$

注：对于综合类问题一定要正确分析每一个刚体的运动形式，特别注意在刚体间运动传递位置是否接触且有相对滑动（如本题的杆 O_1A 和轮在轮心 C 处接触有滑动）。在接触且有相对滑动的位置要采用点的合成运动理论（动点、动系）进行求解。

例题 8-5　平面机构如图 8-9a 所示。半径为 r 的圆轮沿水平面做纯滚动。已知：$BC=3r$，$\theta=45°$。在图示位置时，直径 BD 铅垂，杆 BC 水平，$\varphi=30°$，滑块 C 的速度为$\boldsymbol{v}$，加速度为零。试求该瞬时杆 AE 的角速度和角加速度。

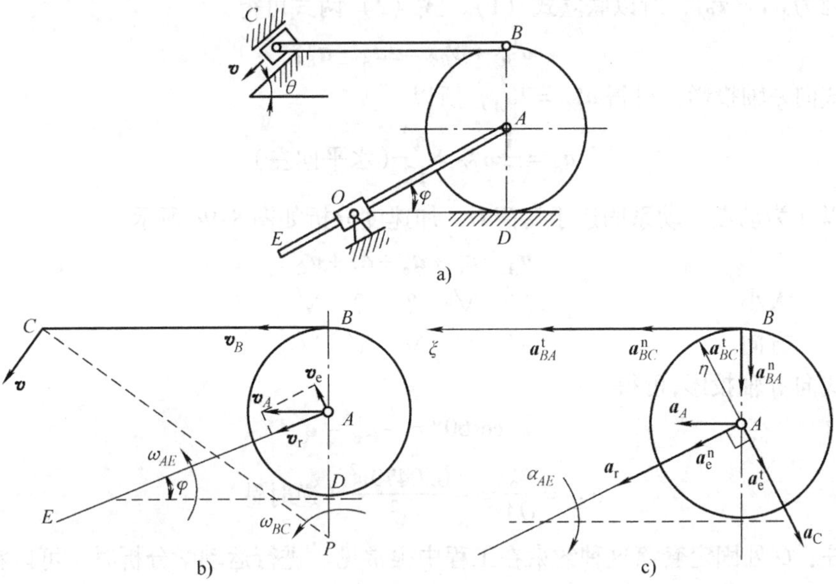

图　8-9

解：BC 杆做平面运动，由速度投影定理可得 $v_B=v\cos45°$。

点 P 为 BC 杆的速度瞬心，如图 8-9b 所示，故

$$\omega_{BC}=\frac{v_B}{BP}=\frac{\sqrt{2}v}{6r}(\text{逆时针}),\ v_A=\frac{1}{2}v_B$$

以 A 为动点，动系固连于套筒 O，速度分析如图 8-9b 所示。

速度分析	$\boldsymbol{v}_A=\boldsymbol{v}_e+\boldsymbol{v}_r$
大小	√　?　?
方向	√　√　√

可得

$$v_e = v_A \sin 30°, \quad \omega_{AE} = \frac{v_e}{OA} = \frac{\sqrt{2}v}{16r}(逆时针), \quad v_r = v_A \cos 30° = \frac{\sqrt{6}v}{8}$$

研究杆 BC 的运动，取点 C 为基点，研究点 B，加速度分析如图 8-9c 所示。

$$\boldsymbol{a}_B = \boldsymbol{a}_{BC}^n + \boldsymbol{a}_{BC}^t \qquad (1)$$

大小   ?   √   ?

方向   ?   √   √

研究圆轮的运动，以 A 为基点，研究点 B，加速度分析如图 8-9c 所示。

$$\boldsymbol{a}_B = \boldsymbol{a}_A + \boldsymbol{a}_{BA}^n + \boldsymbol{a}_{BA}^t \qquad (2)$$

大小   ?   ?   √   ?

方向   ?   √   √   √

因为 $\boldsymbol{a}_A = \boldsymbol{a}_{BA}^t$，所以联立式（1）、式（2）两式可得

$$\boldsymbol{a}_{BC}^n + \boldsymbol{a}_{BC}^t = 2\boldsymbol{a}_A + \boldsymbol{a}_{BA}^n$$

将上式向 ξ 轴投影，可得 $a_{BC}^n = 2a_A$，所以

$$a_A = \frac{1}{2}a_{BC}^n = \frac{v^2}{12r}(水平向左)$$

以 A 为动点，动系固连于套筒 O，加速度分析如图 8-9c 所示。

$$\boldsymbol{a}_A = \boldsymbol{a}_e^n + \boldsymbol{a}_e^t + \boldsymbol{a}_r + \boldsymbol{a}_C$$

大小   √   √   ?   ?   √

方向   √   √   √   √   √

将上式向 η 轴投影，可得

$$a_A \cos 60° = -a_e^t - a_C$$

故
$$\alpha_{AE} = \frac{a_e^t}{OA} = -\frac{0.0479v^2}{r^2} \text{（逆时针）}$$

注：O 处固定套筒这种约束在工程中很常见。进行运动学分析时，可以将其中滑动的杆件看作滑块，将套筒延长看作滑道，因此采用滑块滑道的动点动系选取原则。以滑块上（即杆上）研究的点为动点，动系与套筒固连。

例题 8-6 平面机构如图 8-10a 所示。滑块 B 沿铅垂轨道运动，同时与杆 AB、杆 CD 在 B 处铰接。已知：$OA = AB = CB = BD = L = 20\text{cm}$。在图示位置时，$\theta = \varphi = 30°$，$\beta = 45°$；杆 OA 的角速度 $\omega = 2\text{rad/s}$，角加速度 $\alpha = 0$；EF 水平，CE 连线铅垂。试求该瞬时杆 EF 的角速度和角加速度。

解：杆 AB、CD 速度瞬心分别为点 O 和点 P，如图 8-10b 所示。所以

$$v_A = OA \cdot \omega, \quad v_B = v_A$$

$$\omega_{AB} = \frac{v_A}{OA} = \omega, \quad \omega_{CD} = \frac{v_B}{PB} = 2\sqrt{2}\text{rad/s}$$

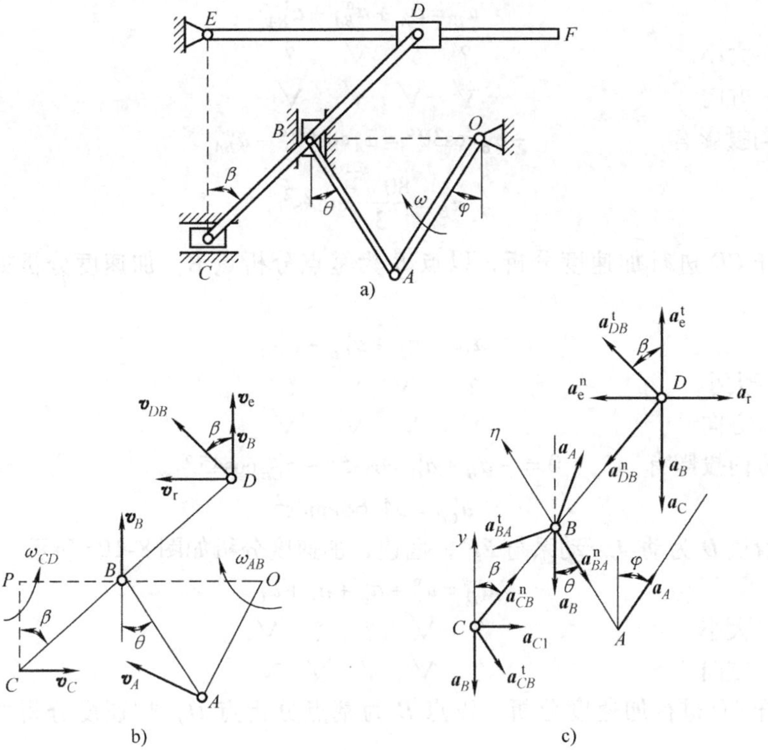

图　8-10

对杆 CD 进行速度分析，以点 B 为基点分析点 D，速度分析如图 8-10b 所示。

$$\boldsymbol{v}_D = \boldsymbol{v}_B + \boldsymbol{v}_{DB} \tag{1}$$

大小　　? 　√　√

方向　　? 　√　√

以滑块 D 为动点，动系与 EF 杆固连，速度分析如图 8-10b 所示。

$$\boldsymbol{v}_D = \boldsymbol{v}_e + \boldsymbol{v}_r \tag{2}$$

大小　　? 　?　?

方向　　? 　√　√

式（1）与式（2）联立，得

$$\boldsymbol{v}_B + \boldsymbol{v}_{DB} = \boldsymbol{v}_e + \boldsymbol{v}_r$$

沿水平方向投影有　$v_r = v_{DB}\cos 45° = 40\text{cm/s}$

沿铅垂方向投影有　$v_B + v_{DB}\cos 45° = v_e$

故　$\omega_E = \dfrac{v_e}{ED} = 2.82\text{rad/s}$（逆时针）

对 AB 杆进行加速度分析，以点 A 为基点分析点 B，加速度分析如图 8-10c 所示。

$$\boldsymbol{a}_B = \boldsymbol{a}_A + \boldsymbol{a}_{BA}^{\mathrm{n}} + \boldsymbol{a}_{BA}^{\mathrm{t}}$$

大小　　? √ √ ?

方向　　√ √ √ √

沿 η 方向投影有　$-a_B\cos30° = a_A\cos60° - a_{BA}^{\mathrm{n}}$

求得　$a_B = \frac{80\sqrt{3}}{3}\mathrm{cm/s^2}$

对杆 CD 进行加速度分析，以点 B 为基点分析点 C，加速度分析如图 8-10c 所示。

$$\boldsymbol{a}_{C1} = \boldsymbol{a}_B + \boldsymbol{a}_{CB}^{\mathrm{n}} + \boldsymbol{a}_{CB}^{\mathrm{t}}$$

大小　　? √ √ ?

方向　　√ √ √ √

沿竖直方向投影有　$0 = -a_B + a_{CB}^{\mathrm{n}}\cos45° - a_{CB}^{\mathrm{t}}\cos45°$

解得　$a_{CB}^{\mathrm{t}} = 94.68\mathrm{cm/s^2}$

以滑块 D 为动点，动系与 EF 杆固连，加速度分析如图 8-10c 所示。

$$\boldsymbol{a}_D = \boldsymbol{a}_{\mathrm{e}}^{\mathrm{n}} + \boldsymbol{a}_{\mathrm{e}}^{\mathrm{t}} + \boldsymbol{a}_{\mathrm{r}} + \boldsymbol{a}_{\mathrm{C}} \quad (3)$$

大小　　? √ ? ? √

方向　　? √ √ √ √

对杆 CD 进行加速度分析，以点 B 为基点分析点 D，加速度分析如图 8-10c 所示。

$$\boldsymbol{a}_D = \boldsymbol{a}_B + \boldsymbol{a}_{DB}^{\mathrm{n}} + \boldsymbol{a}_{DB}^{\mathrm{t}} \quad (4)$$

大小　　? √ √ √

方向　　? √ √ √

联立式（3）和式（4），得

$$\boldsymbol{a}_{\mathrm{e}}^{\mathrm{n}} + \boldsymbol{a}_{\mathrm{e}}^{\mathrm{t}} + \boldsymbol{a}_{\mathrm{r}} + \boldsymbol{a}_{\mathrm{C}} = \boldsymbol{a}_B + \boldsymbol{a}_{DB}^{\mathrm{n}} + \boldsymbol{a}_{DB}^{\mathrm{t}}$$

沿 y 轴方向投影有　$a_{\mathrm{e}}^{\mathrm{t}} - a_{\mathrm{C}} = -a_B + (a_{DB}^{\mathrm{t}} - a_{DB}^{\mathrm{n}})\cos45°$

$$a_{\mathrm{e}}^{\mathrm{t}} = -a_B + (a_{DB}^{\mathrm{t}} - a_{DB}^{\mathrm{n}})\cos45° + a_{\mathrm{C}} = 133.76\mathrm{cm/s^2}$$

解得　$\alpha_{ED} = \frac{a_{\mathrm{e}}^{\mathrm{t}}}{ED} = 4.73\mathrm{rad/s^2}$（逆时针）

【习题精练】

1. 判断题

（1）平移刚体上任一点的轨迹有可能是空间曲线，而平面运动刚体上任一点的轨迹则一定是平面曲线。（　）

（2）研究刚体平面运动时，因基点可以任意选择，故平面图形绕不同基点转动的角速度就不同。（　）

（3）无论刚体做什么形式的运动，其上任意两点的速度在这两点连线上的投影都相等。（　）

(4) 某一瞬时平面图形上各点的速度矢量都相等，其角速度不一定等于零。（　）

(5) 某一瞬时平面图形的角速度不等于零，则在该瞬时图形上不可能存在两个或两个以上速度为零的点。（　）

(6) 若某一瞬时平面图形上各点的速度矢量相等，则平面图形的运动一定是平移。（　）

(7) 在分析刚体平面运动时，速度瞬心就是该瞬时速度和加速度都等于零的点。（　）

(8) 用基点法研究平面图形上各点的速度时，选取的基点只能是该图形上或者其延伸部分上的点，而不能是其他图形上的点。（　）

2. 填空题

(1) 如图 8-11 所示，半径为 r 的车轮沿固定圆弧面做纯滚动，若某瞬时轮子的角速度为 ω，角加速度为 α，则轮心 O 的切向加速度和法向加速度的大小分别为________。

(2) 在图 8-12 所示的蒸汽机车驱动系统中，轮 O_1、O_2 沿直线轨道做无滑动的滚动，则 AB 杆做________运动；BC 杆做________运动；O_1、O_2 轮做________运动；活塞 E 做________运动。

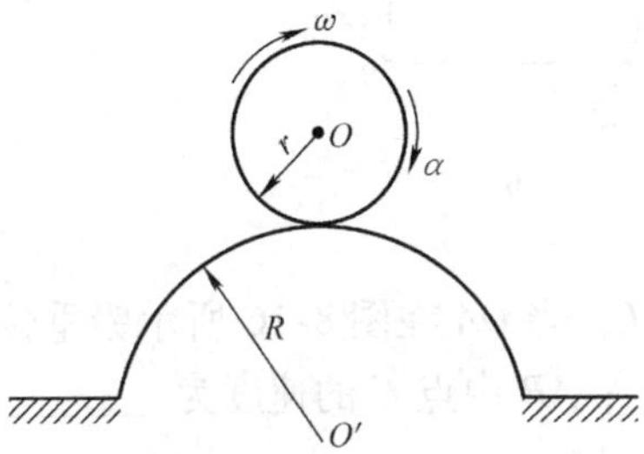

图　8-11

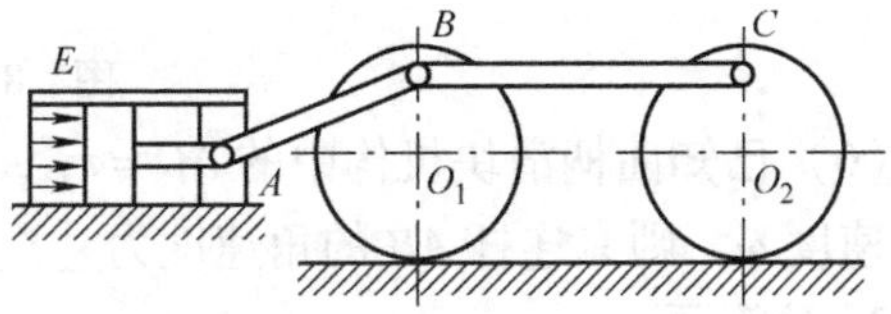

图　8-12

(3) 指出图 8-13 所示机构中各构件做何种运动，轮 A（只滚不滑）做________运动；杆 BC 做________运动；杆 CD 做________运动；杆 DE 做________运动。并在图上画出做平面运动的构件在图示瞬时的速度瞬心。

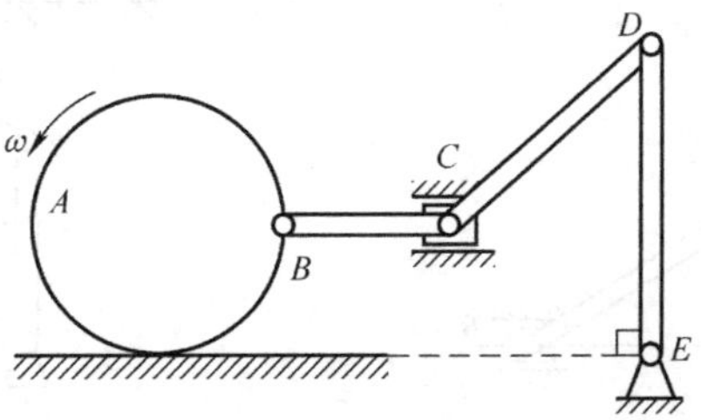

图　8-13

（4）图 8-14 所示各平面图形在其自身平面内运动时，图________所示的速度分布是可能的。

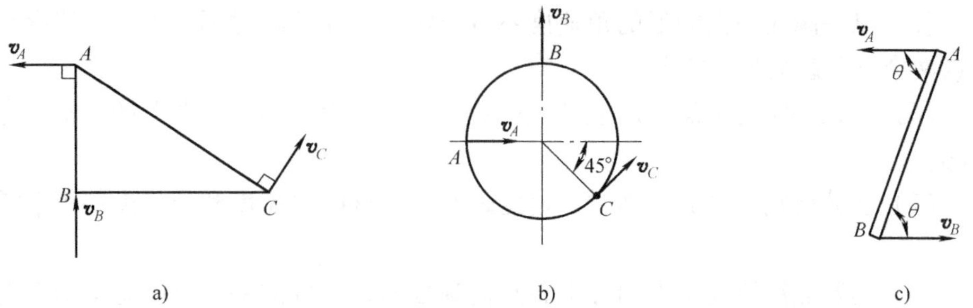

图 8-14

（5）一正方形平面图形在其自身平面内运动，若其顶点 A、B、C、D 的速度方向如图 8-15a、b 所示，则图 8-15a 所示的运动是________的，图 8-15b 所示的运动是________的（填可能、不可能或不能确定）。

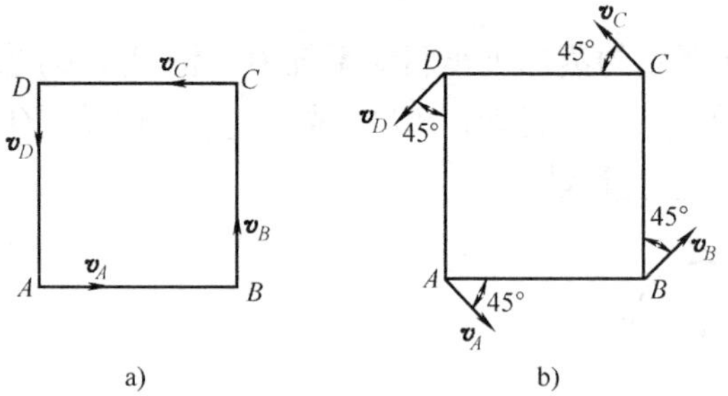

图 8-15

（6）已知曲柄滑块机构中的 $AO = r$，$AB = L$，当 OA 在图 8-16 所示铅垂位置时有角速度 ω，则有连杆 AB 的角速度为________；AB 中点 C 的速度为________。

3. 计算题

（1）直角 $\triangle ABC$ 铰接如图 8-17 所示。已知：$O_1A = BC = R$，$AB = \sqrt{3}R$。在图示

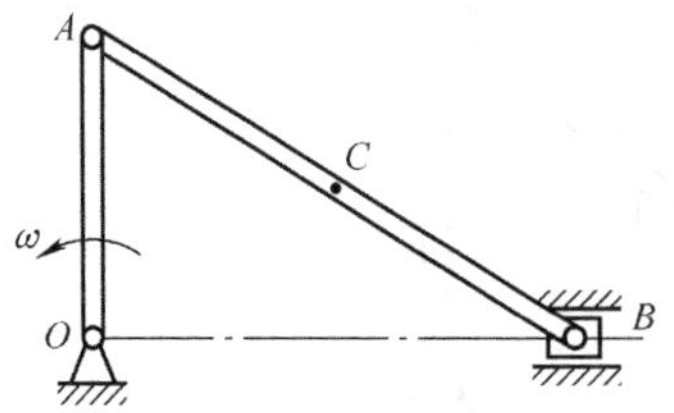

图 8-16

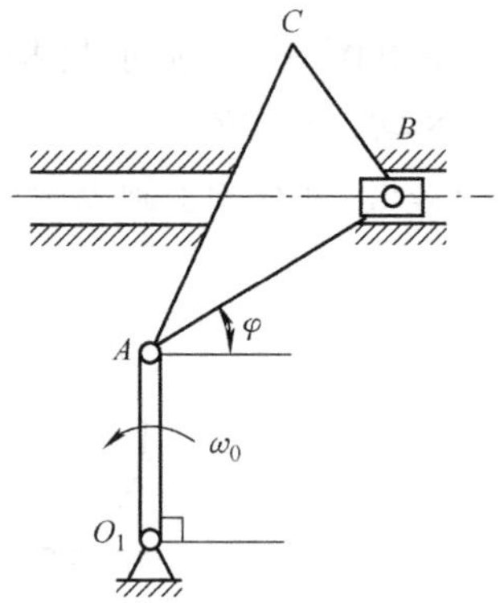

图 8-17

瞬时，O_1A 铅垂，$\varphi=30°$，角速度为 ω_0，角加速度 $\alpha=0$。试求该瞬时点 C 的速度和加速度。

（2）平面机构如图8-18所示，圆盘在直线轨道上做纯滚动，杆 AB 的 A 端与圆盘边缘铰接，B 端在圆弧轨道内滑动。已知：$r=10\sqrt{2}\text{cm}$，$R=40\sqrt{2}\text{cm}$，$AB=60\text{cm}$。在图示瞬时，$\varphi=45°$，OA 水平，O_1B 铅垂，$v_O=30\sqrt{2}\ \text{cm/s}$，$a_O=10\sqrt{2}\text{cm/s}^2$。试求该瞬时，点 B 的速度和加速度。

（3）平面机构如图8-19所示。已知：$OA=AB=20\text{cm}$，半径 $r=5\text{cm}$ 的圆轮可沿铅垂面做纯滚动。在图示位置时，OA 水平，其角速度 $\omega_O=2\text{rad/s}$、角加速度为零，AB 杆处于铅垂。试求：该瞬时，①圆轮的角速度和角加速度；②AB 杆的角加速度。

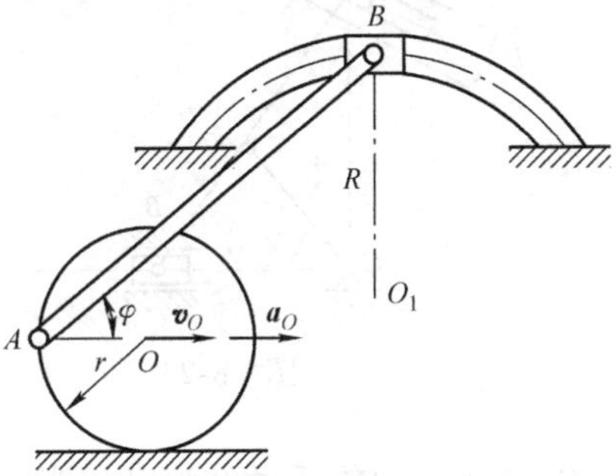

图　8-18

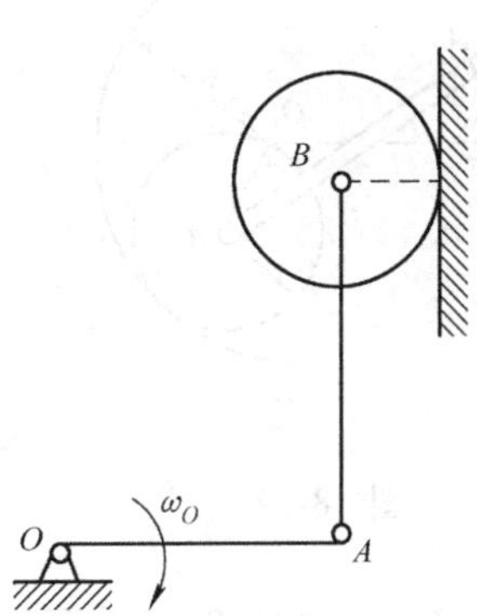

图　8-19

（4）在图8-20所示平面机构中，三角形板通过铰链分别与 OA 杆和 O_1B 杆连接，已知：OA 杆以匀角速度 ω_0 转动，$OA=AC=r$，$O_1B=2r$，$\beta=30°$。在图示位置时，OA、CB 水平，O_1B、AC 铅垂。试求此瞬时：①板上点 C 的速度 v_C；②O_1B 杆的角速度 ω_1 及角加速度 α_1。

（5）图8-21所示平面机构。已知：$OA=0.5\text{m}$，$AB=1\text{m}$，$BC=\sqrt{2}/2\text{m}$，杆 OA 以角速度 $\omega=4\text{rad/s}$ 做匀速转动。在图示位置时，$\theta=90°$，$\varphi=45°$。试求该瞬时，BC 杆的角速度和角加速度。

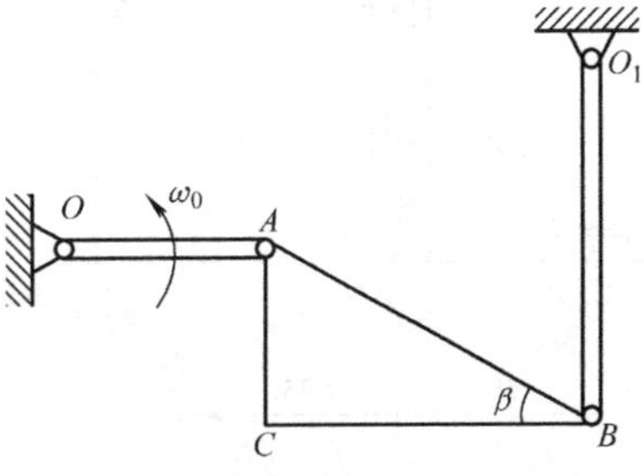

图　8-20

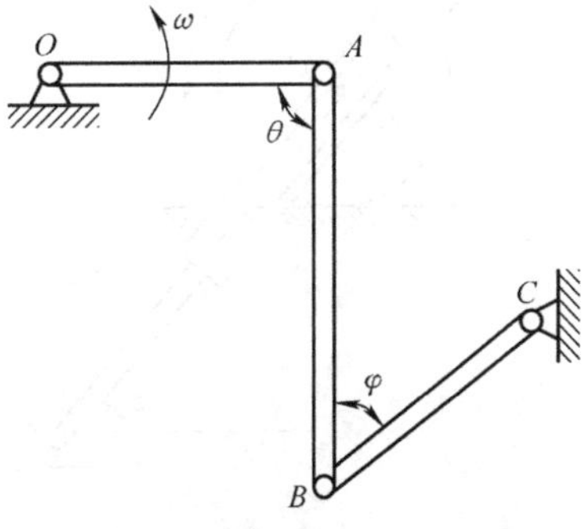

图　8-21

（6）平面机构如图8-22所示。已知：曲柄 $OA=r$，半径为 r 的圆轮沿半径 $R=2r$ 的固定弧做纯滚动，O、O_1 位于同一水平线上，且 $OO_1=3r$。在图示位置时，OA 的角速度为 ω，角加速度 $\alpha=0$，$\varphi=60°$，$\theta=30°$，$OA\perp AB$。试求该瞬时圆轮的角速度和角加速度。

（综合-1） 在图8-23所示机构中，已知：ω_0 为常量，$OA=AB=AC=L$；在图示位置时，$\varphi=45°$，$\theta=30°$，$O_1C=2\sqrt{2}L$。试求该位置 O_1D 杆的角速度 ω_1 及角加速度 α_1。

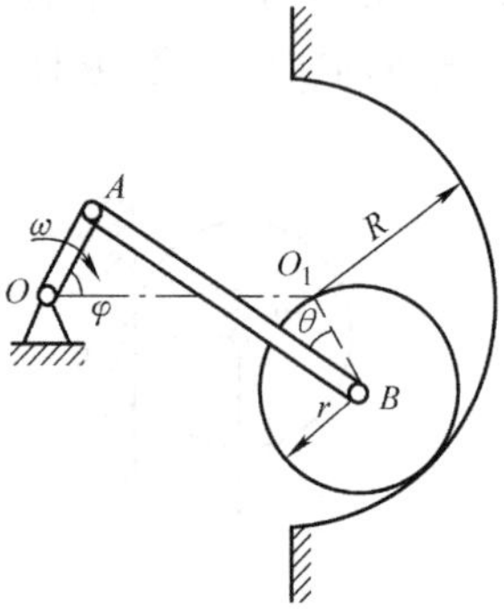

图 8-22

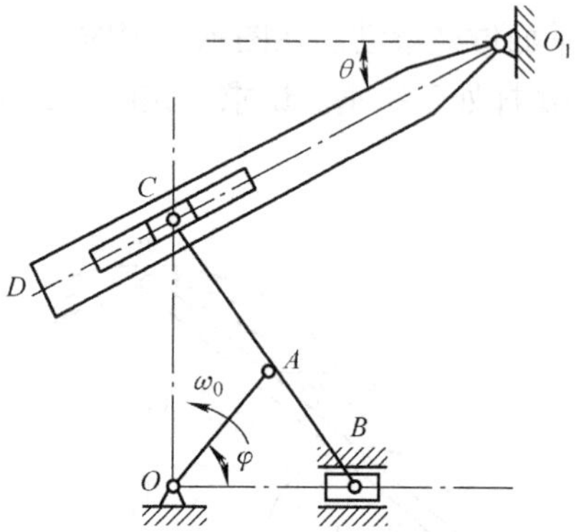

图 8-23

（综合-2） 如图8-24所示，已知 $R=1.5\mathrm{m}$ 的轮子做纯滚动。当 $\varphi=60°$时，$\omega_C=4\mathrm{rad/s}$，$\alpha_C=2\ \mathrm{rad/s^2}$，且 $OC=2\sqrt{3}\mathrm{m}$。试求该瞬时摇杆 OA 的角速度 ω 及角加速度 α。

（综合-3） 如图8-25所示，杆 AB 上的销钉 E 可在构件 CD 的滑槽内滑动，CD 可绕定轴 C 转动，滑块 A、B 分别沿水平和铅垂的滑道滑动。在图8-25所示位

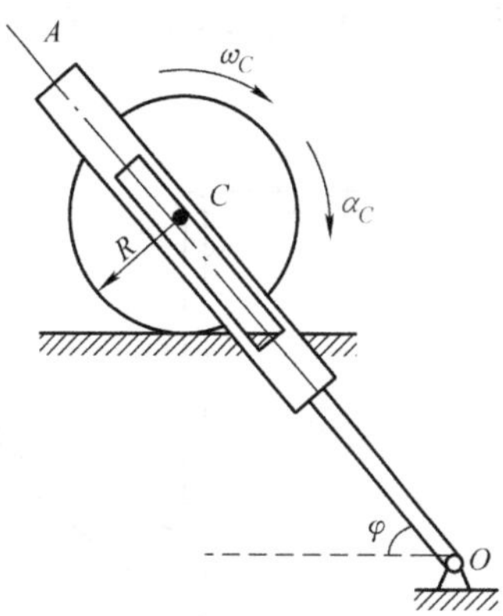

图 8-24

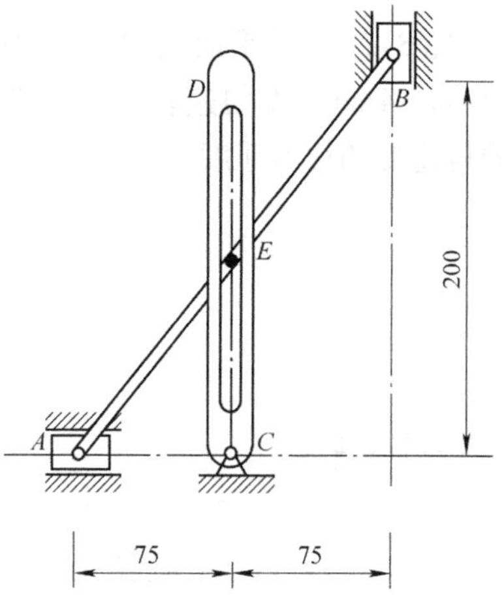

图 8-25

置，滑块 A 的速度为 400mm/s 向左，其加速度为 1400mm/s^2，方向水平向右，且 CD 构件铅垂。求此瞬时构件 CD 的角速度和角加速度。

（综合-4）　如图 8-26 所示，曲柄 OA 以匀角速度 ω 绕点 O 转动，通过能在 BC 杆上滑动的滑套 A 带动滑块 C 做水平直线运动。O_1B 杆绕点 O_1 转动，已知 $OA=O_1B=r$，$BC=2r$，在图示位置时，A 在 BC 的中点，OA 与 O_1B 都是水平的，C 和 O_1 位于同一条竖直线上。求此时 O_1B 杆的角速度与角加速度。

（综合-5）　平面机构如图 8-27 所示。已知：$DB=r$，$OA=4r$，$AC=2r$，轮子半径为 R，轮子做纯滚动。在图示瞬时，$\theta=\varphi=60°$，$\beta=30°$，$OB=2r$；DB 角速度为 ω，角加速度为 $\alpha=0$。试求该瞬时轮子的角速度和杆 AC 的角加速度。

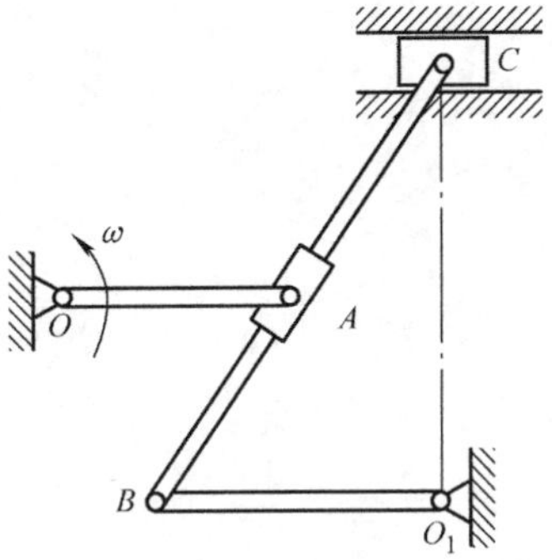

图　8-26

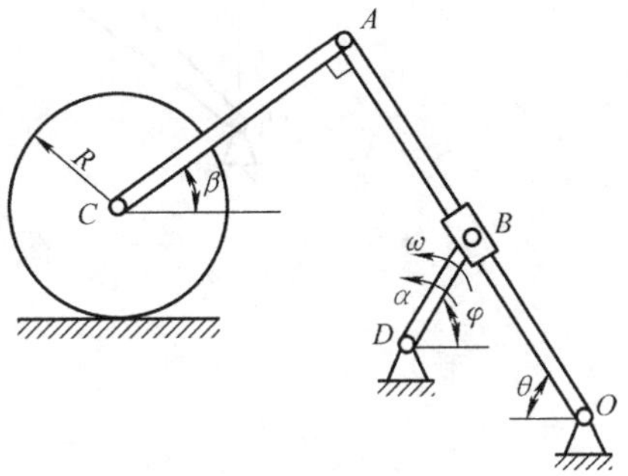

图　8-27

（综合-6）　在图 8-28 所示平面机构中，已知：$OA=O_1B=L$，$BC=2L$，$r=L/4$，轮子做纯滚动。当 $\varphi=30°$时，$\theta=30°$，且 $O_1B\perp OO_1$，OA 的角速度为 ω，角加速度 $\alpha=0$。试求图示瞬时轮子的角速度及角加速度。

（综合-7）　平面机构如图 8-29 所示，已知：$AO_1=2O_1B=20\text{cm}$。当 $\varphi=30°$ 时，$BC\perp AB$，圆盘的角速度 $\omega_0=2\text{rad/s}$，角加速度 $\alpha_0=0$。试求此瞬时杆 AB 的角速度以及滑块 C 的速度和加速度。

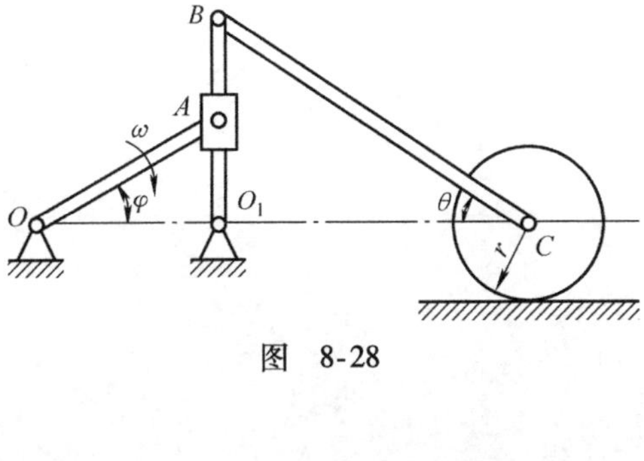

图　8-28

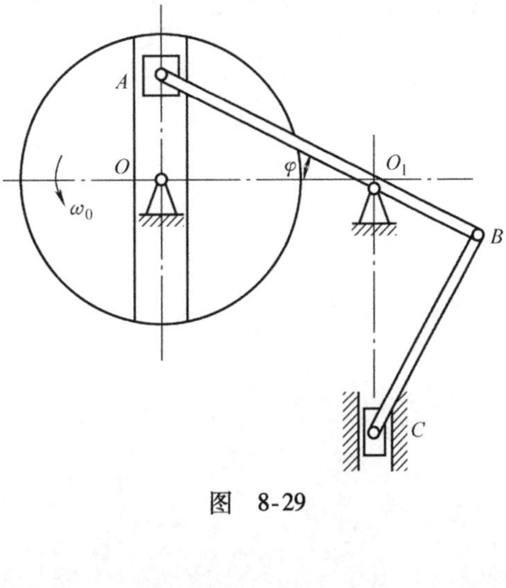

图　8-29

（综合-8） 在图 8-30 所示平面机构中，已知：OA 杆以匀角速度 $\omega_0=2\text{rad/s}$ 做定轴转动，$OA=AB=OO_1=20\text{cm}$。试求当 $\varphi=60°$ 时：①滑块上销钉 B 的速度；②杆 O_1C 的角速度及角加速度。

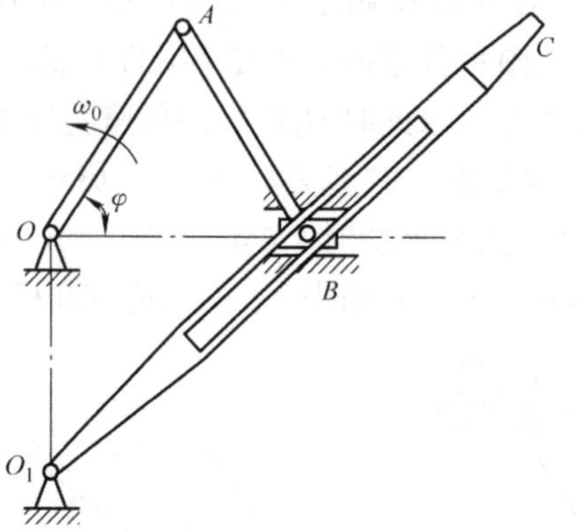

图 8-30

第9章 质点动力学的基本方程

【基本要求】

1. 理解质点动力学基本定律。

2. 掌握质点运动微分方程并应用其解题。

3. 熟练掌握质点动力学第一类问题以及第二类问题的解法。

重点：建立质点运动微分方程的方法。

难点：动力学第二类问题的求解方法。

【内容提要】

1. 动力学的基本定律

(1) **第一定律（惯性定律）** 不受力作用的质点，将保持静止或匀速直线运动状态。不受力作用的质点（包括受平衡力系作用的质点），不是处于静止状态，就是保持其原有的速度（包括大小和方向）不变，这种性质称为惯性。

(2) **第二定律（力与加速度关系定律）** 质点的质量与加速度的乘积，等于作用于质点的力的大小。加速度的方向与力的方向相同，即

$$m\boldsymbol{a} = \boldsymbol{F}$$

上式是质点动力学的基本方程，它表示了质点的质量、加速度与作用力之间的关系。当质点上受多个力作用时，$\boldsymbol{F}$ 应为此共点力系的合力。

(3) **第三定律（作用与反作用定律）** 两个物体间的作用力与反作用力总是大小相等，方向相反，沿着同一直线，且分别作用在这两个物体上。该定律不仅适用于平衡的物体，也适用于任何运动的物体。

2. 质点运动微分方程的常用表达式

(1) **矢量形式**

$$m\frac{\mathrm{d}^2\boldsymbol{r}}{\mathrm{d}t^2} = \sum \boldsymbol{F}$$

式中，$\sum \boldsymbol{F}$ 表示作用在质点上各力 $\boldsymbol{F}_1$、$\boldsymbol{F}_2$、…、$\boldsymbol{F}_n$ 的矢量和；$\boldsymbol{r}$ 是从固定点 O 到质点的矢径。

(2) **直角坐标形式**

$$m\frac{\mathrm{d}^2x}{\mathrm{d}t^2} = \sum F_x, m\frac{\mathrm{d}^2y}{\mathrm{d}t^2} = \sum F_y, m\frac{\mathrm{d}^2z}{\mathrm{d}t^2} = \sum F_z$$

式中，x、y、z 是矢径 $\boldsymbol{r}$ 在直角坐标轴上的投影；$\sum F_x$、$\sum F_y$、$\sum F_z$ 是作用在质点上的各力在相应坐标轴上投影的代数和。

(3) **自然形式 (弧坐标形式)**

$$ma_{t} = m\frac{dv}{dt} = \sum F_{t}, ma_{n} = m\frac{v^2}{\rho} = \sum F_{n}, ma_{b} = 0 = \sum F_{b}$$

式中，$a_{t} = \frac{dv}{dt}$，$a_{n} = \frac{v^2}{\rho}$，$a_{b} = 0$ 是加速度 $\boldsymbol{a}$ 在切线、主法线、副法线上的投影；而 $\sum F_{t}$、$\sum F_{n}$、$\sum F_{b}$ 是作用在质点上的力在上述相应轴上投影的代数和。

根据研究问题的需要，还有其他形式的质点运动微分方程，如极坐标形式、柱坐标形式、球坐标形式等。在非惯性坐标系中，质点运动微分方程的形式与第二定律微分方程相同，但除了“真实力”之外，还需假想地加上科氏惯性力。

3. *质点动力学两类问题*

(1) 第一类问题：已知质点的运动规律，求作用在质点上的力，通常是未知的约束力。这是点的运动方程对时间求导数的过程。

(2) 第二类问题：已知作用在质点上的力，求质点的运动规律。这是运动微分方程的积分过程，或求解过程。

对于多数非自由质点，一般同时存在以上动力学的两类问题。对于这种问题一般根据已知的主动力及运动初始条件，求解质点的运动规律；然后在运动规律确定的条件下再求解未知约束力，约束力一般包括静约束力和附加动约束力两部分。

利用质点运动微分方程求解质点的运动规律时，根据问题的性质（力是位置的函数、时间的函数、常数），可采用两种分离变量的方法对微分方程进行积分，即

$a_{t} = \frac{dv}{dt}$（力是常数或者是时间的函数）或 $a_{t} = \frac{dv}{ds}\frac{ds}{dt} = v\frac{dv}{ds}$（力是位置的函数）

质点的运动规律还取决于初始条件，利用运动的初始条件，可确定定积分的上、下限或不定积分的积分常数。根据问题的性质，也可以用解微分方程的方法求解。

4. *解决质点动力学问题的步骤*

(1) 分析质点的受力，分清主动力与约束力。对非自由质点需解除约束，以约束力代替。主动力一般为已知，约束力通常是未知的，其方向往往要根据约束的性质确定。画出质点的受力图。

(2) 分析质点的运动，画出质点的运动分析图，一般包括广义坐标，速度、加速度在坐标轴上的分量等。

(3) 列写质点运动微分方程。列方程时要注意力及运动量在坐标轴上投影的正负号。

(4) 微分方程的求解及问题的进一步讨论。

质点动力学的基本定律是质点和质点系（包括刚体）动力学的基础。动力学的很多定理和结论，都可以在质点动力学基本定律的基础上推导出来。后续求解动

力学复杂问题出现错误时，有些原因就是对本章内容缺乏深入理解和灵活运用。本章内容将贯穿到整个动力学。

在质点动力学两类基本问题中，对于第一类问题，可以根据运动分析或微分运算，求作用在质点上的力。动力学的约束力不仅与主动力有关，还与质点的加速度有关，这是动力学问题与静力学问题的明显区别。对于第二类问题，一般要进行积分运算，应根据力的性质，把加速度灵活地改写为相应形式，便于分离变量进行积分。如仅已知质点的质量和作用力，还无法确定质点的运动，还应该根据已知质点运动的初始条件，确定不定积分的积分常数或定积分的上下限。还有些问题属于混合问题，即已知某些运动和力，求另一些运动和力。

在普通物理学中，质点受力多为常力，这时质点的加速度也多为常数，运动为匀变速运动，但是在理论力学中，力多为变量，因而加速度也为变量，一般应通过积分求速度和位移等。因此，在求解动力学问题时，千万不要盲目套用匀变速运动的公式，更不要把加速度认为都是重力加速度。

【例题精讲】

例题 9-1　有一圆锥摆，质量为 m 的摆锤系于长为 l 的绳上，绳的另一端固连于固定点 O，若摆锤在水平面内做匀速圆周运动，则绳与铅垂线成 α 角，如图 9-1a所示。求摆锤的速度以及绳的张力 F。

解：选取摆锤为研究对象，摆锤做圆周运动，运动轨迹已知，建立自然轴系如图 9-1b 所示。选取质点运动微分方程的自然轴系投影形式。

副法线 $\boldsymbol{b}$ 方向：　$F\cos\alpha - mg = 0$，$F = \dfrac{mg}{\cos\alpha}$

主法线 $\boldsymbol{n}$ 方向：　$m\dfrac{v^2}{\rho} = F\sin\alpha$

其中，$\rho = l\sin\alpha$，$v = \sin\alpha\sqrt{\dfrac{gl}{\cos\alpha}}$。

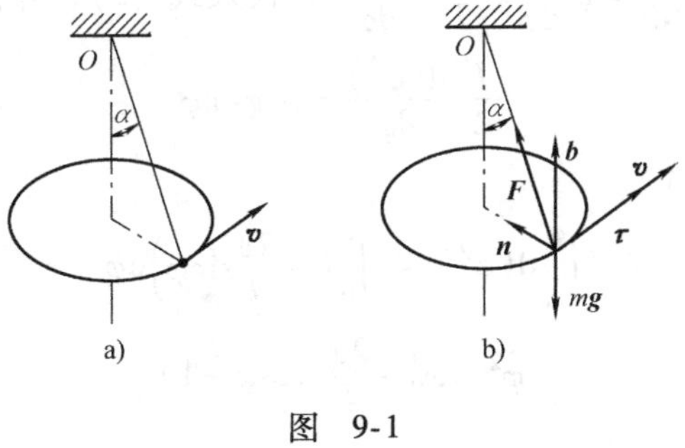

图　9-1

注 1：当质点运动轨迹已知时，常用自然坐标形式的运动微分方程求解。

注 2：本问题副法线方向运动已知，可以据此求出绳的拉力；在拉力已知的情况下，沿主法线方向列质点运动微分方程可以求出摆锤的速度。

例题 9-2 小车通过长为 l 的绳索 OA 吊着质量为 m 的重物以匀速度 $\boldsymbol{v}_0$ 沿水平轨道运动，如图 9-2a 所示。如突然制动，重物因惯性绕悬挂点 O 继续向前摆动，求制动前和制动后绳子的张力。

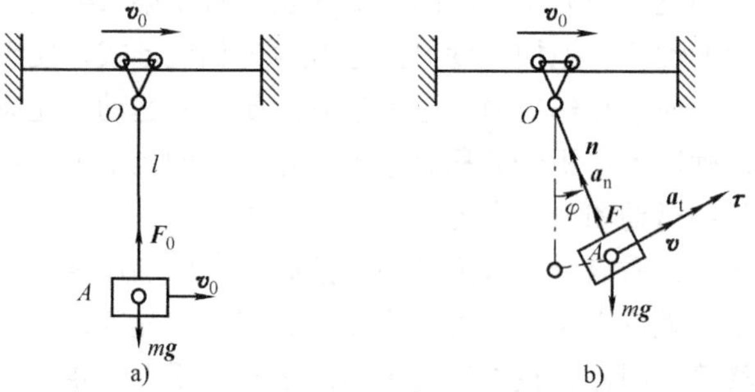

图 9-2

解：取重物为研究对象，并视为质点。制动前，重物做匀速直线运动，如图 9-2a 所示。由平衡条件直接可得制动前绳子的张力：$F_0 = mg$。

制动后，重物将沿以点 O 为圆心、l 为半径的圆弧摆动，设重物在任意位置 A 时绳索 OA 与铅垂线的夹角为 φ，其受力分析和运动分析如图 9-2b 所示。列出质点运动微分方程在自然轴上的投影式：

$$ma_t = -mg\sin\varphi \tag{1}$$

$$ma_n = F - mg\cos\varphi \tag{2}$$

因为 $a_t = l\ddot{\varphi}$，$a_n = l\dot{\varphi}^2$，式（1）和式（2）可改写为

$$ml\ddot{\varphi} = -mg\sin\varphi \tag{3}$$

$$ml\dot{\varphi}^2 = F - mg\cos\varphi \tag{4}$$

采用变换$\ddot{\varphi} = \dfrac{d\dot{\varphi}}{dt} = \dfrac{d\dot{\varphi}}{d\varphi}\dfrac{d\varphi}{dt} = \dot{\varphi}\dfrac{d\dot{\varphi}}{d\varphi} = \dfrac{1}{2}\dfrac{(d\dot{\varphi}^2)}{d\varphi}$，代入式（3），并化简，得

$$\frac{l}{2}\frac{d(\dot{\varphi}^2)}{d\varphi} = -g\sin\varphi \tag{5}$$

对式（5）进行积分有

$$\int_{\dot{\varphi}_0}^{\dot{\varphi}} d(\dot{\varphi}^2) = \int_0^{\varphi}\left(-\frac{2g}{l}\sin\varphi\right)d\varphi$$

即有

$$\dot{\varphi}^2 = \dot{\varphi}_0^2 + \frac{2g}{l}(\cos\varphi - 1) \tag{6}$$

考虑到 $\dot{\varphi}_0 = \dfrac{v_0}{l}$，将式（6）代入式（4），整理后可得到制动后绳子的张力为

$$F = \left(3\cos\varphi - 2 + \frac{v_0^2}{gl}\right)mg$$

注：本问题中，制动后的运动形式，沿切线方向只有重力有投影，属于已知力求运动的问题。而主法线方向，因为运动可由切线方向求出，所以属于已知运动，可以求出绳索的约束力。

例题 9-3　小球由高度 h 处以水平速度 v_0 抛出，如图 9-3a 所示。空气阻力可视为与速度成正比，即 $\boldsymbol{F}_d = -km\boldsymbol{v}$，其中 m 为小球的质量，系数 k 为常数。求小球的运动方程和轨迹。

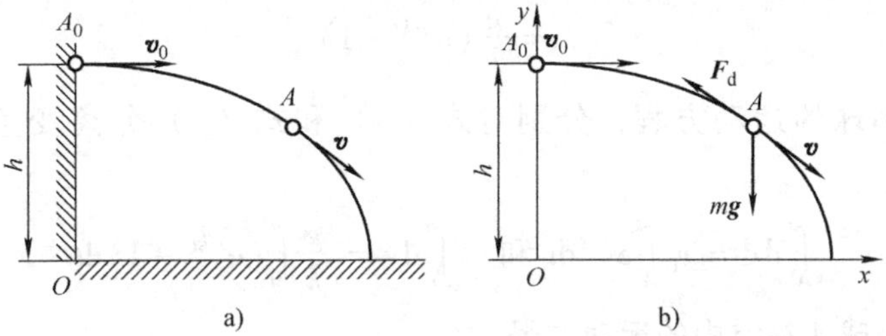

图　9-3

解：本题是已知力和运动的初始条件求运动的问题。取小球 A 为研究对象，由于小球的初速度 v_0 与其重力 mg 共面，故小球在铅垂平面内做平面曲线运动，小球在任意位置 A 的受力分析和运动分析如图 9-3b 所示。因预先不知道小球的轨迹，故采用直角坐标形式的运动微分方程，取平面直角坐标系 Oxy。

小球的运动微分方程为

$$m\ddot{x} = -km\dot{x} \tag{1}$$

$$m\ddot{y} = -mg - km\dot{y} = -m(g + k\dot{y}) \tag{2}$$

将 $\ddot{x} = \dfrac{d\dot{x}}{dt}$ 和 $\ddot{y} = \dfrac{d\dot{y}}{dt}$ 分别代入式（1）和式（2），分离变量后得

$$\frac{d\dot{x}}{\dot{x}} = -kdt \tag{3}$$

$$\frac{d\dot{y}}{g + k\dot{y}} = -dt \tag{4}$$

初始条件 $t=0$ 时，有

$$\begin{cases} x_0 = 0, \ \dot{x}_0 = v_0 \\ y_0 = h, \ \dot{y}_0 = 0 \end{cases} \tag{5}$$

对式（3）进行积分　$$\int_{v_0}^{\dot{x}} \frac{d\dot{x}}{\dot{x}} = -k\int_0^t dt$$

故　$$\ln\frac{\dot{x}}{v_0} = -kt$$

由此可得小球在空中任意位置时沿轴 x 方向的速度为

$$\dot{x}=v_0\mathrm{e}^{-kt} \tag{6}$$

同理，对式（4）进行积分
$$\int_0^{\dot{y}}\frac{\mathrm{d}\dot{y}}{g+k\dot{y}}=-\int_0^t\mathrm{d}t$$

故
$$\ln\frac{g+k\dot{y}}{g}=-kt$$

由此可得小球在空中任意位置时沿轴 y 方向的速度为

$$\dot{y}=\frac{g}{k}(\mathrm{e}^{-kt}-1) \tag{7}$$

为了求小球的运动方程，分别对式（6）和式（7）分离变量后再进行积分，有

$$\int_0^x\mathrm{d}x=v_0\int_0^t\mathrm{e}^{-kt}\mathrm{d}t \text{ 和 } \int_h^y\mathrm{d}y=\frac{g}{k}\int_0^t(\mathrm{e}^{-kt}-1)\mathrm{d}t$$

最后得小球 A 在空中的运动方程：

$$\begin{cases}x=\dfrac{v_0}{k}(1-\mathrm{e}^{-kt})\\ y=h+\dfrac{g}{k^2}(1-\mathrm{e}^{-kt})-\dfrac{g}{k}t\end{cases} \tag{8}$$

由式（8）消去时间 t，可得小球的运动轨迹为

$$y=h-\frac{g}{k^2}\ln\frac{v_0}{v_0-kx}+\frac{gx}{kv_0}$$

【习题精练】

1. 判断题

（1）已知质点的质量和作用于质点的力，质点的运动规律就完全确定。（ ）

（2）一个质点只要有运动，就一定受有力的作用，而且运动的方向就是它受力的方向。（ ）

（3）在同一地点、同一坐标系内以相同大小的初速度 v_0 斜抛两质量相同的小球，若不计空气阻力，则它们落地时速度的大小相同。（ ）

（4）同一运动质点，在不同的惯性参考系中运动，其运动的初始条件是不同的。（ ）

（5）质点的加速度方向一定是合外力的方向。（ ）

（6）质点受到的力越大，运动的速度也一定越大。（ ）

（7）在惯性参考系中，不论初始条件如何变化，只要质点不受力的作用，则该质点应保持静止或匀速直线运动状态。（ ）

（8）质点在常力作用下，一定做匀加速直线运动。（ ）

2. 选择题

（1）如图 9-4 所示，汽车以匀速率 v 在不平的道路上行驶，当汽车通过 A、B、

C 三个位置时，汽车对路面的压力分别为 F_{NA}、F_{NB}、F_{NC}，则下述关系式（　　）成立。

（A）$F_{NA}=F_{NB}=F_{NC}$　（B）$F_{NA}<F_{NB}<F_{NC}$

（C）$F_{NA}>F_{NB}>F_{NC}$　（D）$F_{NA}=F_{NB}>F_{NC}$

（2）如图 9-5 所示，已知物体的质量为 m，弹簧的刚度为 k，原长为 L_0，静伸长为 δ_{st}，则对于以弹簧静伸长末端为坐标原点，竖直向下的坐标 Ox，重物的运动微分方程为（　　）。

（A）$m\ddot{x}=mg-kx$　（B）$m\ddot{x}=kx$

（C）$m\ddot{x}=-kx$　（D）$m\ddot{x}=mg+kx$

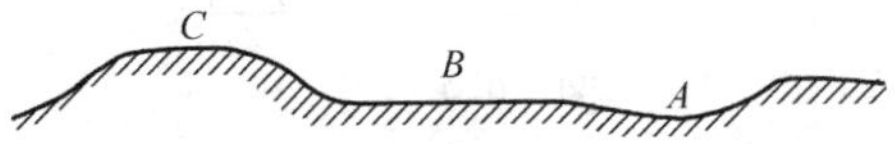

图　9-4

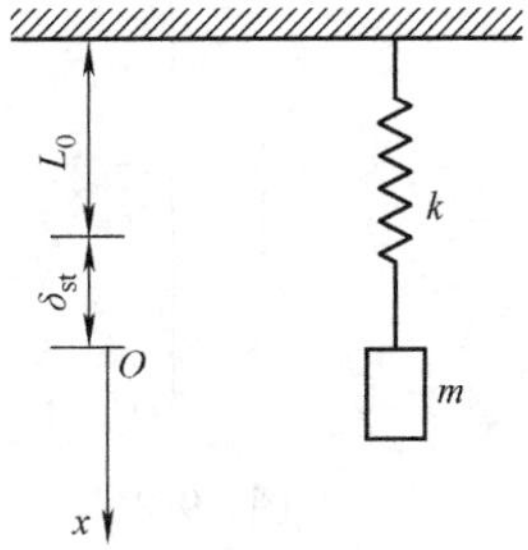

图　9-5

（3）在图 9-6 所示圆锥摆中，球 M 的质量为 m，绳长 L，若 θ 角保持不变，则小球的法向加速度的大小为（　　）。

（A）$g\sin\theta$　（B）$g\cos\theta$　（C）$g\tan\theta$　（D）$g\cot\theta$

（4）如图 9-7 所示，质量为 m 的物体自高 H 处以初速度 $\boldsymbol{v}_0$ 水平抛出，运动中受到与速度成正比的空气阻力 $\boldsymbol{F}$ 作用，$\boldsymbol{F}=-km\boldsymbol{v}$，$k$ 为常数。则其运动微分方程为（　　）。

（A）$m\ddot{x}=-km\dot{x}$，$m\ddot{y}=-km\dot{y}-mg$

（B）$m\ddot{x}=km\dot{x}$，$m\ddot{y}=km\dot{y}-mg$

（C）$m\ddot{x}=-km\dot{x}$，$m\ddot{y}=km\dot{y}-mg$

（D）$m\ddot{x}=km\dot{x}$，$m\ddot{y}=-km\dot{y}+mg$

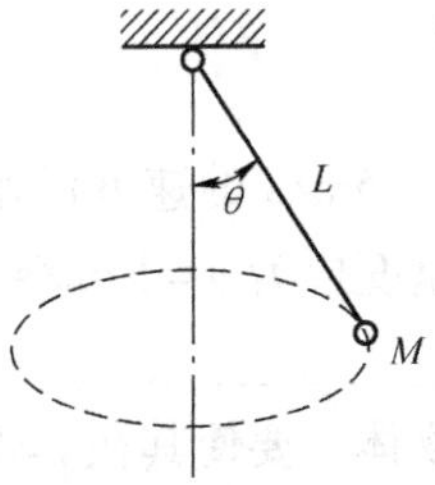

图　9-6

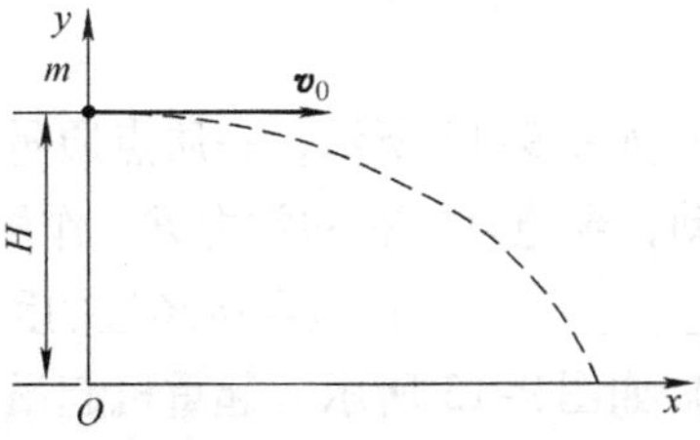

图　9-7

（5）如图 9-8 所示，一铅垂上抛的小球可视为质点，已知质量为 m，空气阻力 $\boldsymbol{F}=-k\boldsymbol{v}$（$k$ 为常数），则对图示坐标轴 Ox，小球的运动微分方程为（　　）。

（A）$m\ddot{x}=mg-k\dot{x}$　　（B）$m\ddot{x}=-mg-k\dot{x}$

（C）$m\ddot{x}=-mg+k\dot{x}$　　（D）$m\ddot{x}=mg+k\dot{x}$

（6）如图 9-9 所示，已知 A 物重 $P_A=20\text{N}$，B 物重 $P_B=30\text{N}$，滑轮 C、D 不计质量，并略去各处摩擦，则绳水平段的拉力为（　　）。

（A）30N　　（B）20N　　（C）16N　　（D）24N

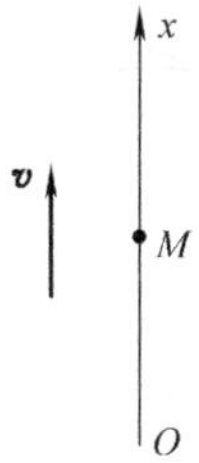

图 9-8

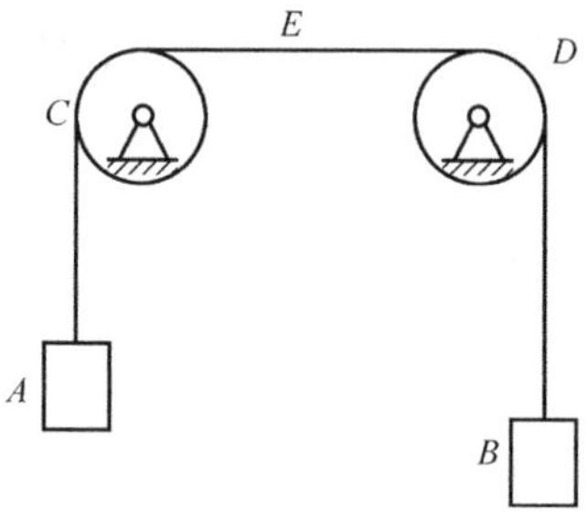

图 9-9

3. 填空题

（1）如图 9-10 所示，质量 $m=2\text{kg}$ 的重物 M 挂在长 $L=0.5\text{m}$ 的细绳下端，重物受到水平冲击后获得了速度 $v_0=5\text{m/s}$，则此时绳子的拉力等于________。

（2）如图 9-11 所示，光滑的半圆槽以加速度 $\boldsymbol{a}$ 向右移动，恰使一质量为 m 的小球停止在半圆槽内，此时 θ 的值为________。

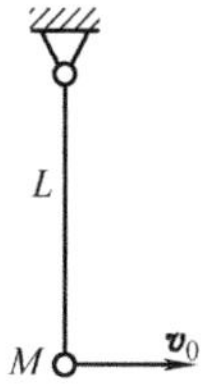

图 9-10

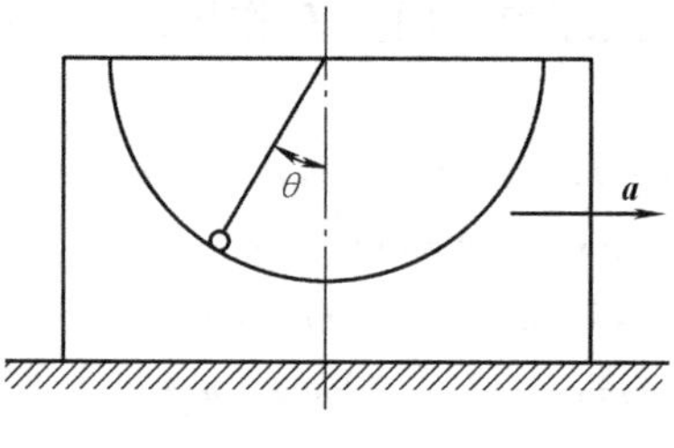

图 9-11

（3）如图 9-12 所示，一质点质量为 $m=3\text{kg}$，以 $v_0=5\text{m/s}$ 的速度沿水平直线向左运动，今施以向右的常力 $\boldsymbol{F}$，作用 30s 后，质点的速度成为 $v=55\text{m/s}$ 而向右，则 $F=$____________；质点所经过的路程 $s=$____________________。

（4）如图 9-13 所示，起重机起吊重量 $P=25\text{kN}$ 的物体，要使其在 $t=0.25\text{s}$ 内由静止开始均匀地加速到 0.6m/s 的速度，则重物在起吊时的加速度为________________；绳子承受的拉力 $\boldsymbol{F}$ 的大小为________。

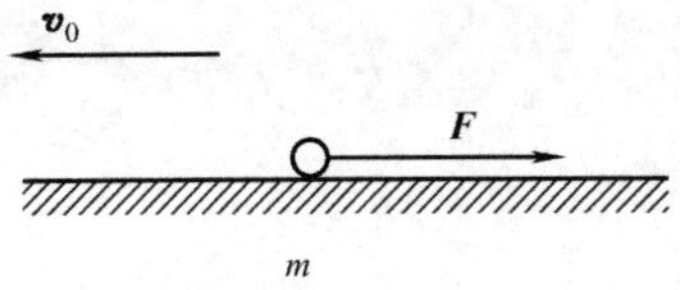

图　9-12

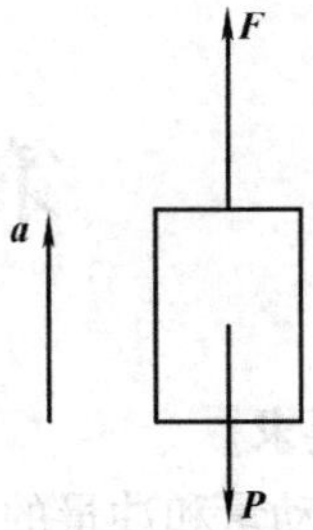

图　9-13

第10章　动量定理

【基本要求】

1. 理解动量和冲量的概念。

2. 掌握质点和质点系动量、质心坐标的计算方法。

3. 掌握质点、质点系的动量定理和动量守恒定律、质心运动定理。

4. 熟练掌握利用动量定理解决动力学的两类问题。

5. 了解流体动压力的计算。

重点：质点系的动量定理和质心运动定理。

难点：流体的动压力。

【内容提要】

1. 基本概念

（1）**质点系**　由若干（有限个或无限个）相互联系的质点所组成的系统。

（2）**质心**　从某一方面反映质量分布情况的一个点，其位置由下式决定：

$$x_C = \frac{\sum m_i x_i}{\sum m_i}, y_C = \frac{\sum m_i y_i}{\sum m_i}, z_C = \frac{\sum m_i z_i}{\sum m_i}$$

式中，m_i 为第 i 个质点的质量；x_i、y_i、z_i为第 i 个质点的位置坐标。

质心和重心是两个不同的概念。重心是与重力场相联系的，离开了重力场就没有意义。而质心是质点系的质量分布情况的一个几何点，它是客观存在的，与作用力无关。

（3）**动量**　物体某瞬时机械运动强弱（包括方向）的一种度量。

1）**质点的动量**：　$\boldsymbol{p} = m\boldsymbol{v}$

质点的动量是矢量，且为定位矢量，它的方向与质点速度的方向一致。其单位为 kg · m/s 或 N · s。

2）**质点系的动量**：质点系中各质点动量的矢量和，称为质点系的动量，又称为质点系动量的主矢。其表达式为

$$\boldsymbol{p} = \sum m_i \boldsymbol{v}_i = M\boldsymbol{v}_C$$

式中，m_i 为第 i 个质点的质量；$\boldsymbol{v}_i$ 为第 i 个质点的速度；M 为质点系的总质量；$\boldsymbol{v}_C$ 为质点系质心的速度。动量的计算方法与刚体的运动形式无关。

（4）**冲量**　力在某一段时间间隔内的作用效应的度量。冲量为矢量，其单位与动量单位相同，为 N · s。

1）**常力的冲量**　$\boldsymbol{I} = \boldsymbol{F}t$

2）**变力的元冲量** $\mathrm{d}\boldsymbol{I}=\boldsymbol{F}\mathrm{d}t$

3）**变力的冲量** $\boldsymbol{I}=\int_{t_1}^{t_2}\boldsymbol{F}\mathrm{d}t$

2. 质点的动量定理

（1）质点动量定理的表述形式

1）**微分形式**：$\dfrac{\mathrm{d}(m\boldsymbol{v})}{\mathrm{d}t}=\boldsymbol{F}$，即质点的动量对时间的一阶导数等于作用于其上的力。

其投影形式为$\dfrac{\mathrm{d}(mv_x)}{\mathrm{d}t}=F_x$，$\dfrac{\mathrm{d}(mv_y)}{\mathrm{d}t}=F_y$，$\dfrac{\mathrm{d}(mv_z)}{\mathrm{d}t}=F_z$

2）**积分形式**：$m\boldsymbol{v}_2-m\boldsymbol{v}_1=\int_{t_1}^{t_2}\boldsymbol{F}\mathrm{d}t=\boldsymbol{I}$，即质点在 t_1 至 t_2 时间内动量的改变量等于作用于其上的力在同一时间内的冲量。

其投影形式为

$$\begin{cases} mv_{2x}-mv_{1x}=\int_{t_1}^{t_2}F_x\mathrm{d}t=I_x \\ mv_{2y}-mv_{1y}=\int_{t_1}^{t_2}F_y\mathrm{d}t=I_y \\ mv_{2z}-mv_{1z}=\int_{t_1}^{t_2}F_z\mathrm{d}t=I_z \end{cases}$$

（2）质点的动量守恒

若 $\boldsymbol{F}=\boldsymbol{0}$，则 $m\boldsymbol{v}_2=m\boldsymbol{v}_1=$常矢量。

若 $F_x=0$，则 $mv_{2x}=mv_{1x}=$常数，即质点沿 x 方向动量守恒。

3. 质点系的动量定理

（1）质点系动量定理的表述形式

1）**微分形式** $\sum_{i=1}^{n}\mathrm{d}(m_i\boldsymbol{v}_i)=\mathrm{d}\boldsymbol{p}=\sum_{i=1}^{n}\boldsymbol{F}_i^{(e)}\mathrm{d}t=\sum_{i=1}^{n}\mathrm{d}\boldsymbol{I}$，即质点系动量的增量等于作用于质点系的外力元冲量的矢量和。

微分形式也可以表示为 $\dfrac{\mathrm{d}\boldsymbol{p}}{\mathrm{d}t}=\sum\boldsymbol{F}_i^{(e)}$，即质点系的动量对时间的一阶导数等于作用于质点系的外力的矢量和。

其投影形式为 $\dfrac{\mathrm{d}p_x}{\mathrm{d}t}=\sum F_x^{(e)}$，$\dfrac{\mathrm{d}p_y}{\mathrm{d}t}=\sum F_y^{(e)}$，$\dfrac{\mathrm{d}p_z}{\mathrm{d}t}=\sum F_z^{(e)}$

2）**积分形式** $\boldsymbol{p}_2-\boldsymbol{p}_1=\sum\boldsymbol{I}_i^{(e)}$，即在某一时间间隔内，质点系动量的改变量等于在这段时间内作用于质点系外力冲量的矢量和。

其投影形式为

$$\begin{cases} p_{2x} - p_{1x} = \sum I_{ix}^{(e)} \\ p_{2y} - p_{1y} = \sum I_{iy}^{(e)} \\ p_{2z} - p_{1z} = \sum I_{iz}^{(e)} \end{cases}$$

（2）**质点系的动量守恒**

1）若 $\sum \boldsymbol{F}_i^{(e)} = \boldsymbol{0}$，则 $\boldsymbol{p}_2 = \boldsymbol{p}_1 =$ 常矢量。

当作用于质点系上的外力主矢恒等于零时，则质点系的动量保持不变。

2）若 $\sum F_{xi}^{(e)} = 0$，则 $p_{2x} = p_{1x} =$ 常量。

当作用于质点系上的外力主矢在某轴（如 x 轴）上投影恒等于零时，则质点系的动量在该轴上的投影保持不变。

4. *质心运动定理*

（1）**质心运动定理** 质点系的总质量 M 与其质心加速度 $\boldsymbol{a}_C$ 的乘积等于作用于质点系上的外力的矢量和。其表达式为 $m\boldsymbol{a}_C = \sum \boldsymbol{F}_i^{(e)}$

其投影形式为

直角坐标式：$$\begin{cases} ma_{Cx} = \sum F_{xi}^{(e)} \\ ma_{Cy} = \sum F_{yi}^{(e)} \\ ma_{Cz} = \sum F_{zi}^{(e)} \end{cases}$$

自然坐标式：$$\begin{cases} ma_C^{\mathrm{t}} = m\dfrac{\mathrm{d}v_C}{\mathrm{d}t} = \sum F_{\mathrm{t}i}^{(e)} \\ ma_C^{\mathrm{n}} = m\dfrac{v_C^2}{\rho} = \sum F_{\mathrm{n}i}^{(e)} \\ 0 = \sum F_{\mathrm{b}i}^{(e)} \end{cases}$$

质心运动定理描述的是质点系随同质心的平行移动。

（2）**质心运动守恒**

参照质心运动定理的表达式及其投影形式，

1）若 $\sum \boldsymbol{F}_i^{(e)} = \boldsymbol{0}$，则 $\boldsymbol{a}_C = \boldsymbol{0}$，$\boldsymbol{v}_C =$ 常矢量，质心做匀速直线运动；若开始时静止，即 $\boldsymbol{v}_{C0} = \boldsymbol{0}$，则 $\boldsymbol{r}_C =$ 常矢量，质心位置守恒。

2）若 $\sum F_{xi}^{(e)} = 0$，则 $a_{Cx} = 0$，$v_{Cx} =$ 常数，质心沿 x 方向速度不变；若存在 $v_{Cx_0} = 0$，则 $x_C =$ 常量，质心在 x 轴的位置坐标保持不变。

注 1：质点系质心的运动，可以视为一质点的运动。如将质点系的质量集中在质心上，同时将作用在质点系上所有外力都平移到质心上，则质心运动的加速度与所受外力的关系符合牛顿第二定律。

注2：质点系的内力不能改变质心的运动，只有外力才能改变质心的运动。

注3：若质点系是由 n 个刚体组成的系统，则刚体系内各刚体的质量与各刚体质心加速度乘积的矢量和，等于作用于刚体系的外力的主矢。即

$$\sum m_i \boldsymbol{a}_{Ci} = \sum \boldsymbol{F}_i^{(e)} = \boldsymbol{F}_R^{(e)}$$

在直角坐标上的投影形式：

$$\begin{cases} \sum m_i a_{Cix} = \sum m_i \ddot{x}_{Ci} = \sum F_{xi}^{(e)} \\ \sum m_i a_{Ciy} = \sum m_i \ddot{y}_{Ci} = \sum F_{yi}^{(e)} \\ \sum m_i a_{Ciz} = \sum m_i \ddot{z}_{Ci} = \sum F_{zi}^{(e)} \end{cases}$$

5. *流体在弯管内做定常流动时对弯管产生的动压力*

$$\boldsymbol{F}'' = q_V \rho(\boldsymbol{v}_b - \boldsymbol{v}_a)$$

式中，q_V 为流体在单位时间内流过截面的体积流量；$\boldsymbol{v}_a$ 为流体流入管道的速度；$\boldsymbol{v}_b$ 为流体流出管道的速度，上式计算时常采用投影形式。

【例题精讲】

例题 10-1 图 10-1 所示三个均质圆盘用细绳连接，绳与盘无相对滑动，绳的质量不计，三圆盘的质量、半径、角速度分别为 m_1、r_1、ω_1，m_2、r_2、ω_2，m_3、r_3、ω_3；且 $m_1 > m_2 > m_3$。试求此系统的动量。

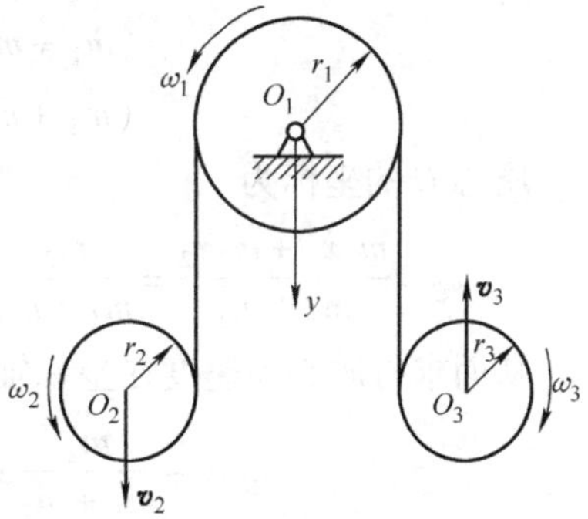

图 10-1

解：设三轮角速度方向如图 10-1 所示，则三轮心的速度大小分别为

$$v_1 = 0,\ v_2 = r_1\omega_1 + r_2\omega_2,\ v_3 = r_1\omega_1 - r_3\omega_3$$

系统动量的水平与竖直分量大小分别为

$$p_x = 0$$

$$\begin{aligned} p_y &= m_1 v_1 + m_2 v_2 - m_3 v_3 \\ &= 0 + m_2(r_1\omega_1 + r_2\omega_2) - m_3(r_1\omega_1 - r_3\omega_3) \\ &= m_2(r_1\omega_1 + r_2\omega_2) - m_3(r_1\omega_1 - r_3\omega_3) \end{aligned}$$

注：无论刚体做何种运动，动量计算公式都为刚体质量乘以刚体质心的速度。

例题 10-2 已知定子质量为 m_1，转子质量为 m_2；转子匀速转动的角速度为 ω；偏心距（转子质心到转动中心的距离）为 e，如图 10-2 所示。求基础对电动机的约束力。

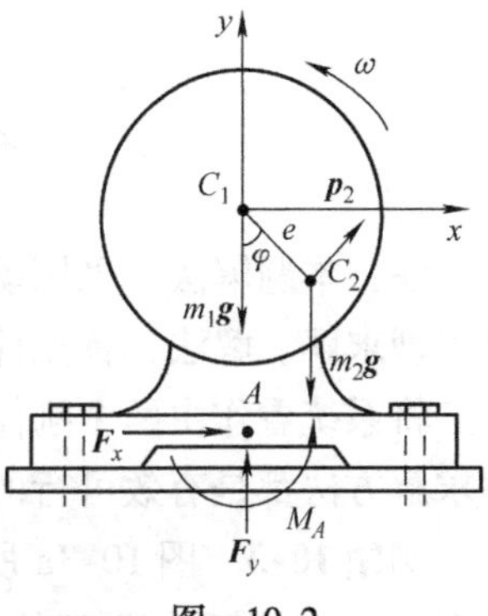

图 10-2

解：法一 研究定子与转子组成的系统，受力如图 10-2 所示，系统的动量为

$$\boldsymbol{p} = \boldsymbol{p}_1 + \boldsymbol{p}_2$$

可得系统动量的大小为 $p=p_2=m_2\omega e$

设 $t=0$ 时，C_1C_2 沿铅垂方向，则 $\varphi=\omega t$ 时，

$$p_x=m_2\omega e\cos\omega t,\quad p_y=m_2\omega e\sin\omega t$$

由质点系动量定理，得

$$\frac{\mathrm{d}p_x}{\mathrm{d}t}=\sum F_x^{(e)},\frac{\mathrm{d}p_x}{\mathrm{d}t}=F_x$$

$$\frac{\mathrm{d}p_y}{\mathrm{d}t}=\sum F_y^{(e)},\frac{\mathrm{d}p_y}{\mathrm{d}t}=F_y-m_1g-m_2g$$

解得

$$F_x=-m_2\omega^2e\sin\omega t,F_y=(m_1+m_2)g+m_2\omega^2e\cos\omega t$$

法二 取整个电动机（包括定子和转子）作为研究对象。选坐标系如图 10-2 所示。

质心 C 的运动微分方程为

$$(m_1+m_2)\ddot{x}_C=F_x \tag{1}$$

$$(m_1+m_2)\ddot{y}_C=F_y-m_1g-m_2g \tag{2}$$

质心 C 的坐标为

$$x_C=\frac{m_1x_1+m_2x_2}{m_1+m_2}=\frac{m_2}{m_1+m_2}e\sin\omega t,\quad y_C=\frac{m_1y_1+m_2y_2}{m_1+m_2}=\frac{-m_2}{m_1+m_2}e\cos\omega t$$

从而求得质心加速度在坐标轴上的投影为

$$\ddot{x}_C=-\frac{m_2}{m_1+m_2}e\omega^2\sin\omega t,\quad \ddot{y}_C=\frac{m_2}{m_1+m_2}e\omega^2\cos\omega t$$

把上式代入式（1）和式（2），即可求得

$$F_x=-m_2\omega^2e\sin\omega t,F_y=(m_1+m_2)g+m_2\omega^2e\cos\omega t$$

法三 分析系统中各刚体的运动，得

$$\sum F_x^{(e)}=F_x=\sum m_ia_{Cix}$$

$$F_x=m_1\cdot 0-m_2e\omega^2\sin\omega t=-m_2e\omega^2\sin\omega t$$

$$\sum F_y^{(e)}=F_y-m_1g-m_2g=\sum m_ia_{Ciy}$$

$$F_y=(m_1+m_2)g+m_2e\omega^2\cos\omega t$$

注：本题解法一采用动量定理微分形式求解，解法二和解法三都是应用质心运动定理求解。解法二首先计算整体的质心加速度，然后对整体列质心运动定理。解法三将系统看作由两个刚体组成，利用每个刚体的质心加速度列质心运动定理。三种求解方法都是有效可行的。

例题 10-3 图 10-3a 所示为可视为质点的小球 A，质量 $m_A=1\text{kg}$，在小车 B 上沿四分之一圆弧由顶部静止开始下落，到最低点 C 时小球 A 相对小车的速度为

$v_r=\sqrt{\frac{m_A+m_B}{m_B}2gR}$；初瞬时小车 B 也静止，质量 $m_B=2\text{kg}$；$R=0.5\text{m}$，$h=0.6\text{m}$；不计小车与水平地面之间的摩擦。试求小球离开小车瞬时相对地面的速度及小球落到地面时相对小车的水平距离。

解：以整体为研究对象，受力分析如图 10-3b 所示。

因 $\sum F_{ix}^{(e)}=0$，且初始静止，有

$$p_x=p_{x0}=0 \tag{*}$$

设 A 离开小车时的速度为

$$\boldsymbol{v}_A=\boldsymbol{v}_r+\boldsymbol{v}_B$$

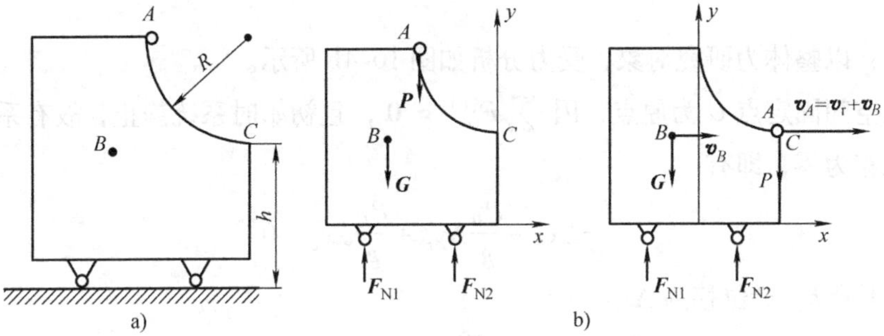

图　10-3

其中，$\boldsymbol{v}_B$ 是此时小车的速度，由式（*）有

$$m_A(v_r+v_B)+m_Bv_B=0$$

$$v_B=-\frac{m_Av_r}{m_A+m_B}$$

其中　$$v_r=\sqrt{\frac{(m_A+m_B)2gR}{m_B}}=3.83\text{m/s}\ (\text{向右})$$

故　$$v_B=-1.28\text{m/s}\ (\text{向左})$$

$$v_A=v_r+v_B=2.55\text{m/s}(\text{向右})$$

经 $t=\sqrt{\frac{2h}{g}}$后，平抛距离　$s=v_At=0.892\text{m}$

相对水平距离　$$l=s-v_Bt=1.34\text{m}$$

注1：解动力学问题时，正确的受力分析和运动分析是解题的关键。本题中通过受力分析得到整体水平方向动量守恒是解题的突破口。

注2：动量守恒常常用于计算速度量。

注3：在利用动力学普遍定理解题时，所有的运动量都应该使用绝对量。

例题10-4　在图 10-4a 所示系统中，物 A 受重力 P_A 作用，物 B 受重力 P_B 作

用，三棱柱体 C 受重力 P_C作用，$\theta=30°$，$\beta=60°$；$t=0$ 时系统静止。若不计三棱柱体与水平面间的摩擦，试求当 A 下降高度 $h=10\text{cm}$ 时，三棱柱体的水平位移。

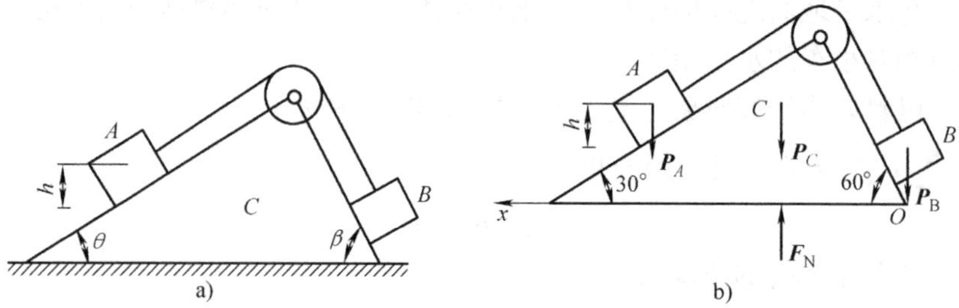

图 10-4

解：以整体为研究对象，受力分析如图 10-4b 所示。

以空间固定点 O 为原点，因 $\sum F_{ix}^{(e)}=0$，且初始时系统静止，故有系统质心水平位移为零，即有

$$\frac{P_A}{g}\Delta x_A+\frac{P_B}{g}\Delta x_B+\frac{P_C}{g}\Delta x_C=0 \qquad (*)$$

A 下降 h，C 位移为 Δx_C，则

$$\Delta x_A=\frac{h}{\tan 30°}+\Delta x_C=\frac{10\text{cm}}{0.577}+\Delta x_C=17.33\text{cm}+\Delta x_C$$

$$\Delta x_B=\frac{h}{\sin 30°}\cos 60°+\Delta x_C=\frac{10\text{cm}}{0.5}\times 0.5+\Delta x_C=10\text{cm}+\Delta x_C$$

代入式（$*$）有

$$\Delta x_C(P_C+P_A+P_B)=-(17.33\text{cm}P_A+10\text{cm}P_B)$$

$$\Delta x_C=-\frac{17.33\text{cm}P_A+10\text{cm}P_B}{P_A+P_B+P_C}$$

注：质心位置守恒常用来求位移。

例题 10-5 如图 10-5a 所示，质量为 m 的直杆可在竖直滑道内滑动，杆的下端与质量为 m 的楔块接触，楔块的倾角为 θ。设在楔块上作用一水平向左的常力 $\boldsymbol{F}$，使楔块向左滑动，不计摩擦，试求杆及楔块的加速度。

解：顶杆及楔块的加速度与受力如图 10-5b 所示，对顶杆由质心运动定理有

$$ma_2=F_N\cos\theta-mg$$

故

$$F_N=\frac{ma_2+mg}{\cos\theta} \qquad (1)$$

对楔块，由质心运动定理有

$$ma_1=F-F'_N\sin\theta \qquad (2)$$

而

$$a_2=a_1\tan\theta \qquad (3)$$

又由式（1）~式（3）可得

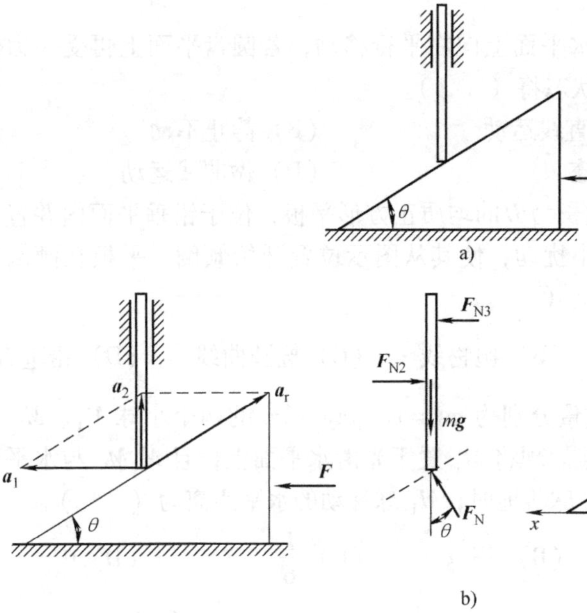

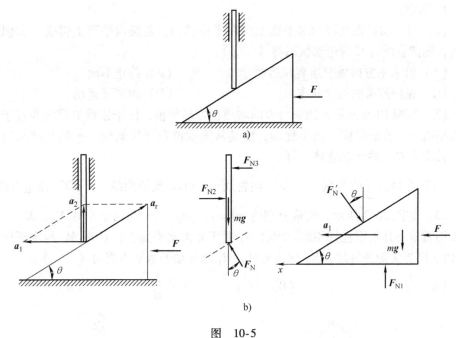

图 10-5

$$ma_1 = F - (ma_1\tan\theta + mg)\tan\theta$$

所以

$$a_1 = \frac{F - mg\tan\theta}{m + m\tan^2\theta},\quad a_2 = \frac{(F - mg\tan\theta)\tan\theta}{m + m\tan^2\theta}$$

注：质心运动定理中的加速度应为质心的绝对加速度。

【习题精练】

1. 判断题

（1）一物体受到方向不变，大小为10N的常力$\boldsymbol{F}$作用，在$t=3\text{s}$的瞬时，该力的冲量为$I=Ft=30\text{N}\cdot\text{s}$。（ ）

（2）质点系中各质点都静止时，质点系的动量为零。于是可知，如果质点系的动量为零，则质点系中各质点必都静止。（ ）

（3）作用在质点系上的外力的主矢始终为零，则质点系中每个质点的动量都保持不变。（ ）

（4）不管质点系做什么样的运动，也不管质点系内各质点的速度为何，只要知道质点系的总质量和质点系质心的速度，即可求得质点系的动量。（ ）

（5）若质点系的动量在x方向的分量守恒，则该质点系的质心的速度在x轴上的投影保持为常量。（ ）

（6）质心的加速度只与质点系所受外力的大小和方向有关，而与这些外力是否作用在质心上无关。（ ）

2. 选择题

(1) 有一圆盘在光滑的水平面上向右平行移动，若圆盘平面上再受一力偶作用时，则圆盘质心 C 的运动状态将（　　）。

(A) 沿水平方向做变速直线运动　　(B) 静止不动

(C) 保持原来的运动状态　　(D) 做曲线运动

(2) 如图 10-6 所示，边长为 L 的均质正方形平板，位于铅垂平面内并置于光滑水平面上，若给平板一微小扰动，使其从图示位置开始倾倒，平板在倾倒过程中，其质心 C 点的运动轨迹是（　　）。

(A) 半径为$\frac{L}{2}$的圆弧　　(B) 抛物线　　(C) 椭圆曲线　　(D) 铅垂直线

(3) 如图 10-7 所示，质量分别为 $m_1=m$、$m_2=2m$ 的两个小球 M_1、M_2 用长为 L 而重量不计的刚性杆相连。现将 M_1 置于光滑水平面上，且 M_1M_2 与水平面成 60°角。则当无初速释放，M_2 球落地时，M_1 球移动的水平距离为（　　）。

(A) $\frac{L}{3}$　　(B) $\frac{L}{4}$　　(C) $\frac{L}{6}$　　(D) 0

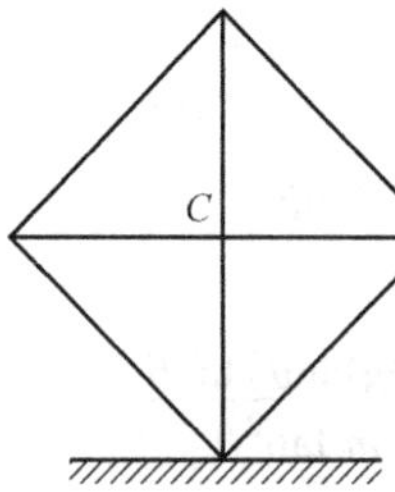

图 10-6

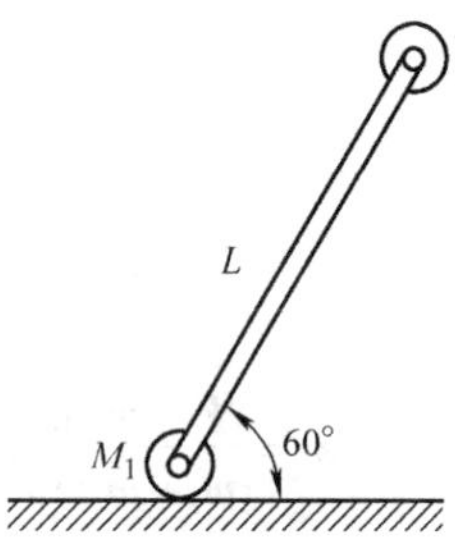

图 10-7

(4) 如图 10-8 所示，两个相同的均质圆盘，放在光滑水平面上，在圆盘的不同位置上，各作用一水平力 $\boldsymbol{F}$ 和 $\boldsymbol{F}'$，使圆盘由静止开始运动，设 $\boldsymbol{F}=\boldsymbol{F}'$，则（　　）。

(A) A 盘质心运动得快

(B) B 盘质心运动得快

(C) 两盘质心运动相同

(D) 不能确定

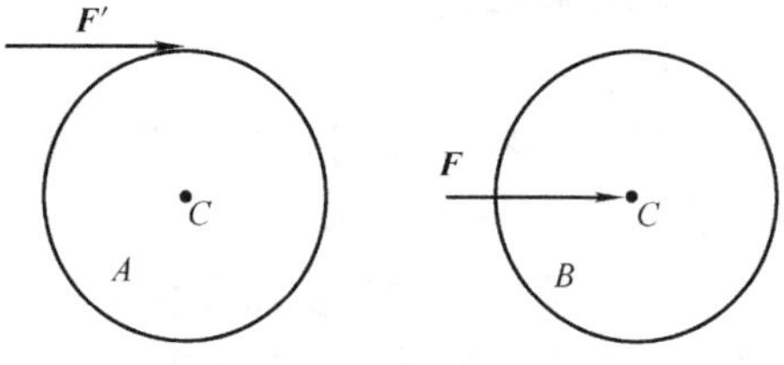

图 10-8

(5) 人重 P_1，车重 P_2，车置于光滑水平地面上，人可在车上运动，系统开始时静止。则不论人采用何种方式（走，跑）从车头运动到车尾，车的（　　）。

(A) 位移是不变的　　(B) 速度是相同的

(C) 质心位置是不变的　　(D) 末加速度是相同的

(6) 如图 10-9 所示，船 A 重 P_A，以速度 $\boldsymbol{v}$ 航行。重为 P_B 的物体 B 以相对于船的速度 $\boldsymbol{v}_r$ 空投到船上，设 $\boldsymbol{v}_r$ 与水平面成 60°角，且与 $\boldsymbol{v}$ 在同一铅垂平面内。若

不计水的阻力，则二者共同的水平速度为（　　）。

(A) $\dfrac{P_Av+0.5P_Bv_r}{P_A+P_B}$　　(B) $\dfrac{P_Av+P_Bv_r}{P_A+P_B}$

(C) $\dfrac{(P_A+P_B)v+P_Bv_r}{P_A+P_B}$　　(D) $\dfrac{(P_A+P_B)v+0.5P_Bv_r}{P_A+P_B}$

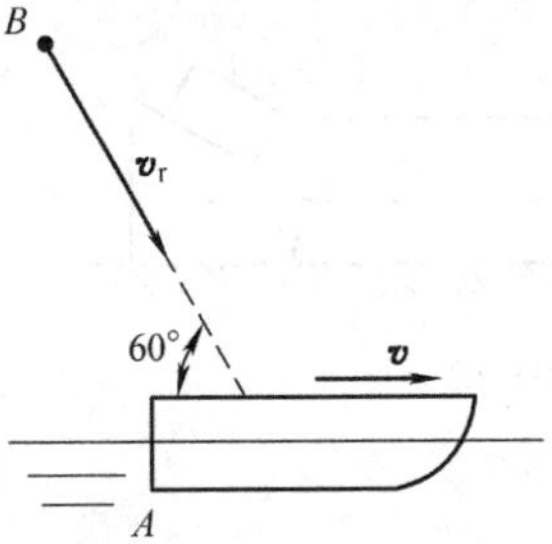

图 10-9

3. 填空题

(1) 图10-10所示系统中各杆都为均质杆。已知杆 OA、CD 质量均为 m，杆 AB 质量为 $2m$，且 $OA=AC=CB=CD=L$，杆 OA 以角速度 ω 转动，则图示瞬时，OA 杆动量的大小为________；AB 杆动量的大小为________；CD 杆动量的大小为________，在图中标出各动量的方向。

(2) 在图10-11所示机构中，$O_1B=O_2C$，OA 杆以角速度 ω 绕水平轴转动。若 BM 杆的质量为 m，且图示瞬时 OM 长 L，则该瞬时 BM 杆的动量的大小为________（方向在图上标出）。

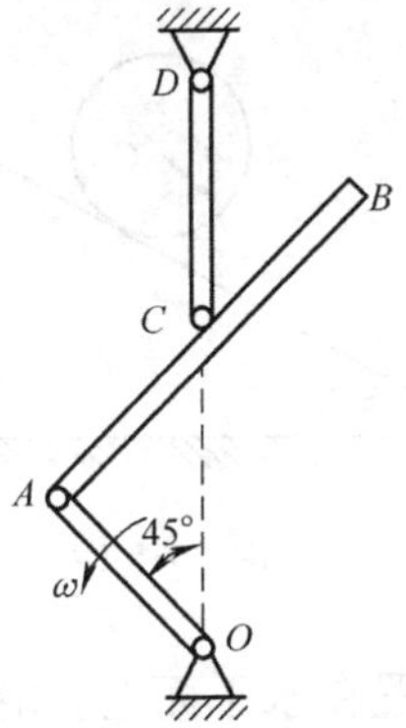

图 10-10

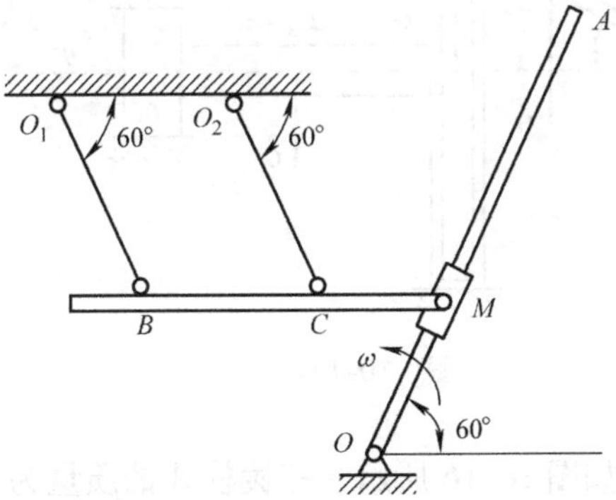

图 10-11

(3) 图10-12所示为两相同的三棱柱，倾角均为 θ，静止地置于光滑的水平地面上，将质量相等的圆盘与滑块分别置于两三棱柱斜面上的 A 处，皆从静止释放，圆盘相对于三棱柱做纯滚动，都由三棱柱的 A 处运动到 B 处，则此两种情况下两个三棱柱的水平位移______（填写相等或不相等），因为____________________。

（4）如图 10-13 所示，在质量为 m_1、半径为 R 的均质圆盘上焊接一质量为 m_2、长为 R 的均质细杆 OA。该系统可绕水平轴 O 在铅垂面内转动，图示瞬时有角速度 ω，角加速度 α，则该瞬时轴 O 处约束力为________（方向在图中画出）。

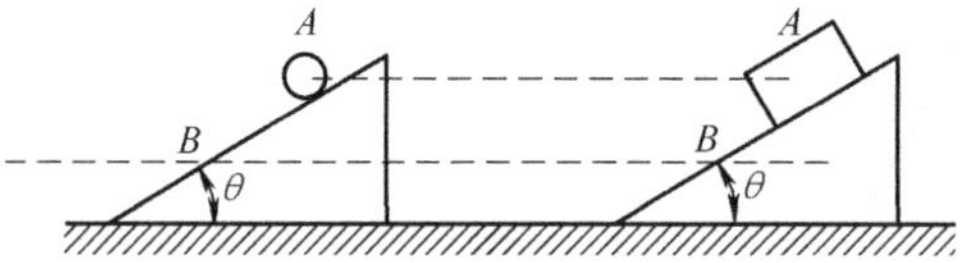

图 10-12

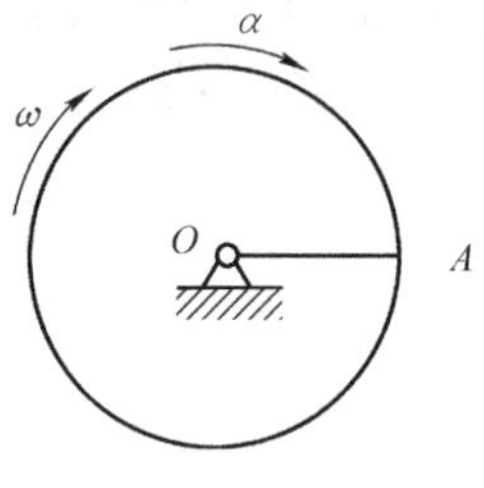

图 10-13

4. 计算题

（1）图 10-14 所示铅垂平面内的曲柄滑道机构，在力 $\boldsymbol{F}$ 和力偶 M 作用下，长为 r 的均质曲柄 OA 以匀角速度 ω 转动；曲柄自重为 $\boldsymbol{G}_1$，滑块 A 自重为 $\boldsymbol{G}_2$，滑槽、连杆和活塞 B 的总重为 $\boldsymbol{G}_3$，不计接触处的摩擦。试求 O 处的约束力。

（2）图 10-15 所示质量为 m_1、倾角为 30°的斜面可沿光滑水平面自由移动，斜面上有一质量为 m_2、半径为 R 的均质圆柱沿斜面向下做纯滚动，且初瞬时系统静止不动。设其中心 C 相对斜面的加速度为 $\boldsymbol{a}_r$，试求圆柱与斜面间的滑动摩擦力。

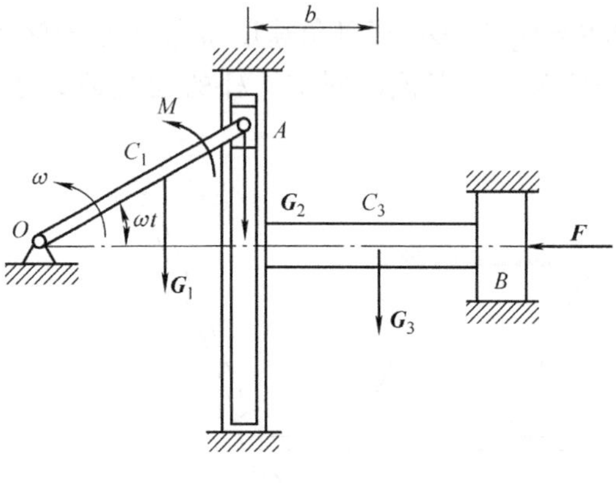

图 10-14

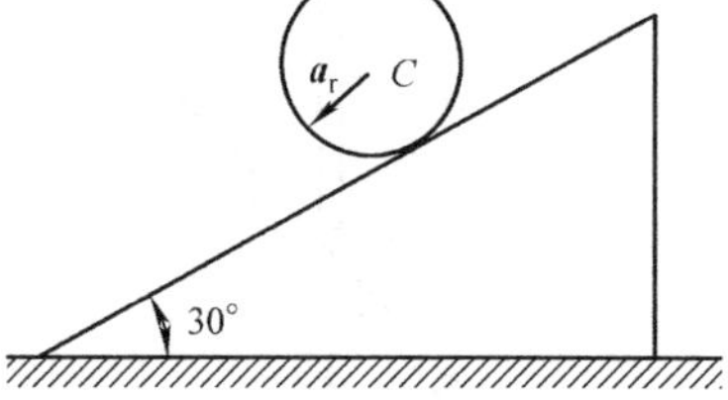

图 10-15

（3）如图 10-16 所示，三棱柱 A 的质量为 m_A，放置在水平面上。滑块 B 的质量为 m_B，在常力 $\boldsymbol{F}$ 的作用下沿 A 的斜面向上运动。已知 $\theta=45°$，滑轮和绳的质量以及各接触面间摩擦均忽略不计，滑轮两侧的软绳分别与斜面平行。试求：①三棱柱 A 的加速度大小 a_A；②设系统在初瞬时由静止开始运动，当滑块 B 沿斜面滑动的距离为 s 时，三棱柱 A 沿水平面滑动的距离 l。

（4）如图 10-17 所示，已知：水的体积流量为 Q，密度为 ρ；水冲击叶片的速

度大小为 v_1，方向沿水平向左；水流出叶片的速度大小为 v_2 和 v_3，且 $v_2=v_3$，与水平线成 θ 角。求图示水柱对涡轮固定叶片作用力的水平分力。

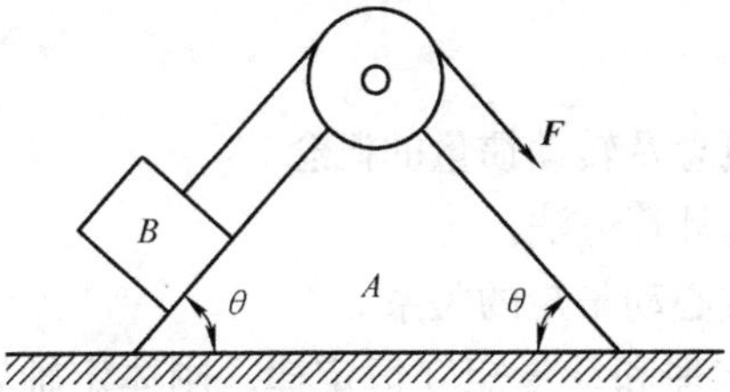

图 10-16

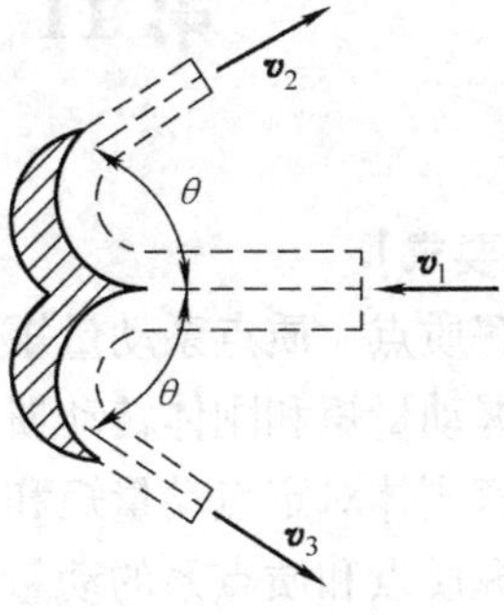

图 10-17

第 11 章　动量矩定理

【基本要求】

1. 理解质点、质点系动量矩的概念及转动惯量的概念。

2. 掌握动量矩和刚体转动惯量的计算方法。

3. 理解刚体对定点动量矩和对质心动量矩的关系。

4. 掌握质点和质点系的动量矩定理和动量矩守恒定律、刚体定轴转动和平面运动的微分方程及应用解题。

重点：质点系的动量矩和转动惯量；质点系的动量矩定理；刚体平面运动微分方程及应用。

难点：相对质心的动量矩定理；刚体平面运动微分方程及应用；建立复杂问题的运动学补充关系式。

【内容提要】

1. 基本概念

（1）**动量矩**　描述物体某瞬时机械运动强弱（包括大小和方向）的有别于动量的另一种度量。动量矩的概念较为抽象，可将动量矩与力矩做类比，以便理解。

（2）**转动惯量**　物体转动时惯性的度量。质点系绕 z 轴的转动惯量为 $J_z = \sum m_i r_i^2$ 。

2. 动量矩的计算

（1）**质点对固定点 O 的动量矩**

质点的动量对固定点 O 的矩称为质点对该点的动量矩。对固定点的动量矩为一矢量，是一定位矢量。其表达式为

$$\boldsymbol{L}_O = \boldsymbol{M}_O(m\boldsymbol{v}) = \boldsymbol{r} \times m\boldsymbol{v}$$

（2）**质点对固定轴 z 的动量矩**

质点的动量对固定轴 z 的矩称为质点对该轴的动量矩。对轴的动量矩为一标量。其表达式为

$$L_z = M_z(m\boldsymbol{v})$$

（3）**质点系对固定点 O 的动量矩**

质点系对固定点 O 的动量矩等于各质点的动量对点 O 的矩的矢量和。即

$$\boldsymbol{L}_O = \sum \boldsymbol{M}_O(m_i\boldsymbol{v}_i) = \sum \boldsymbol{r}_i \times m_i\boldsymbol{v}_i$$

（4）**质点系对固定轴 z 的动量矩**

质点系对固定轴 z 的动量矩等于各质点动量对轴 z 的矩的代数和。其表达式为

$$L_z = \sum M_z(m_i \boldsymbol{v}_i)$$

（5）**质点系（或质点）对固定点的动量矩与对固定轴的动量矩的关系**

若 z 轴为过固定点 O 的固定轴，质点系（或质点）对点 O 的动量矩在 z 轴上的投影等于质点系（或质点）对 z 轴的动量矩，即

$$[\boldsymbol{L}_O]_z = L_z$$

（6）**平移刚体的动量矩**

平移刚体对固定点 O 和固定轴 z 轴的动量矩分别为

$$\boldsymbol{L}_O = \boldsymbol{r}_C \times m\boldsymbol{v}_C, L_z = M_z(m\boldsymbol{v}_C)$$

其中，m 为平移刚体的质量，$\boldsymbol{v}_C$ 为质心的速度。

（7）**定轴转动刚体对转轴的动量矩**

定轴转动刚体对转轴 z 的动量矩等于刚体对该轴的转动惯量 J_z 与角速度 ω 的乘积，即

$$L_z = J_z\omega$$

（8）**平面运动刚体对质心轴的动量矩**

若刚体有质量对称面，且做与质量对称面平行的平面运动，则刚体对过质心，且与质量对称面垂直的轴的动量矩为

$$L_C = J_C\omega$$

其中，J_C 为刚体对质心轴的转动惯量，ω 为平面运动的角速度。

（9）**质点系对固定点 O 的动量矩与对质心的动量矩的关系**

$$\boldsymbol{L}_O = \boldsymbol{r}_C \times m\boldsymbol{v}_C + \boldsymbol{L}_C$$

其中，$\boldsymbol{r}_C$ 为质心的位置矢量，$\boldsymbol{v}_C$ 为质心的速度，$\boldsymbol{L}_C$ 为质点系相对质心的动量矩。

（10）**转动惯量的计算方法**

质量是质点惯性的度量，而转动惯量是刚体绕某轴转动惯性的度量，两者都是表示物体惯性的重要物理量。由于质点系中的质点到转轴的距离是变量，故不宜将转动惯量的概念推广到一般质点系，转动惯量只有对刚体才有实际意义。同一刚体对不同轴的转动惯量不同，因此在涉及转动惯量和惯性半径时，必须明确是对哪一根轴而言。对于规则几何形状的刚体可用积分法计算或者由工程手册查得转动惯量；对于由几个简单几何形状组成的刚体，可用组合法求得该刚体对某轴的转动惯量。

1）**简单形状的积分计算**——掌握常见形状刚体对常见转轴的转动惯量。如均质杆对过质心且垂直于杆的轴、对过杆件一端垂直于杆的轴的转动惯量；均质圆轮对过圆心与圆截面垂直的轴的转动惯量，以及均质薄圆环对过环心与环面垂直的轴的转动惯量。

2）**利用回转半径（或惯性半径）计算**

$$J_z = m\rho_z^2$$

其中，m 为刚体的质量，ρ_z 为刚体对转轴的回转半径。

3）**平行轴定理**

$$J_z = J_{zC} + md^2$$

其中，z 和 z_C 为互相平行的两条坐标轴，且 z_C过刚体的质心。m 为刚体的质量，d 为 z 和 z_C轴之间的距离。

4）**实验方法**

采用单摆实验、单轴扭振实验或三线悬挂扭振实验测定其转动惯量。

3. 动量矩定理

（1）**质点对固定点 O 的动量矩定理**

质点对固定点 O 的动量矩对时间的导数等于作用于该质点的力对同一点的矩。

$$\frac{\mathrm{d}\boldsymbol{L}_O(m\boldsymbol{v})}{\mathrm{d}t} = \sum \boldsymbol{M}_O(\boldsymbol{F}_i)$$

（2）**质点系对固定点 O 的动量矩定理**

质点系对固定点 O 的动量矩对时间的导数等于作用于该质点系的所有外力对同一点的矩的矢量和。其表达式为

$$\frac{\mathrm{d}\boldsymbol{L}_O}{\mathrm{d}t} = \sum \boldsymbol{M}_O(\boldsymbol{F}_i^{(e)})$$

（3）**质点系对固定轴 z 的动量矩定理**

质点系对固定轴 z 的动量矩对时间的导数等于作用于该质点系的所有外力对同一轴的矩的代数和，即

$$\frac{\mathrm{d}L_z}{\mathrm{d}t} = \sum M_z(\boldsymbol{F}_i^{(e)})$$

（4）**质点系相对于质心的动量矩定理**

质点系相对于与质心固连的平移坐标系运动时，质点系对质心的动量矩对时间的导数等于作用于该质点系的所有外力对质心的矩的矢量和。其表达式为

$$\frac{\mathrm{d}\boldsymbol{L}_C}{\mathrm{d}t} = \sum \boldsymbol{M}_C(\boldsymbol{F}_i^{(e)})$$

应用动量矩定理表达式时，必须取固定点 O 或质心 C 为矩心。而对于任意动点，动量矩定理一般具有更复杂的表达式。

一般不采用动量矩定理的积分形式（也称为冲量矩定理），因为冲量矩中的矢径 $\boldsymbol{r}$ 和冲量 $\boldsymbol{I}$ 是变量，不便于积分。但是在碰撞问题中，因为碰撞时间极短，可认为 $\boldsymbol{r}$ 和 $\boldsymbol{I}$ 在碰撞阶段是常量，因此可应用冲量矩定理求解碰撞问题。

（5）**质点或者质点系动量矩守恒的情况**

1）若质点或者质点系所受外力对固定点 O 的矩的矢量和等于零，则质点或者质点系对定点 O 的动量矩守恒。

2）若质点或者质点系所受外力对固定轴的矩的代数和等于零，则质点或者质

点系对该定轴的动量矩守恒。

4. 绕定轴转动微分方程

刚体绕定轴转动微分方程为

$$J_z\alpha = J_z\frac{\mathrm{d}\omega}{\mathrm{d}t} = J_z\frac{\mathrm{d}^2\varphi}{\mathrm{d}t^2} = \sum M_z(\boldsymbol{F}_i)$$

式中，J_z 为刚体对转轴的转动惯量。

注：刚体绕定轴转动的微分方程形式上类似于牛顿第二定律的 $\boldsymbol{F}=m\boldsymbol{a}$。

5. 刚体平面运动微分方程

刚体的平面运动可以分解为随质心的平移和绕质心轴的转动。随质心的平移可应用质心运动定理来确定，绕质心轴的转动可应用相对于质心的动量矩定理来确定。它们合起来称为刚体平面运动微分方程：

$$m\ddot{x}_C = ma_{Cx} = \sum F_x, m\ddot{y}_C = ma_{Cy} = \sum F_y, J_C\ddot{\varphi} = J_C\alpha = \sum M_C(\boldsymbol{F})$$

上式前两个方程可采用直角坐标形式，也可以采用自然坐标形式。三个方程是彼此独立的，如果未知量的数目多于独立方程的数目，还应根据运动学的知识列补充方程。

动量定理建立了质点系动量主矢的变化与外力系主矢之间的关系，而质心运动定理则用来研究质点系质心的运动。但质心的运动不能完全反映质点系的运动，动量定理也不能反映质点系相对于质心的运动。动量矩定理正是研究质点系转动的问题，它建立了质点系动量主矩的变化与外力系主矩之间的关系。相对于质心的动量矩定理可反映质点系相对于质心的转动规律。特别是在刚体动力学中，可用质心运动定理建立刚体质心的运动微分方程，应用相对于质心的动量矩定理建立刚体相对于质心转动的运动微分方程；刚体的平面运动仅是刚体一般运动的特例。

【例题精讲】

例题 11-1　如图 11-1a 所示，滑轮重 W，重物 M_1 和 M_2 分别重 P_1 和 P_2，水平弹簧的刚度系数为 k，忽略摩擦及弹簧、绳的重量，滑轮视为半径为 R 的圆柱。设重物 M_1 距离平衡位置 x_0 时无初速度释放，求 M_1 的运动微分方程。

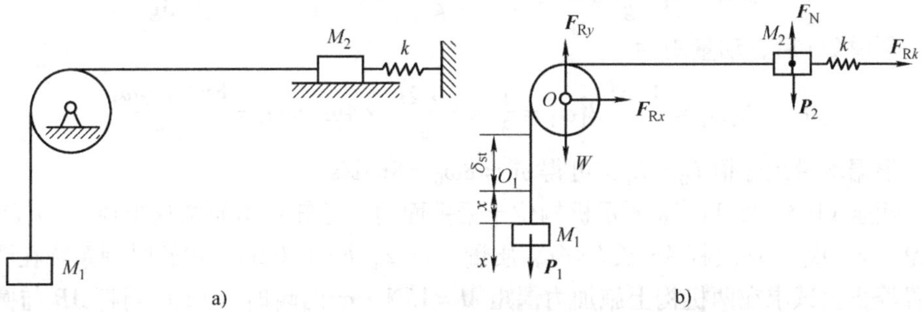

图　11-1

解：取系统为研究对象受力如图 11-1b 所示。坐标原点取在平衡位置，则在平衡位置时力对点 O 的矩的关系式

$$P_1R = k\delta_{st}R$$

其中，δ_{st}为系统平衡时弹簧的伸长量。

因为 $P_2 = F_N$，所以有

$$M_O(\boldsymbol{P}_2) + M_O(\boldsymbol{F}_N) = 0$$

故由质点系对点 O 的动量矩定理可得

$$\frac{\mathrm{d}}{\mathrm{d}t}\left(J_O\omega + \frac{P_1}{g}vR + \frac{P_2}{g}vR\right) = P_1R - k(x + \delta_{st})R$$

即

$$J_O\alpha + \frac{P_1}{g}aR + \frac{P_2}{g}aR = -kxR$$

其中，$\alpha = \frac{a}{R}$，代入上式有

$$\ddot{x} + \frac{2kg}{2(P_1 + P_2) + W}x = 0$$

注：本题也可以取单个物体为研究对象进行动力学分析求解，可是注意到滑轮支座处及物块 M_2 竖直方向的受力对滑轮中心的矩为 0，所以以整体为研究对象更加方便。

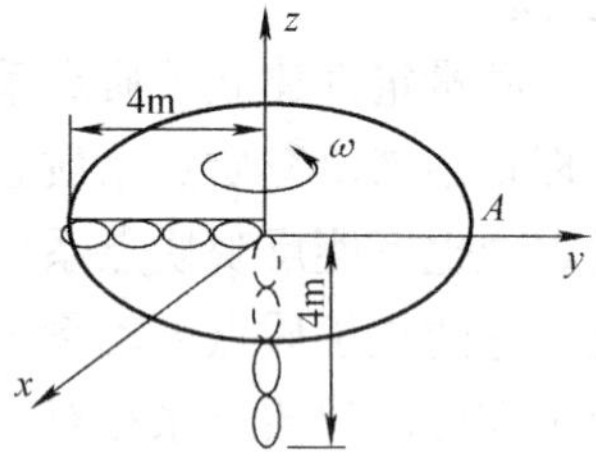

图 11-2

例题 11-2 如图 11-2 所示，一重链条长为 8m，比重 $\gamma = 146\text{N/m}$，放在以角速度 $\omega_0 = 1\text{rad/s}$ 自由旋转轻板 A 的导槽内，一半长度位于轻板平面内，一半悬垂。当链条由静止开始滑动 2m 后，求轻板的角速度。

解：取整个系统为研究对象，所有外力对 z 轴之矩为 0，所以系统对于 z 轴动量矩守恒。

初始时刻的动量矩为

$$L_0 = J_{z0}\omega_0 = \frac{1}{3}\frac{\gamma l_0}{g}l_0^2\omega_0 = \frac{1}{3}\times\frac{\gamma\times 4\text{m}}{g}\times 16\text{m}^2\times\omega_0 = \frac{64\text{m}^3\times\gamma\omega_0}{3g}$$

下滑 2m 后，动量矩为

$$L_1 = J_{z1}\omega_1 = \frac{1}{3}\frac{\gamma l_1}{g}l_1^2\omega_1 = \frac{1}{3}\times\frac{\gamma\times 2\text{m}}{g}\times 4\text{m}^2\times\omega_1 = \frac{8\text{m}^3\times\gamma\omega_1}{3g}$$

根据动量矩守恒 $L_0 = L_1$，可得 $\omega_1 = 8\omega_0 = 8\text{rad/s}$。

例题 11-3 图 11-3a 所示机构位于铅垂面内，已知：均质圆盘半径 $r = 0.25\text{m}$，质量 $m = 20\text{kg}$，均质杆 AB 长 $l = 4r$，质量为 $m/2$，$h = 0.02\text{m}$。初始时刻系统在图示位置静止。试求在两机构上施加力偶 $M = 15\text{N}\cdot\text{m}$ 的瞬时：（1）当杆 AB 与圆盘 C 在 B 处铰接时，杆 AB 和圆盘 C 的角加速度；（2）当杆 AB 与圆盘 C 在 B 处为刚性连接时，系统的角加速度。

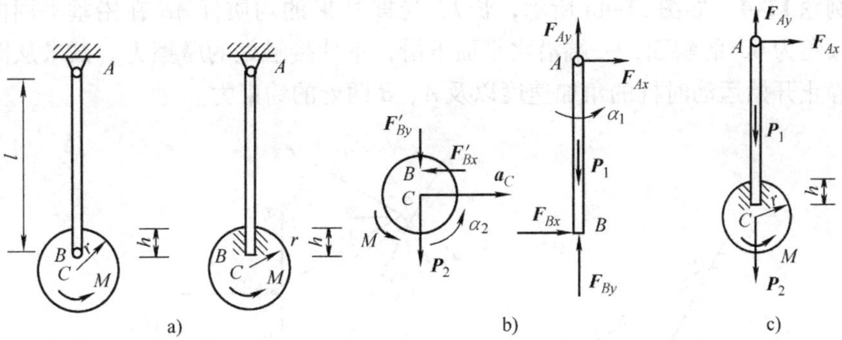

图 11-3

解：(1) 当杆 AB 与圆盘铰接时，将杆与圆盘分开研究。设 AB 杆及圆盘 C 的角加速度分别为 α_1、α_2。AB 杆做定轴转动，轮 C 做平面运动，图示静止瞬时，对杆进行分析如图 11-3b 所示，列刚体绕定轴转动的微分方程有

$$\frac{1}{3}\cdot\frac{1}{2}ml^2\alpha_1=F_{Bx}l \tag{1}$$

对圆盘进行分析，据相对于质心的动量矩定理

$$\frac{1}{2}mr^2\alpha_2=M+F'_{Bx}(r-h) \tag{2}$$

对圆盘进行分析，据质心运动定理有

$$ma_C=-F'_{Bx} \tag{3}$$

上述三个动力学方程中有四个未知量，需要找运动学补充方程。

又 $\boldsymbol{a}_C=\boldsymbol{a}_B+\boldsymbol{a}_{CB}$，有

$$a_C=\alpha_1 l+\alpha_2(r-h) \tag{4}$$

由式 (1) ~式 (4) 解得 $\alpha_1=-3.81\text{rad/s}^2$，$\alpha_2=19.33\text{rad/s}^2$

(2) 当杆 AB 与圆盘固结时，设系统角加速度为 α，以整体为研究对象分析如图 11-3c 所示，由动量矩定理有

$$\frac{\mathrm{d}}{\mathrm{d}t}\left[\frac{1}{3}\;\frac{1}{2}ml^2+\frac{1}{2}mr^2+m\;(l+r-h)^2\right]\omega=M$$

代入数据简化可得 $\alpha=\dfrac{\mathrm{d}\omega}{\mathrm{d}t}=0.44\text{rad/s}^2$

注1：求解动力学问题时，往往需要充分进行运动学分析，寻找运动学补充方程。此外，对于突然施加载荷或者突然解除约束的问题，注意速度和角速度是连续的而加速度和角加速度是不连续的。

注2：本例题第二问，也可以直接列刚体绕定轴转动微分方程，求解角加速度 α。

例题 11-4 如图 11-4a 所示，长 l、受重力 W 的均质杆 AB 在铅垂平面内，一端沿倾角为 60°的斜面，一端沿水平面下滑，不计接触处的摩擦力。试求从图示位置由静止开始运动时杆的角加速度以及 A、B 两处的约束力。

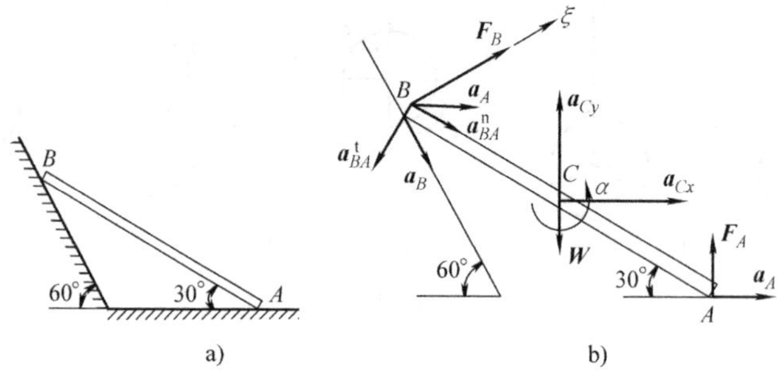

图 11-4

解：以杆 AB 为研究对象，运动分析和受力分析如图 11-4b 所示。

AB 杆做平面运动，且点 A、B 做直线运动。以点 A 为基点，有

$$\boldsymbol{a}_B = \boldsymbol{a}_A + \boldsymbol{a}_{BA}^t + \boldsymbol{a}_{BA}^n \tag{1}$$

$$v_A = 0,\ v_B = 0,\ \omega = 0,\ a_{BA}^n = 0,\ a_{BA}^t = AB \cdot \alpha = l\alpha$$

式（1）向 ξ 轴投影，得

$$a_A \cos 30° - a_{BA}^t \cos 30° = 0$$

故
$$a_A = AB \cdot \alpha = l\alpha \tag{2}$$

以 A 为基点分析杆中点 C 的加速度

又
$$\boldsymbol{a}_C = \boldsymbol{a}_A + \boldsymbol{a}_{CA}^t \tag{3}$$

其中，$a_{CA}^t = AC \cdot \alpha = \dfrac{l}{2}\alpha$，沿水平方向和竖直方向投影得

$$a_{Cx} = a_A - \frac{l}{2}\alpha\cos 60°$$

$$a_{Cy} = -\frac{l}{2}\alpha\sin 60°$$

由刚体平面运动微分方程

$$\frac{W}{g}a_{Cy} = -\frac{W}{g}a_{CA}^t\cos 30° = F_A + F_B\cos 60° - W \tag{4}$$

$$\frac{W}{g}a_{Cx} = \frac{W}{g}\left(a_A - a_{CA}^t\cos 60°\right) = F_B\cos 30° \tag{5}$$

$$J_C\alpha = F_A\,\frac{l}{2}\cos 30° - F_B\,\frac{l}{2}\cos 30° \tag{6}$$

将式（5）和式（2）代入式（6）有

$$\frac{1}{12}\,\frac{W}{g}l^2\alpha + \frac{3Wl^2}{8g}\alpha = \frac{\sqrt{3}}{4}lF_A$$

故
$$F_A = \frac{11}{6\sqrt{3}}\frac{W}{g}l\alpha \tag{7}$$

式（5）和式（7）代入式（4）得

$$\alpha = \frac{3\sqrt{3}g}{10l},\ F_A = \frac{11}{20}W,\ F_B = \frac{9}{20}W$$

例题 11-5　在图 11-5a 所示机构中，已知：均质杆受重力为 $\boldsymbol{P}$，$\theta = 30°$，$\beta = 60°$。试求突然剪断绳子 OB 的瞬时滑槽 A 的约束力（滑块 A 的质量与摩擦均不计）。

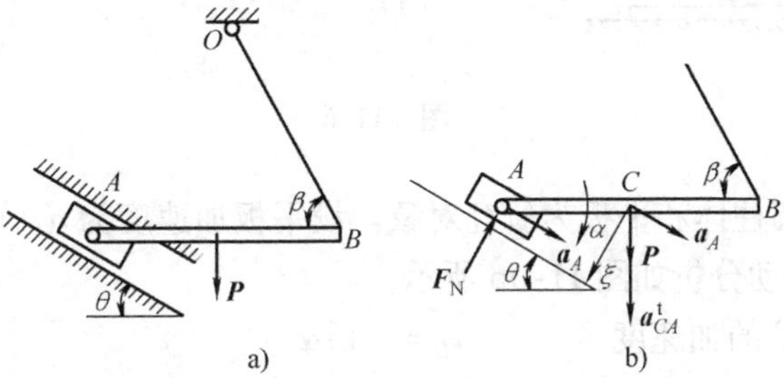

图　11-5

解：取滑块与杆组成的系统为研究对象，受力及加速度分析如图 11-5b 所示，初瞬时系统的速度为 0。

以点 A 为基点分析点 C，则有

$$\boldsymbol{a}_C = \boldsymbol{a}_A + \boldsymbol{a}_{CA}^{t}$$

其中
$$a_{CA}^{t} = \frac{l}{2}\alpha \tag{1}$$

由刚体平面运动微分方程

$$\frac{1}{12}\frac{P}{g}l^2\alpha = F_{\rm N}\cos\theta \cdot \frac{l}{2} \tag{2}$$

$$\frac{P}{g}a_{CA}^{t}\cos\theta = P\cos\theta - F_{\rm N} \tag{3}$$

联立式（1）~式（3），解得

$$\alpha = \frac{6g\cos^2\theta}{l(1+3\cos^2\theta)},F_{\rm N} = \frac{\cos\theta}{1+3\cos^2\theta}P = 0.266P$$

注 1：突然解除约束或者施加载荷的问题，在运动的初瞬时速度和角速度连续，而加速度和角加速度不连续即加速度或者角加速度有突变。

注 2：对于刚体平面运动问题，仅列出刚体平面运动微分方程一般是无法求解的，还需要进一步利用条件找运动学补充方程。

注 3：对于本问题，式（3）通过合理选择质心运动定理的投影轴，避免出现不必要的未知量。

例题 11-6　质量为 m、半径为 r 的均质圆柱体放在质量为 m 的平板上，板又放在光滑水平面上。圆柱上绕以柔线，柔线一端在上面引出，受到水平向右的拉力

$\boldsymbol{F}_0$ 作用，如图 11-6 所示。设圆柱与板间有足够的摩擦，而不致发生滑动，求圆柱中心 C 和平板的加速度。

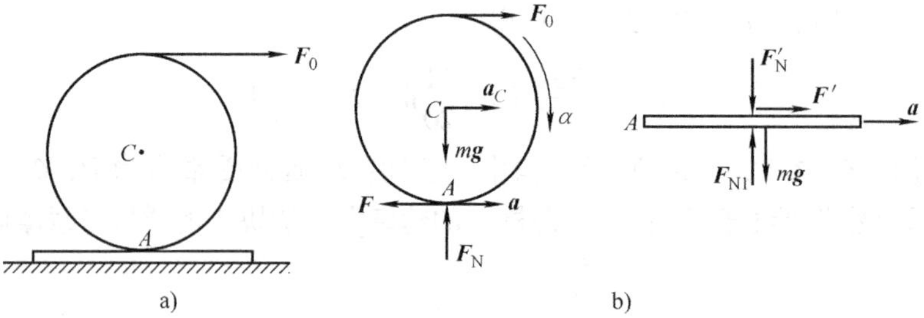

图 11-6

解：分别以圆柱体和平板为研究对象。设平板加速度为 a，圆柱体角加速度为 α。受力分析和运动分析如图 11-6b 所示。

圆柱体质心 C 的加速度　　$a_C = a + r\alpha$

对于平板，

$$ma = F' \tag{1}$$

对于圆柱体，$ma_C = F_0 - F$，即

$$m(a + r\alpha) = F_0 - F \tag{2}$$

$$\frac{1}{2}mr^2\alpha = (F_0 + F)r \quad 即 \quad \frac{1}{2}mr\alpha = F_0 + F \tag{3}$$

将式（1）代入式（2）得

$$m(a + r\alpha) = F_0 - ma$$

$$2ma + mr\alpha = F_0 \tag{4}$$

将式（1）代入式（3）得

$$\frac{1}{2}mr\alpha = F_0 + ma \tag{5}$$

联立式（4）、式（5）解得

$$\alpha = \frac{3F_0}{2mr}(顺时针), \ a = -\frac{F_0}{4m}(向右)$$

所以

$$a_C = a + r\alpha = -\frac{F_0}{4m} + r\frac{3F_0}{2mr} = \frac{5F_0}{4m}$$

【习题精练】

1. 判断题

（1）质点系对任一固定轴的动量矩等于质点系的动量对该轴的矩。　（　）

（2）刚体的质量是刚体平移时惯性大小的度量，刚体对某轴的转动惯量则是刚体绕该轴转动时惯性大小的度量。　（　）

（3）刚体对任意两平行轴 z_1、z_2 的转动惯量之间有如下关系：$J_{z_2} = J_{z_1} + mh^2$；

式中 m 为刚体的质量，h 是平行轴 z_1 和 z_2 之间的距离。（　　）

（4）平移刚体各点的动量对任一轴的动量矩之和可以用质心的动量对该轴的动量矩表示。（　　）

（5）在水平直线轨道上做纯滚动的均质圆盘，对直线轨道上任一点的动量矩都是相同的。（　　）

（6）质点系对于某定点（或定轴）的动量矩等于质点系的动量 $m\boldsymbol{v}_C$ 对于该点（或该轴）的矩。（　　）

（7）定轴转动刚体对其转轴的动量矩等于刚体对其转轴的转动惯量与刚体角加速度的乘积。（　　）

（8）质点系的内力不能改变质点系整体的动量与动量矩。（　　）

（9）质点系对于任一动点的动量矩对时间的导数，等于作用于质点系的所有外力对同一点的矩的矢量和。（　　）

（10）若质点系的动量矩守恒，则其中每一部分的动量矩都必须保持不变。（　　）

2. 选择题

（1）两种不同材料的均质细长杆焊接成直杆 ABC，如图 11-7 所示，其中 AB 段为一种材料，长度为 a，质量为 m_1；BC 段为另一种材料，长度为 b，质量为 m_2，杆 ABC 以匀角速度 ω 转动，则其对 A 轴的动量矩大小为（　　）。

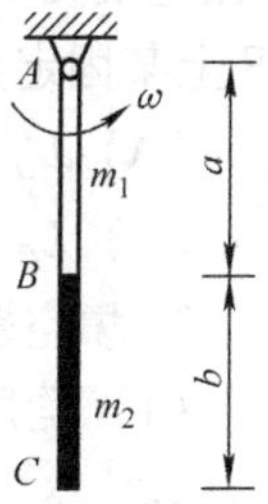

图　11-7

（A）$L_A=\dfrac{(m_1+m_2)(a+b)^2\omega}{3}$

（B）$L_A=\left[\dfrac{m_1a^2}{3}+\dfrac{m_2b^2}{12}+m_2\left(\dfrac{b}{2}+a\right)^2\right]\omega$

（C）$L_A=\left[\dfrac{m_1a^2}{3}+\left(\dfrac{m_2b^2}{3}+m_2a^2\right)\right]\omega$

（D）$L_A=\dfrac{m_1a^2\omega}{3}+\dfrac{m_2b^2\omega}{3}$

（2）图 11-8 所示半径为 r 的均质轮，质量为 m。在半径为 R 的凹面上只滚不滑，图示瞬时其质心有速度 $\boldsymbol{v}$。若杆与轮铰接，且不计杆重，则此系统对 O_1 的动量矩为（　　）。

（A）$\dfrac{\left[m(R-r)^2+\dfrac{mr^2}{2}\right]v}{r}$（顺时针方向）

（B）$\dfrac{\left[m(R-r)^2+\dfrac{mr^2}{2}\right]v}{R-r}$（逆时针方向）

（C）$mv(R-r)-\dfrac{mrv}{2}$（逆时针方向）

（D）$mv(R-r)$（逆时针方向）

（3）如图 11-9 所示，刚体质心 C 到相互平行的 z'、z 轴的距离分别为 a、b，刚体的质量为 m，对 z 轴的转动惯量为 J_z，则 $J_{z'}$ 的计算公式为（　　）。

（A）$J_{z'}=J_z+m(a+b)^2$　　（B）$J_{z'}=J_z+m(a^2-b^2)$

（C）$J_{z'}=J_z-m(a^2-b^2)$　　（D）$J_{z'}=J_z+m(a+b)$

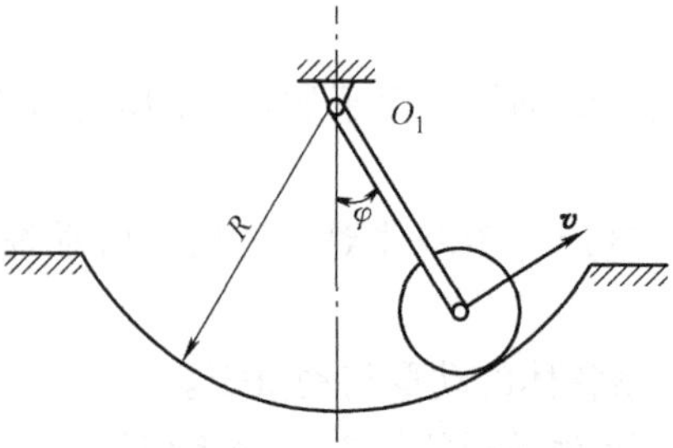

图　11-8

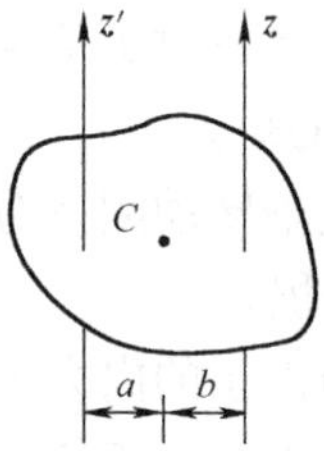

图　11-9

（4）质量为 m、半径为 r 的均质轮可沿直线 AB 无滑动地滚动，如图 11-10 所示，若质心的速度为 $\boldsymbol{v}_C$，轮转动角速度为 ω，轮对质心 C 的转动惯量为 J_C，则轮子对 AB 上某固定点 O 的动量矩的大小（　　）。

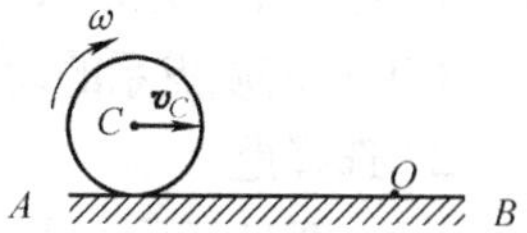

图　11-10

（A）$L_O=mrv_C$　　（B）$L_O=J_C\omega$

（C）$L_O=J_C\omega+mrv_C$　　（D）$L_O=J_C^2+mrv_C$

3. 填空题

（1）均质圆盘如图 11-11 所示，其质量为 m，半径为 r，在自身平面内运动。已知其上点 A 的速度大小 $v_A=v$，点 B 的速度大小 $v_B=\dfrac{v}{\sqrt{2}}$，方向如图所示。则圆盘在此瞬时动量的大小为________；圆盘在此瞬时对点 C 的动量矩的大小为________。

（2）图 11-12 所示三角板，以角速度 ω 绕固定轴 Oz 转动，其上有一质点 M，

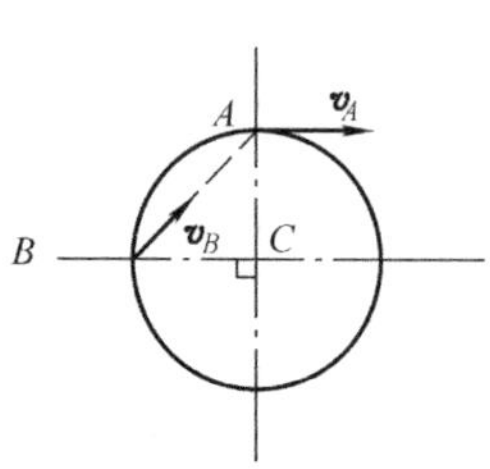

图　11-11

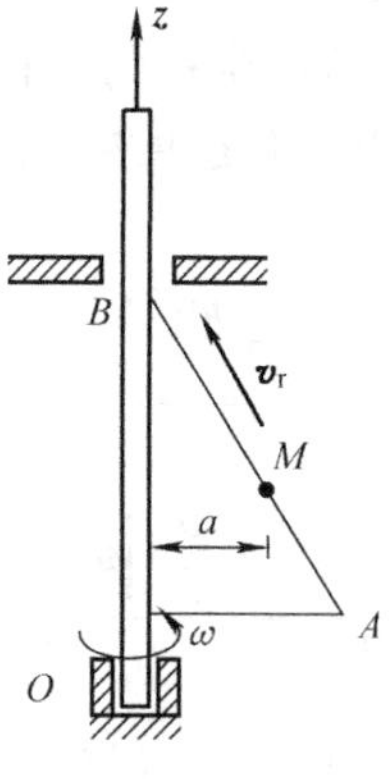

图　11-12

质量为m，以大小不变的相对速度$\boldsymbol{v}_r$沿斜边AB运动。当M运动到图示位置时，质点M对轴Oz的动量矩$L_{Oz}=$________。

（3）如图11-13所示，质量为m，半径为R的均质圆轮，在水平直线轨道上做纯滚动，某瞬时轮心的速度为$\boldsymbol{v}$，则圆轮对图示固定点O的动量矩的大小为________，转向为________。

（4）如图11-14所示，设各杆长均为L，质量均为m，OA杆转动角速度为ω，则系统在此瞬时对O轴的动量矩为________。

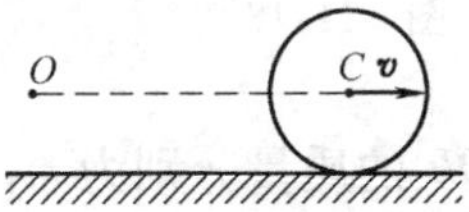

图　11-13

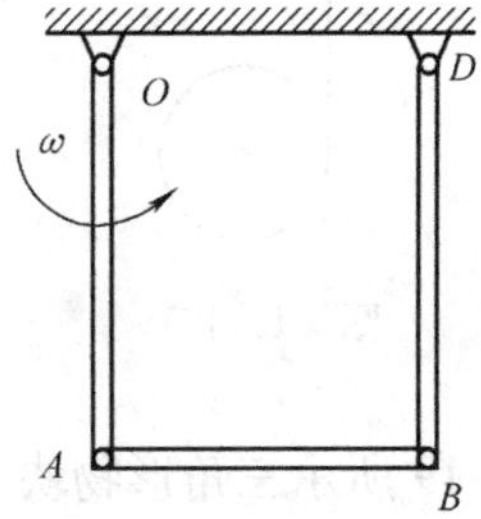

图　11-14

（5）半径为R、质量为m_A的均质圆盘A、与半径为$R/2$、质量为m_B的均质圆盘B固结在一起，如图11-15所示，并置于水平光滑面上，初始静止，受二平行力$\boldsymbol{F}_1$、$\boldsymbol{F}_2$作用，若$m_A=m_B=m$，$F_1=F_2=F$，则质心速度的大小为________，质心加速度的大小为________，角加速度大小为________。

4. 计算题

（1）图11-16所示鼓轮内、外半径分别为r和R，对转轴O的转动惯量为J_0，物B受重力$\boldsymbol{G}$，载重车A受重力$\boldsymbol{P}$，可在一倾角为θ的斜面上运动。若在鼓轮上加一常力偶，其矩为M，试求载重车上升的加速度（接触面及轴承处摩擦不计）。

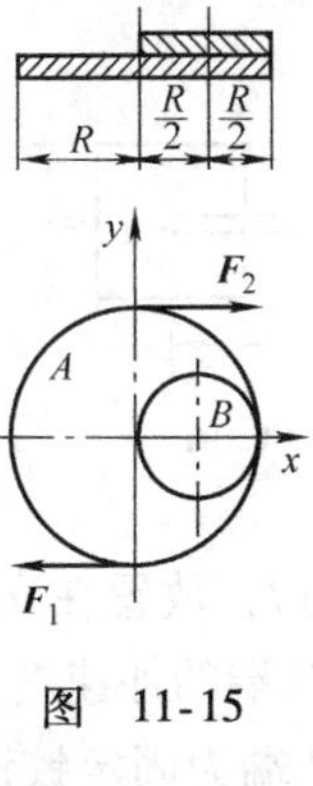

图　11-15

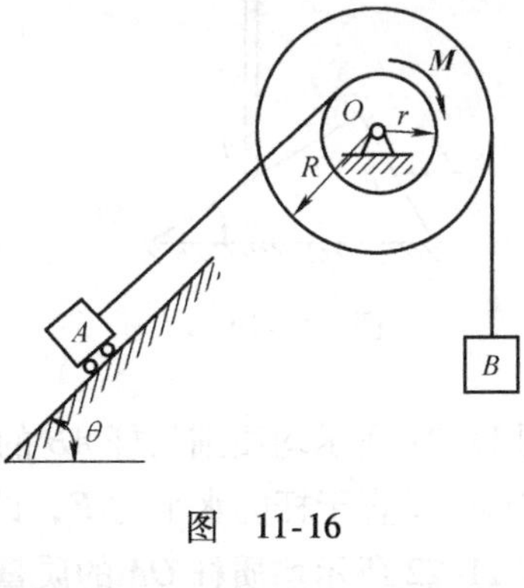

图　11-16

（2）图11-17所示滑轮受重力$\boldsymbol{P}$，可视为均质圆盘，半径为R，轮上绕以细绳，绳的一端固定于A点，试求滑轮由静止开始降落时轮心的加速度和绳的张力。

(3) 图 11-18 所示 T 形杆由两根质量各为 8kg 的均质细杆固连而成，可绕通过点 O 的水平轴转动。在图示位置，OA 处于水平，T 形杆具有角速度 $\omega = 4\text{rad/s}$。不计摩擦，试求该瞬时轴承 O 处的约束力。

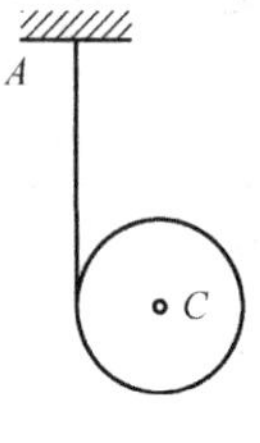

图 11-17

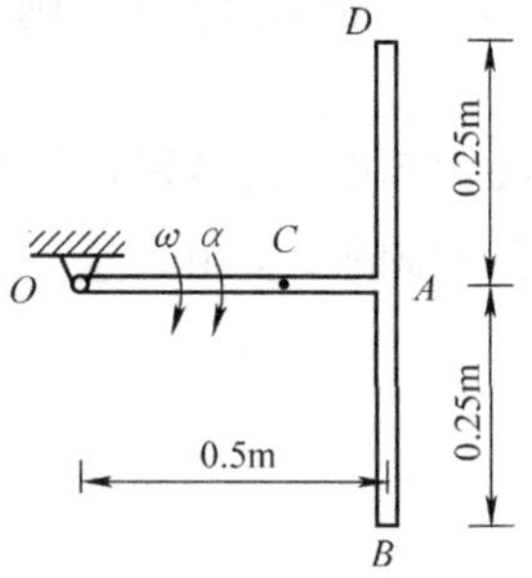

图 11-18

(4) 图 11-19 所示三角形物块 A 和均质杆 OB 的质量分别为 m_1 和 m_2。杆 OB 长 l，其 B 端与物块斜面光滑接触，开始静止在竖直位置。物块与地面的摩擦不考虑。在物块上作用一力 $\boldsymbol{F}$，求图示位置物块 A 的加速度和 OB 杆的角加速度。

(5) 图 11-20 所示均质细杆 OA 的质量为 m，可绕 O 轴在铅垂面内转动。在 A 端铰接一个边长 $h = \dfrac{1}{3}l$，质量也为 m 的正方形板。该板可绕其中心点 A 在铅垂面内转动。开始时将方形板托住，使 OA 杆处于水平位置，然后突然放开，则系统将自静止开始运动，不计轴承摩擦。试求在放开的瞬时正方形板的角加速度；O 处的约束力。

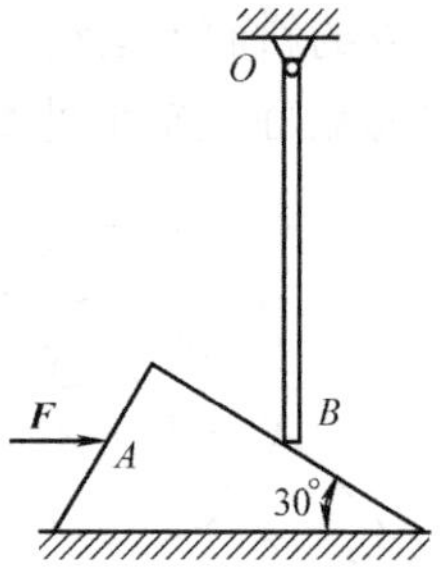

图 11-19

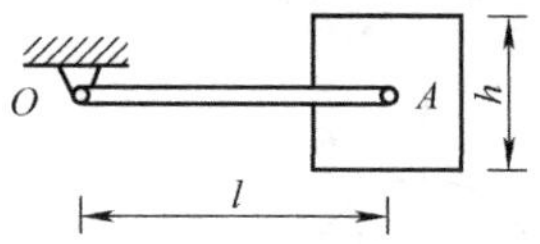

图 11-20

(6) 图 11-21 所示均质细长杆 AB 的质量为 m，长为 l，放置在光滑水平面上。若在 A 端作用一垂直于杆的水平力 $\boldsymbol{F}$，试求加力的瞬时 B 端的加速度。

(7) 图 11-22 所示均质杆 OA 的质量为 m_1，长 l，O 端为固定铰链约束。均质圆轮 C 的质量为 m_2，半径为 R。轮中心 C 有一固定销钉，其质量和几何尺寸不计。轮在水平面上做纯滚动。开始系统静止，OA 杆铅垂，紧靠在销钉 C 上，$OC = 3CA$。

在杆 OA 上作用一力偶矩为 M 的力偶，求该瞬时杆 OA 和轮 C 的角加速度。

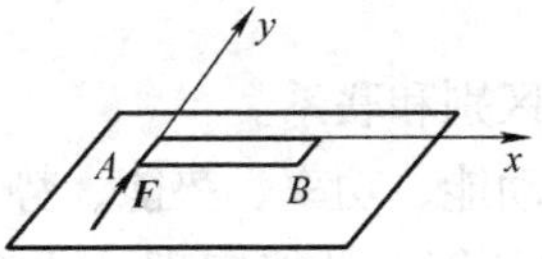

图 11-21

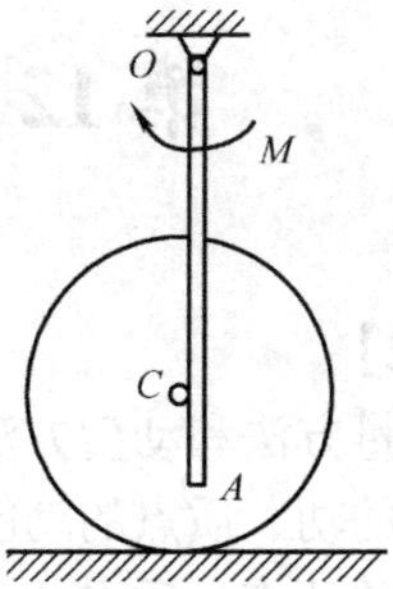

图 11-22

（8）图11-23所示 A、B 两均质圆柱半径均为 r，重量均为 G，圆柱 A 在质心处受水平力 $\boldsymbol{F}$ 作用，圆柱 B 则受一力偶矩为 $M=Fr$ 的力偶作用，两圆柱均沿水平面做纯滚动。试求两种情况下：①圆柱质心的加速度；②圆柱与水平面接触处的滑动摩擦力。

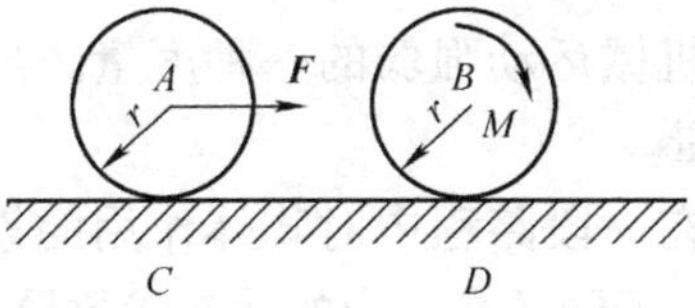

图 11-23

第12章　动能定理

【基本要求】

1. 了解能量方法和动量方法在解题中的区别和联系。

2. 理解力的功、质点的动能、质点系的动能、功率、势能、势力场的概念。

3. 掌握功的计算、质点及质点系动能的计算、动能定理、功率方程、机械能守恒定律。

4. 掌握动力学普遍定理的综合运用。

重点：力的功和刚体动能的计算；动能定理的应用。

难点：综合应用动力学基本定理。

【内容提要】

1. 基本概念

（1）**动能**　它是物体机械运动强弱的一种度量。与动量和动量矩矢量不同的是，动能是标量形式的度量。

（2）**力的功**　它是力在一段路程中对物体作用的累积效应。与动量和动量矩矢量方法描述力的作用效应不同的是，力的功是代数量。

（3）**功率**　它具体指单位时间内，力所做的功。力的功率为切向力与力作用点速度的乘积。作用在转动刚体上力的功率等于力对轴之矩与角速度的乘积。

2. 动能的计算

（1）**质点的动能**　$T=\frac{1}{2}mv^2$，m 为质点的质量，v 为质点的速度。

（2）**质点系的动能**　$T=\sum \frac{1}{2}m_iv_i^2, i=1,2,\cdots,n$，$n$ 为质点数，m_i 为第 i 个质点的质量，v_i 为第 i 个质点的速度。

（3）**平移刚体的动能**　$T=\frac{1}{2}Mv_C^2$，M 为刚体的质量，v_C 为质心的速度。

（4）**定轴转动刚体的动能**　$T=\frac{1}{2}J_z\omega^2$，J_z 为刚体对转轴的转动惯量，ω 为刚体转动的角速度。

（5）**平面运动刚体的动能**　$T=\frac{1}{2}J_P\omega^2$，J_P为刚体对瞬心轴的转动惯量，ω 为平面运动刚体转动的角速度。或者 $T=\frac{1}{2}Mv_C^2+\frac{1}{2}J_C\omega^2$，$J_C$ 为刚体对质心轴的转动惯量，v_C 为质心的速度，ω 为平面运动刚体的角速度。

3. 功的计算

(1) **常力的功**　$W=\boldsymbol{F}\cdot\boldsymbol{s}$

(2) **变力的功**　$W=\int_{M_1}^{M_2}\boldsymbol{F}\cdot\mathrm{d}\boldsymbol{r}=\int_{M_1}^{M_2}(F_x\mathrm{d}x+F_y\mathrm{d}y+F_z\mathrm{d}z)$

(3) **几种常见力的功**

1) **重力的功**

质点重力的功：　$W_{12}=mg(z_1-z_2)$

其中，m 为质点的质量，z_1 为质点的初始位置的高度，z_2 为质点的终了位置的高度。可见重力做功只与质点的始末位置高度差有关，而与运动轨迹和形状无关。

质点系重力的功：　$W_{12}=mg(z_{C1}-z_{C2})$

其中，m 为质点系的总质量，$(z_{C1}-z_{C2})$ 为运动始末位置其质心的高度差。

2) **弹性力的功**

$$W=\frac{k}{2}(\delta_1^2-\delta_2^2)$$

其中，k 为弹簧刚度系数，δ_1 和 δ_2 为初始与终了位置的弹簧变形量。弹性力的功只与弹簧初始和终了位置弹簧的变形量有关。

3) **定轴转动刚体上力或者力偶的功**

$$W=\int_{\varphi_1}^{\varphi_2}M_z\mathrm{d}\varphi$$

其中，M_z 为定轴转动刚体上力 F 或者力偶 M 对转轴的矩，φ_1 和 φ_2 为刚体初始和终了位置的角度。

4) **任意运动刚体上力系的功**

$$W=\int_{C_1}^{C_2}\boldsymbol{F}'_{\mathrm{R}}\cdot\mathrm{d}\boldsymbol{r}_C+\int_{\varphi_1}^{\varphi_2}M_C\mathrm{d}\varphi$$

其中，$\boldsymbol{F}'_{\mathrm{R}}$ 为力系主矢，M_C 为力系对质心的主矩，C_1 和 C_2 为质心初始和终了位置，φ_1 和 φ_2 为刚体初始和终了位置的角度。

5) **约束力及内力的功**

理想约束的约束力不做功，刚体所有内力做功的和等于零。

4. 动能定理

(1) **质点的动能定理**

1) **质点动能定理的微分形式**：质点动能的增量等于作用在质点上力的元功。即

$$\mathrm{d}\left(\frac{1}{2}mv^2\right)=\delta W$$

2) **质点动能定理的积分形式**：质点运动的某个过程中，质点动能的改变量等于作用于质点的力做的功。即

$$\frac{1}{2}mv_2^2 - \frac{1}{2}mv_1^2 = W_{12}$$

（2）**质点系的动能定理**

1）**动能定理的微分形式**：质点系动能的增量，等于作用于质点系全部力所做元功的和。即

$$\mathrm{d}T = \sum \delta W_i$$

2）**动能定理的积分形式**：质点系在某一段运动过程中，起始和终了的动能的改变量，等于作用于质点系的全部力在这段过程中所做功的和。即

$$T_2 - T_1 = \sum W_i$$

5. 功率方程

质点系动能对时间的一阶导数等于作用于质点系所有力的功率的代数和。即

$$\frac{\mathrm{d}T}{\mathrm{d}t} = P_{输入} - P_{有用} - P_{无用} \text{或者} P_{输入} = P_{有用} + P_{无用} + \frac{\mathrm{d}T}{\mathrm{d}t}$$

6. 机械效率

有效功率与输入功率的比值。即

$$\eta = \frac{有效功率}{输入功率}$$

其中，有效功率 $= P_{有用} + \frac{\mathrm{d}T}{\mathrm{d}t}$

7. 机械能守恒定律

如果质点或者质点系只在有势力作用下运动（或存在非有势力，但非有势力不做功），则机械能保持不变。即

$$T + V = 常量$$

重力、弹性力、万有引力是理论力学中常见的有势力。

8. 动力学普遍定理总结

（1）**动力学普遍定理中的物理量**可以分为三类，见表12-1。

表12-1　动力学普遍定理中各物理量的比较

描述机械运动的量及物理意义	描述力作用效果的量及物理意义	物体惯性的度量及物理意义
动量	冲量：力的作用效果在时间上的积累	质量：物体移动时惯性的度量 转动惯量：物体转动时惯性的度量
动量矩	冲量矩：力矩的作用效果在时间上的积累	
动能	功：力的作用效果在空间上的积累	
运动特征量	力在某一过程中作用效应的度量	物体的力学性质

（2）**动力学普遍定理**可以分为两类，各定理的特点及适用情况见表12-2。

表12-2　动力学普遍定理的特点和比较

动量定理、动量矩定理	动能定理
只反映机械运动相互传递的情况（包括大小和方向）	能反映各种形态的运动相互转化的情况（限于大小）
包括时间因素，为矢量形式	包括路程因素，为标量形式
质心运动定理与动量矩定理联合反映了质点系运动的基本情况，故既可求约束力，又可求运动	在理想约束下，动能定理反映了主动力与物体运动之间的关系，故用它计算运动简单
仅与外力有关	不仅与外力有关，有时也与内力有关
动量或动量矩守恒条件：外力主矢或主矩为零	机械能守恒条件：物体在势力场中运动

（3）普遍定理综合应用问题解题步骤与注意事项

1）题目特点

一题多解：可以应用不同的定理，求解同一问题。

综合：必须同时使用几个定理才能求解问题的完整结果。

2）定理选用特点与技巧

应用刚体（或质点）运动微分方程，可直接求出质心（或质点）的加速度、刚体的角加速度以及约束力。同时，将系统中每一刚体或质点分离，进行受力分析，一些原为内力的约束力皆化成外力，便于一一求解。缺点是：解题时，需要把若干个方程联立求解；如需求解刚体的角速度或质心的速度时，应对时间进行积分运算，这一计算过程有时是较复杂的。

应用动能定理可直接求得质心（或质点）的速度和刚体的角速度 ω。由于将整个系统作为研究对象，内力不再出现，因此，求解运动量（速度、加速度等）就非常方便。缺点是：若需要求解约束力，则需补充刚体运动微分方程中的质心运动定理等方程；若需求出刚体内某一点的加速度或刚体的角加速度，可将方程两边对时间求导，或应用功率方程求解。

在动量或动量矩守恒的情况下，可求得系统中一点的速度和刚体的角速度之间的相互关系。

建立动力学方程时，若已知主动力求质点系的运动，最好使方程中不包含未知的约束力。这时，若质点系受保守力作用，也可以采用机械能守恒定律；若约束力不做功，则可以使用动能定理。若约束力与某定轴相交或平行，可用动量矩定理；若约束力与某轴垂直，可采用动量定理在此轴上的投影式。在求得质点系的运动后，可用质心运动定理求出未知的约束力。

【例题精讲】

例题12-1　如图12-1a所示，半径分别为 r 和 R 的鼓轮重为 P，在其质心点 O

与一端固定的刚性系数为 k 的弹簧相连，置于倾角为 α 的斜面上，今以与斜面成 β 角方向不变的恒力 $\boldsymbol{F}$ 拉动绕在鼓轮上的绳索，使其沿斜面向上纯滚动，则当轮心 O 由弹簧的自然位置沿斜面走过 s 距离时，作用在鼓轮上的力所做的功 W = ________。

解：将力 $\boldsymbol{F}$ 向点 O 平移得到一个平行力 $\boldsymbol{F}'$ 和一个力偶 M，附加力偶矩为 Fr，受力如图 12-1b 所示。轮心移动距离 s 时，轮转过的角度 $\varphi = s/R$。

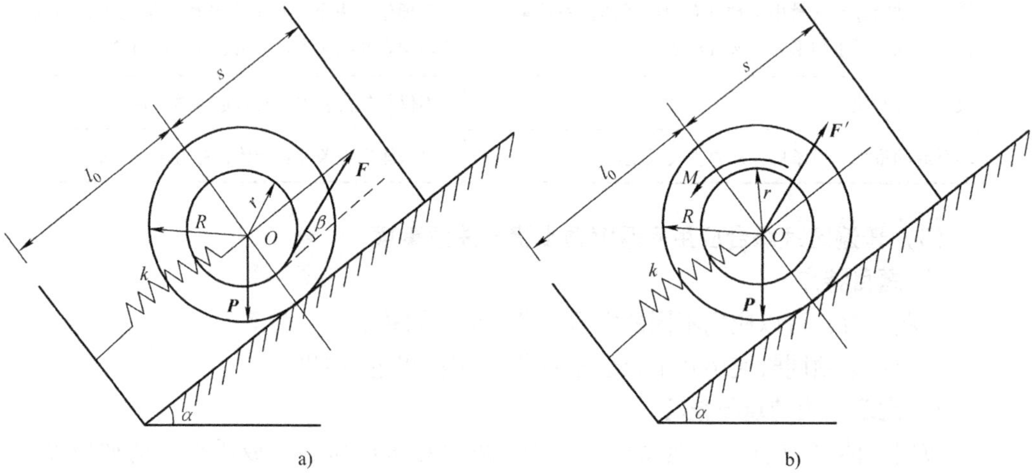

图 12-1

力偶做功为 $$W_1 = -M\varphi = -\frac{rFs}{R}$$

力 F' 做功为 $$W_2 = Fs\cos\beta$$

弹性力做功为 $$W_3 = \frac{1}{2}k(\delta_1^2 - \delta_2^2) = -\frac{1}{2}ks^2$$

重力做功为 $$W_4 = -Ps\sin\alpha$$

约束力和摩擦力做功均为零。

所以，作用在鼓轮上的力所做的功为

$$W = Fs\cos\beta - \frac{Frs}{R} - \frac{k}{2}s^2 - Ps\sin\alpha$$

注：本题在计算拉力 $\boldsymbol{F}$ 做功时，将力线平移至位移便于计算的点 O。

例题 12-2 曲柄连杆机构如图 12-2a 所示，已知：$OA = AB = r$，ω = 常数，均质曲柄 OA 及连杆 AB 的质量均为 m，滑块 B 的质量为 $\frac{1}{2}m$。图示位置时 AB 水平、OA 铅垂，试求该瞬时系统的动能。

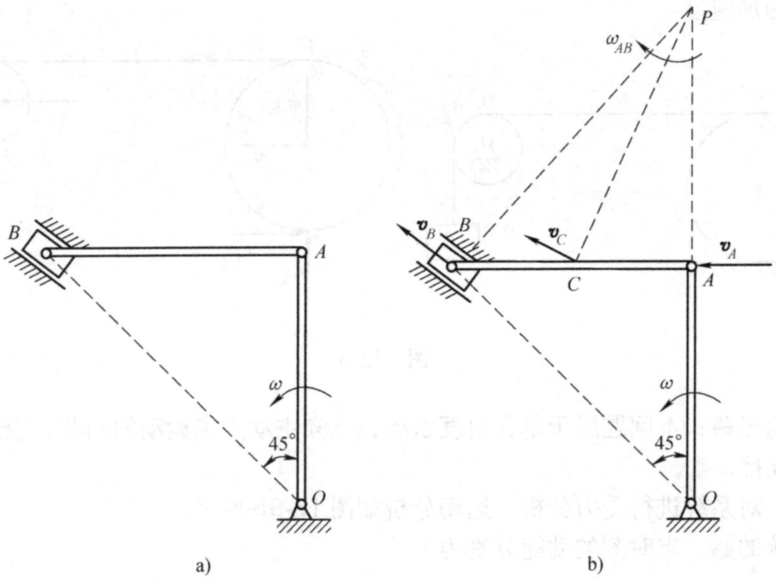

图　12-2

解：连杆 AB 做平面运动，速度瞬心在 P 点，速度分析如图 12-2b 所示，可知

$$v_A = \omega r$$

$$v_B \cos45° = v_A$$

$$v_B = \frac{v_A}{\cos45°} = \sqrt{2} r\omega$$

AB 杆的角速度为　$$\omega_{AB} = \frac{v_A}{r} = \omega$$

点 C 的速度为　$$v_C = PC \cdot \omega = \frac{\sqrt{5}}{2} r\omega$$

系统的动能为

$$\begin{aligned} T &= T_{OA} + T_{AB} + T_B \\ &= \frac{1}{2}\left(\frac{1}{3}mr^2\right)\omega^2 + \frac{1}{2}m\left(\frac{\sqrt{5}}{2}r\omega\right)^2 + \frac{1}{2}\left(\frac{1}{12}mr^2\right)\omega^2 + \frac{1}{2}\left(\frac{m}{2}\right)(\sqrt{2}r\omega)^2 \\ &= \frac{4}{3}mr^2\omega^2 \end{aligned}$$

注：计算刚体的动能时，一定要正确分析刚体的运动形式，由此可选择动能计算公式。

例题 12-3　均质滚子 A 的质量为 m_1，半径为 r，由细绳缠绕，如图 12-3a 所示。细绳绕过质量不计的定滑轮后，在其另一端挂一质量为 m_2 的重物 B，且 $m_1 = 2m_2$。重物 B 使滚子由静止开始沿水平面做纯滚动，绳的 CD 段为水平。试求滚子

质心 A 的加速度。

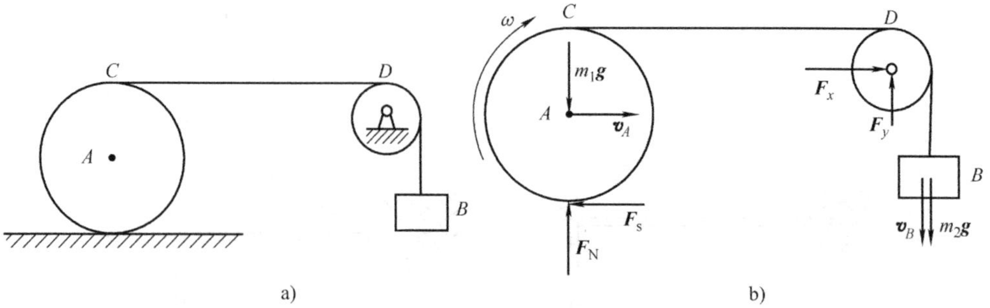

图 12-3

解题思路：本问题属于单自由度系统，已知主动力求运动的问题，应用动能定理最为便捷。

解：对系统进行受力分析，运动分析如图 12-3b 所示。

系统的始、末时刻的动能分别为

$$T_1=0$$

$$T_2=\frac{1}{2}m_1v_A^2+\frac{1}{2}\left(\frac{1}{2}m_1r^2\right)\omega^2+\frac{1}{2}m_2v_B^2$$

其中，$\omega=\frac{v_A}{r}$，$v_B=2v_A$，$m_1=2m_2$，将其代入，得 $T_2=\frac{7}{4}m_1v_A^2$。

设点 A 有水平向右的位移 s，则 B 下降 $2s$。所有力做的功为

$$\sum W = m_2g\cdot 2s = m_1gs$$

由 $T_2-T_1=\sum W$，有

$$\frac{7}{4}m_1v_A^2-0=m_1gs$$

上式两边对时间 t 求导

$$\frac{7}{2}m_1v_Aa_A=m_1gv_A$$

解得 $a_A=\frac{2}{7}g$。

注 1：动能定理求解问题时一定要正确地进行受力分析，特别要注意摩擦力是否做功。判定力是否做功的基本原则是受力作用的那一点是否产生位移。

注 2：动能定理求解问题时一定要正确地进行运动学分析，找出各运动量之间的关系。

注 3：利用动能定理式两边对时间求导的方法，求解加速度（或角加速度）非常方便。

例题 12-4 在图 12-4a 所示机构中，已知：均质轮 A 做纯滚动，质量为 m_1，

斜面 D 的倾角为 β，置于光滑的地面上，轮 C 与轮 A 半径相同，设轮 C 质量不计；物 B 的质量为 m_2，且 $m_1g\sin\beta > m_2g$。试求斜面 D 给地面凸出部分的水平压力。

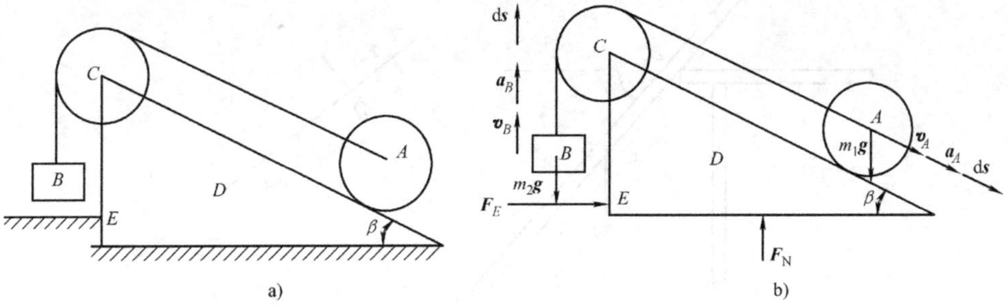

图 12-4

解：以整个系统为研究对象，受力分析和运动分析如图 12-4b 所示，根据动能定理

$$\mathrm{d}T = \sum \delta W_i$$

$$T = \frac{1}{2}m_2v_B^2 + \frac{1}{2}J_A\omega^2 + \frac{1}{2}m_1v_A^2$$

$$\sum \delta W_i = m_1g\mathrm{d}s \cdot \sin\beta - m_2g\mathrm{d}s$$

代入动能定理可得

$$\mathrm{d}\left(\frac{1}{2}m_2v_B^2 + \frac{1}{2}J_A\omega^2 + \frac{1}{2}m_1v_A^2\right) = m_1g\mathrm{d}s \cdot \sin\beta - m_2g\mathrm{d}s$$

其中，$v_A = v_B$，$\omega = \dfrac{v_A}{R}$。两边除以 $\mathrm{d}t$ 得

$$a_A = \frac{2g(m_1\sin\beta - m_2)}{3m_1 + 2m_2}$$

仍然以整体为研究对象，应用质心运动定理

$$m_1a_A\cos\beta = F_E$$

得
$$F_E = m_1a_A\cos\beta = \frac{2m_1g\ (m_1\sin\beta - m_2)\ \cos\beta}{3m_1 + 2m_2}$$

注1：本题属于主动力已知问题，可以应用动能定理求解速度和加速度。本例中采用的是动能定理的微分形式，也可采用动能定理的积分形式求解。

注2：运动量确定之后，应用质心运动定理、刚体平面运动微分方程等求解约束力是非常方便的。

例题12-5 在图 12-5a 所示机构中，已知：长为 l、质量为 m 的均质细杆 AB 原为水平，其三分之一放在桌面上，在 B 端用手托住，突然将手放开，则杆绕桌

边 D 转过一个角度后开始滑动。试求杆与桌边之间的静摩擦因数 f_s。

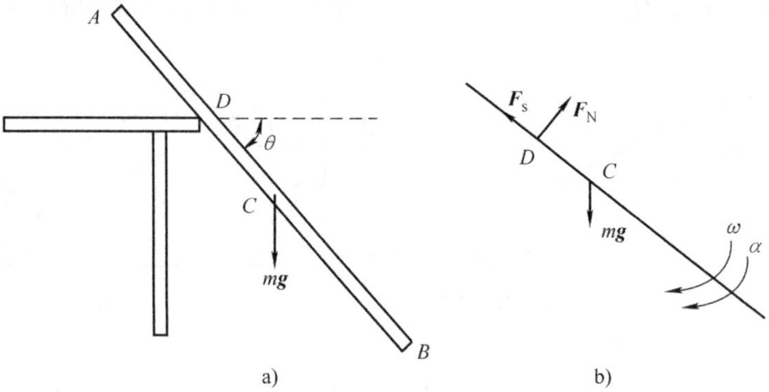

图 12-5

解题思路：松手后，滑动之前，杆 AB 绕点 D 做定轴转动。在滑动的临界状态，摩擦力达到最大静滑动摩擦力。

解：对 AB 杆受力分析和运动分析如图 12-5b 所示，CD 间距离为 $\frac{l}{2}-\frac{l}{3}=\frac{l}{6}$

$$J_D=\frac{ml^2}{12}+m\left(\frac{l}{6}\right)^2=\frac{ml^2}{9}$$

对 AB 杆应用动能定理：

$$\frac{1}{2}J_D\omega^2=mg\cdot\frac{l}{6}\sin\theta$$

得
$$\omega^2=\frac{3g\sin\theta}{l},\quad \alpha=\frac{3g\cos\theta}{2l}$$

应用质心运动定理得

$$F_s-mg\cdot\sin\theta=\frac{l\omega^2}{6}m$$

$$mg\cdot\cos\theta-F_N=\frac{l\alpha}{6}m$$

其中，
$$F_s=F_{max}=F_N f_s$$

由上解得杆与桌面间的摩擦因数为　$f_s=2\tan\theta$

注：在动力学部分，恰当进行受力分析和运动分析是正确解题的关键环节。

例题 12-6　在图 12-6a 所示机构中，已知：均质细杆 AB 的质量为 m_1，长为 l，平板车的质量为 m_2，可沿光滑平面移动，开始时，杆位于铅垂位置，系统处于静止，由于干扰，系统开始运动。不计滚子的大小和质量，试求当杆与水平位置成 θ 角时，杆的角速度 ω。

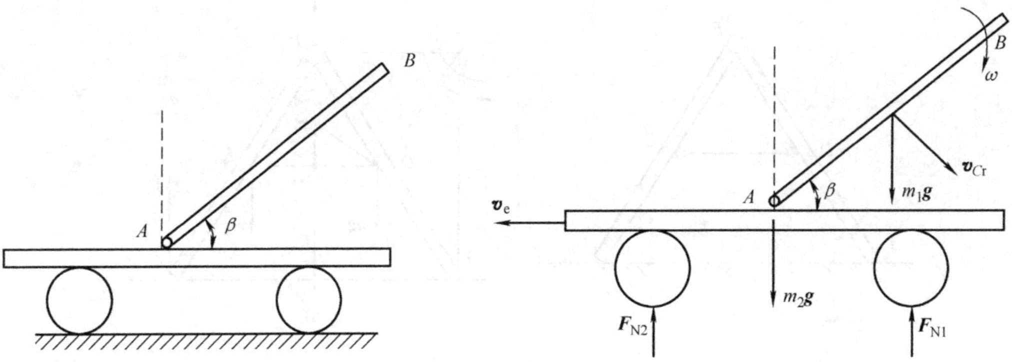

a)　b)

图　12-6

解：系统受力和运动分析如图 12-6b 所示。系统沿 x 方向动量守恒，则有

$$m_1(v_{Cr}\sin\beta - v_e) - m_2 v_e = 0$$

其中，$v_{Cr} = \dfrac{1}{2}l\omega$，即

$$\frac{1}{2}m_1 l\omega\sin\beta - m_1 v_e - m_2 v_e = 0$$

得

$$v_e = \frac{m_1 l\omega\sin\beta}{2(m_1 + m_2)}$$

取系统为研究对象，由动能定理可得（其中 $T_1 = 0$）

$$\frac{1}{2}m_1[(v_{Cr}\sin\beta - v_e)^2 + (v_{Cr}\cos\beta)^2] + \frac{1}{2}\cdot\frac{1}{12}m_1 l^2\cdot\omega^2 + \frac{1}{2}m_2 v_e^2 = \frac{1}{2}m_1 gl(1-\sin\beta)$$

由上式可解得

$$\omega = \sqrt{\frac{12(m_1 + m_2)(1-\sin\beta)g}{[4(m_1+m_2) - 3m_1\sin^2\beta]l}}$$

例题 12-7　梯子放置如图 12-7a 所示，已知：AB 和 BC 均为长 l 的均质细杆，质量均为 m。在两杆的质心 D、E 间系一细绳，细绳张紧时梯子处于静止状态，AB 杆倾角 $\theta = 60°$。设此时绳子突然被切断，不计地面摩擦，试求：（1）梯子滑至倾角 $\theta = 30°$ 时，杆 AB 质心 D 的速度；（2）绳子被切断瞬时，杆 AB 的角加速度；（3）当 $\theta = 30°$ 时，地面 A 处的约束力。

解：系统受力分析和运动分析如图 12-7b 所示。

（1）对系统应用动能定理：

$$2\times\frac{1}{2}J_P\omega^2 = 2mg\cdot\frac{l}{2}(\sin\theta_0 - \sin\theta) \qquad (*)$$

其中，点 P 为速度瞬心；$J_P = \dfrac{1}{3}ml^2$；$\theta_0 = 60°$；$\theta = 30°$。代入得

$$\omega^2 = \frac{mgl(\sin60° - \sin30°)}{J_P} = 1.098\frac{g}{l}$$

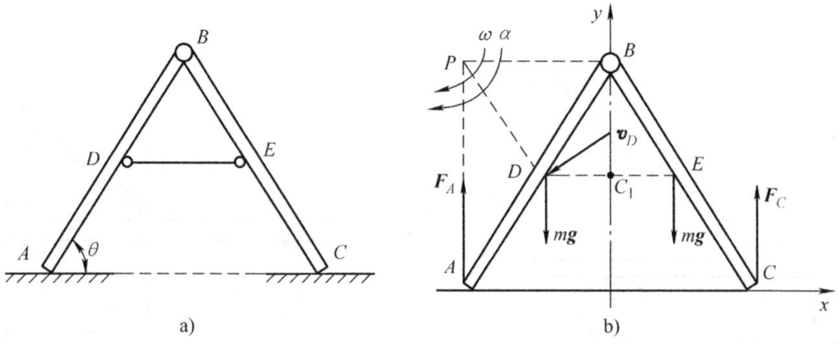

图 12-7

当 $\theta=30°$时，$$v_D=\frac{1}{2}\omega l=0.524\sqrt{gl}$$

（2）式（*）对时间求导（注意到 $d\theta/dt=-\omega$）得

$$\alpha=\frac{mgl\cos\theta}{2J_P}$$

当绳子切断后瞬时，$\theta=60°$，则

$$\alpha=\frac{3g}{4l}\text{（顺时针转向）}$$

（3）以整体为研究对象，由水平方向质心位置守恒可知，质心做竖直直线运动，任意时刻，质心的 y 坐标为

$$y_{C_1}=\frac{l}{2}\sin\theta \quad 则 \quad \ddot{y}_{C_1}=-\frac{l}{2}\omega^2\sin\theta$$

由质心运动定理：

$$F_A+F_C-2mg=2m\ddot{y}_{C_1}$$

由结构对称、载荷对称可知 $F_A=F_C$，所以

$$F_A=F_C=mg+m\ddot{y}_{C_1}$$

当 $\theta=30°$时，$$\omega^2=1.098\frac{g}{l},\ \ddot{y}_{C_1}=-0.2745g$$

可得 $$F_A=F_C=0.7255mg$$

例题 12-8 在图 12-8a 所示机构中，已知：杆 AB 长为 $6l$，质量为 $2m$，对 A 轴的回转半径为 ρ_A，轮 O 的质量为 m，半径为 $R=l$，与轮心 O 固连的销钉可在杆的直槽中滑动，不计摩擦。若机构由图示 $\varphi=60°$位置无初速地开始运动。试求：（1）杆 AB 到达铅垂位置时轮心 O 的速度；（2）在图示位置开始运动时，轮心 O 的加速度和杆与轮轴 O 的相互作用力。

解：（1）轮 O、杆 AB 的受力及 O 处运动学分析如图 12-8b 所示。

对轮 O 受力分析可知 $$\sum M_O(\boldsymbol{F}^{(e)})=0$$

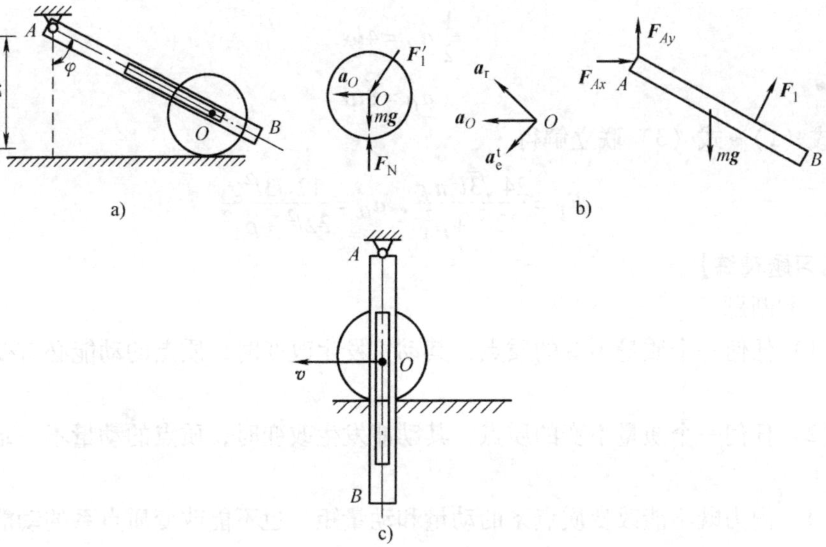

a)　b)　c)

图　12-8

则
$$J_O\alpha=0$$
得
$$\alpha=0$$
因为 $\omega_O=0$，所以轮 O 做平移。

系统运动到 AB 杆到达铅直位置时如图 12-8c 所示，对系统运用动能定理：

$$\frac{1}{2}mv^2+\frac{1}{2}2m\rho_A^2\cdot\left(\frac{v}{2l}\right)^2=2mg\cdot\frac{3}{2}l$$

得
$$v=2l\sqrt{\frac{3gl}{2l^2+\rho_A^2}}$$

(2) 对 AB 杆：$J_A\alpha=\sum M_A(\boldsymbol{F}^{(e)})$，即

$$2m\rho_A^2\alpha=2mg\cdot 3l\sin\varphi-F_1\cdot 4l$$

即
$$F_1=\frac{3\sqrt{3}}{4}mg-\frac{m\rho_A^2\alpha}{2l} \tag{1}$$

对轮 O：由 $m\ddot{x}_C=\sum F_{ix}^{(e)}$

得
$$ma_O=F'_1\cos\varphi \tag{2}$$

以点 O 为动点，AB 杆为动系，有

$$\boldsymbol{a}_O=\boldsymbol{a}_e^n+\boldsymbol{a}_e^t+\boldsymbol{a}_r+\boldsymbol{a}_C$$

式中，$a_e^n=0$；$a_C=0$。有

$$a_O\cos\varphi=a_e^t$$

因为初始时刻 $\omega=0$，所以

$$a_e^t=4l\alpha=a_e$$

则
$$\frac{1}{2}a_O = 4l\alpha$$

得
$$a_O = 8l\alpha \tag{3}$$

式（1）~式（3）联立解得

$$F_1 = \frac{24\sqrt{3}l^2 mg}{32l^2 + \rho_A^2}, \quad a_O = \frac{12\sqrt{3}l^2 g}{32l^2 + \rho_A{}^2}$$

【习题精练】

1. 判断题

（1）任何一个质量不变的质点，其动量发生改变时，质点的动能必有变化。（　　）

（2）任何一个质量不变的质点，其动能发生改变时，质点的动量不一定变化。（　　）

（3）内力既不能改变质点系的动量和动量矩，也不能改变质点系的动能。（　　）

（4）设一质点的质量为 m，其速度 $\boldsymbol{v}$ 与 x 轴的夹角为 θ，则其动能在 x 轴上的投影为 $\frac{1}{2}mv_x^2 = \frac{1}{2}mv^2\cos^2\theta$。（　　）

（5）做平面运动刚体的动能等于它随基点平移的动能和绕基点转动的动能之和。（　　）

（6）平面运动刚体的动能等于刚体绕质心转动的动能与以质心速度做平移的动能之和。（　　）

（7）机车由静止到运动过程中，作用于主动轮上向前的摩擦力做正功。（　　）

2. 选择题

（1）图 12-9 所示机构，已知曲柄 OA 长 r，以角速度 ω 转动，均质圆盘半径为 R，质量为 m，在固定水平面上做纯滚动，则图示瞬时圆盘的动能为（　　）。

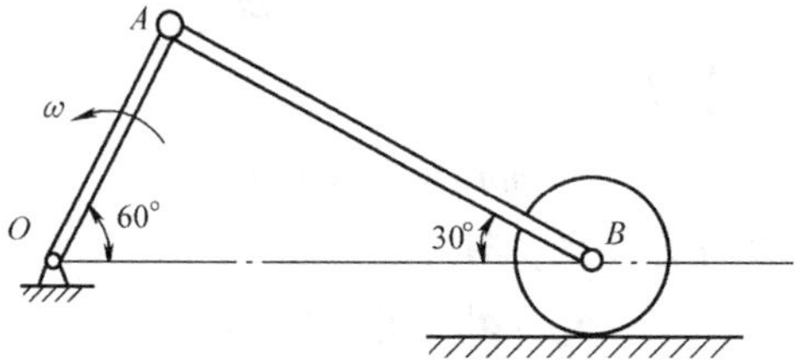

图　12-9

（A）$\frac{2mr^2\omega^2}{3}$　　（B）$\frac{mr^2\omega^2}{3}$　　（C）$\frac{4mr^2\omega^2}{3}$　　（D）$mr^2\omega^2$

(2) 如图 12-10 所示，均质杆 AB 长 L、质量为 m，沿墙面下滑，已知对过点 A 的垂直纸面轴的转动惯量为 J_A，对过质心 C 的垂直纸面轴的转动惯量为 J_C，对过瞬心 I 的垂直纸面轴的转动惯量为 J_I，则图示瞬时杆的动能为（　）。

(A) $\frac{1}{2}mv^2+\frac{1}{2}J_A\left(\frac{v}{h}\right)^2$　　(B) $\frac{1}{2}\frac{mv^2}{4}+\frac{1}{2}J_C\left(\frac{v}{h}\right)^2$

(C) $\frac{1}{2}J_I\left(\frac{v}{h}\right)^2$　　(D) $\frac{1}{2}mv^2$

(3) 如图 12-11 所示，两均质圆盘 A、B 的质量相等，半径相同。置于光滑水平面上，分别受到力 $\boldsymbol{F}$、$\boldsymbol{F}'$的作用，由静止开始运动。若 $\boldsymbol{F}=\boldsymbol{F}'$，则在运动开始以后的任一瞬时，两圆盘动能相比较是（　　）。

(A) $T_A<T_B$　　(B) $T_A>T_B$

(C) $T_A=T_B$　　(D) $T_A>T_B$或 $T_A=T_B$

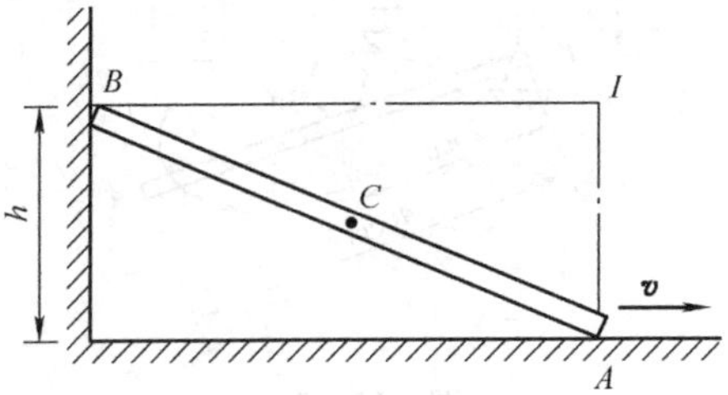

图　12-10

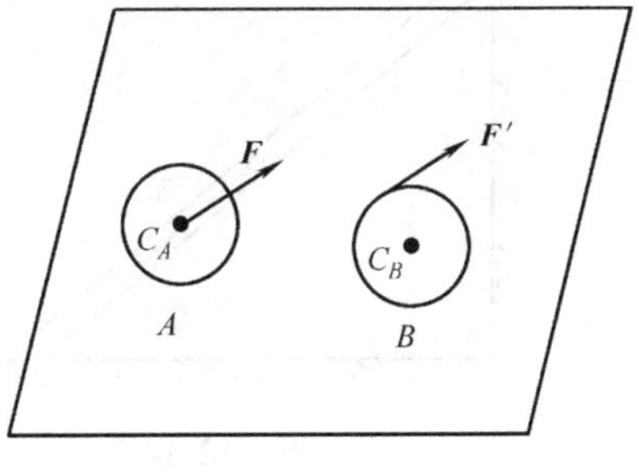

图　12-11

3. 填空题

(1) 如图 12-12 所示，一质量为 m、半径为 R 的均质圆板，挖去一半径为 $r=R/2$ 的圆孔。该刚体在铅垂平面内以角速度 ω 绕 O 轴转动，则瞬时刚体的动能为________。

(2) 如图 12-13 所示，均质杆 AB 的质量为 m，长为 L，以角速度 ω 绕 A 轴转动，且 A 轴以速度$\boldsymbol{v}$做水平运动，则杆 AB 在图示瞬时的动能 $T=$________。

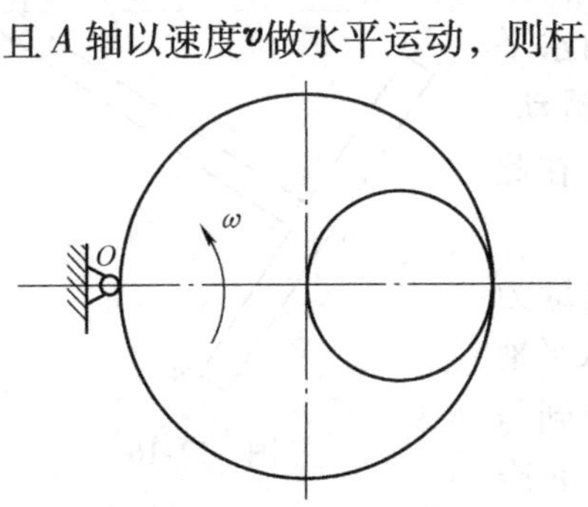

图　12-12

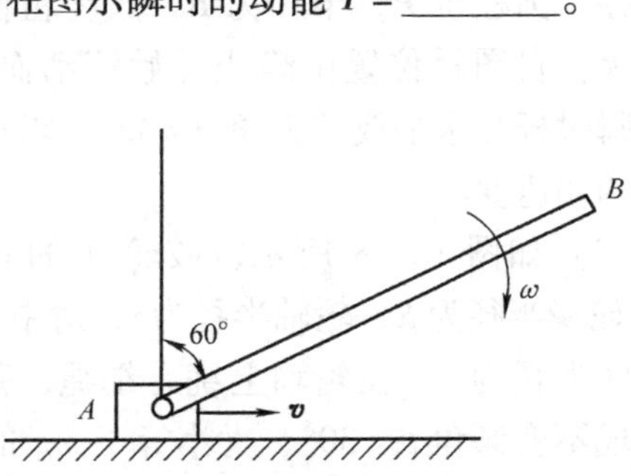

图　12-13

（3）如图 12-14 所示，均质杆 AB 长 $2a$，质量为 m，沿竖直墙面滑下，在图示瞬时质心 C 的速度为$\boldsymbol{v}_C$，且沿 BA 杆方向，则杆在该瞬时，

1）动量 $\boldsymbol{p}$ 的大小 =____________________；

2）动能 T =____________________；

3）对地面上点 A 动量矩的大小 L_A =____________________。

（4）如图 12-15 所示，杆 AB 长 0.4m，弹簧原长 $L_0=0.2\text{m}$，弹簧刚度系数 $k=200\text{N/m}$，力偶矩 $M=180\text{N}\cdot\text{m}$，当 AB 杆从图示位置运动到水平位置 $A'B$ 的过程中，弹性力所做的功为________；力偶所做的功为________。

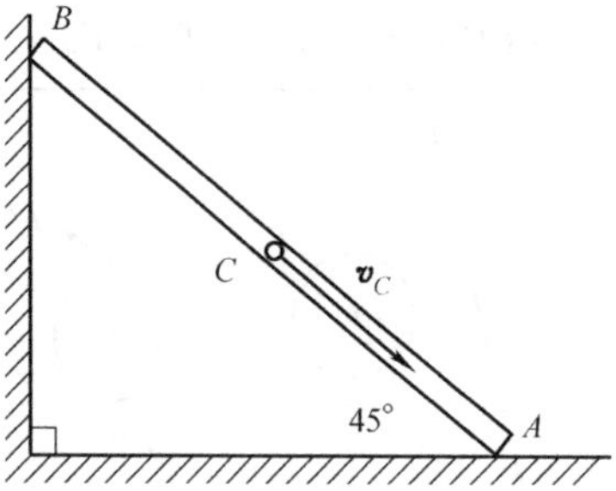

图 12-14

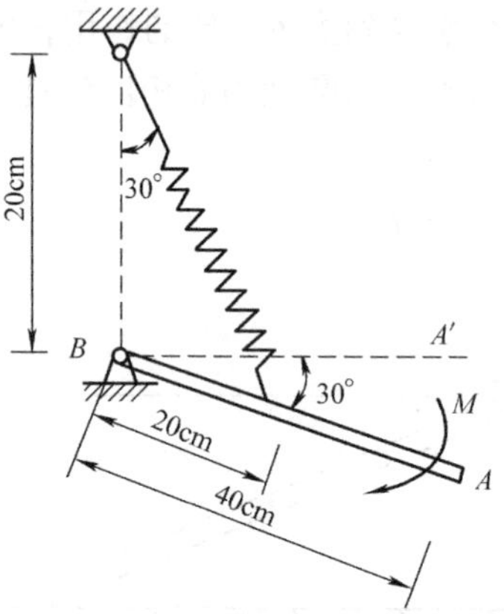

图 12-15

4. 计算题

（1）两相同的均质杆 AB 和 OD，长均为 l，质量均为 m，垂直地固结成 T 字形，如图 12-16 所示，且 D 为 AB 的中点，此杆可绕光滑水平固定轴 O 在铅垂面内转动。今将 OD 段处于水平位置静止释放，求杆转过 φ 角时的角速度和角加速度。

（2）如图 12-17 所示，均质细杆长 l，重 G，上端 B 靠在光滑的墙面上，下端 A 与圆柱中心用铰连接。圆柱重 P，半径为 R，放在粗糙的水平地面上，自图示位置由静止开始滚动而不滑动。若初瞬时杆与水平线的夹角 $\theta=45°$。求点 A 在此瞬时的加速度。

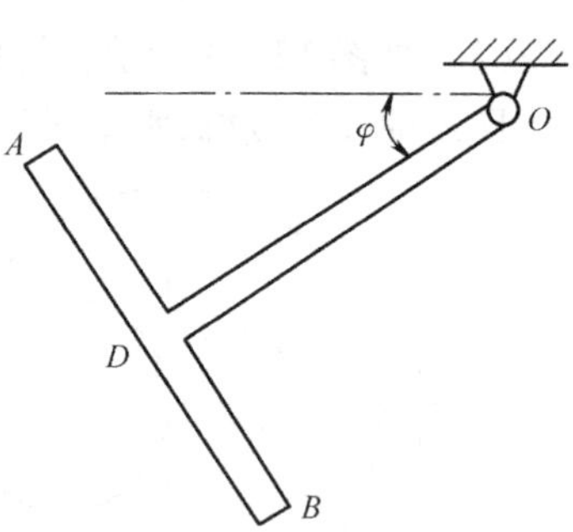

图 12-16

（3）如图 12-18 所示，鼓轮 A 的总质量为 m_A，轮缘半径为 R，轮轴半径为 r，对中心水平轴的回转半径为 ρ。在轮轴上绕有细绳，并受到与水平成不变倾角 $\theta=30°$、大小等于 mg 的力 $\boldsymbol{F}$ 牵动。轮缘上绕有细绳，此绳水平伸出，跨过质量为 m_B、半径为 r 的均质滑轮，而在绳端系有质量为 m 的重物 D。绳与轮间无滑动，且轮 A 在固定水平面上只滚不

滑。已知 $m_A=4m$，$m_B=m$，$R=2r$，$\rho=\dfrac{\sqrt{3}r}{\sqrt{2}}$。求重物 D 的加速度 a_D。

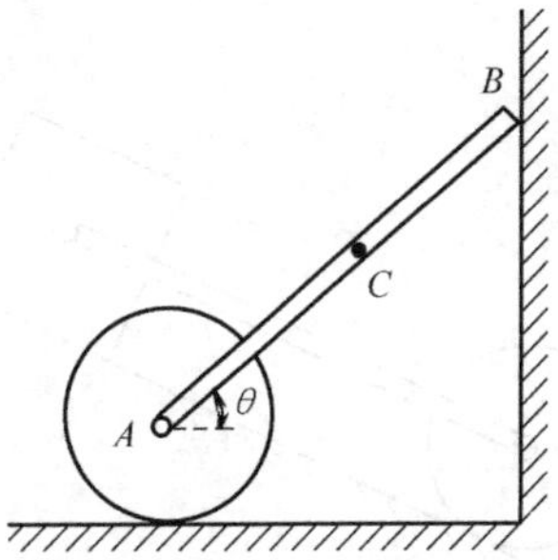

图　12-17

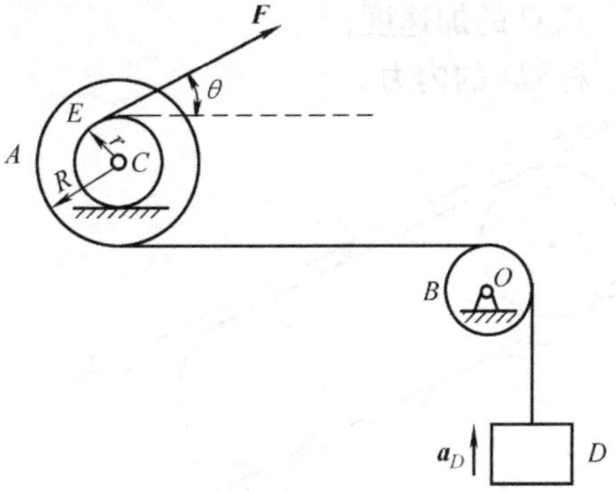

图　12-18

（4）如图 12-19 所示，均质椭圆规尺位于水平面内，已知：规尺 AB 重为 $2P$，曲柄 OC 重 P，滑块 A 与 B 的重量均为 G，且 $OC=AC=BC=l$，当 $\theta=0°$时，系统静止。若曲柄上有大小不变的力偶 M 作用，试求曲柄在图示 θ 角位置时的角速度及角加速度（不计摩擦）。

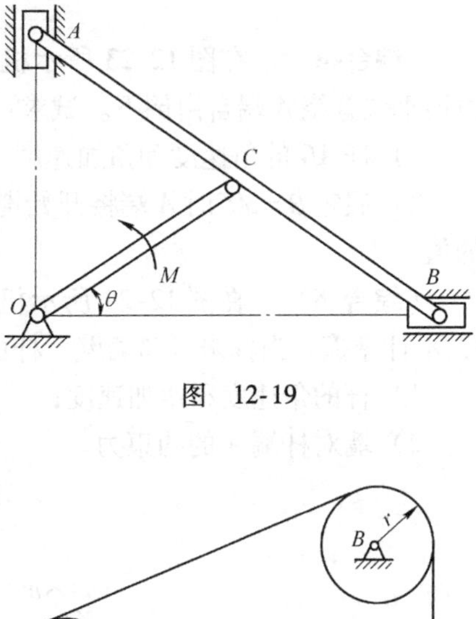

图　12-19

（综合-1）　在图 12-20 所示机构中，已知：均质圆轮 A 沿倾角为 $\beta=30°$的斜面向下做纯滚动，质量为 m_1，半径为 R，均质圆轮 B 的质量为 m_2，半径为 r，物 C 的质量为 m_3；两圆轮间的绳与斜面平行，开始时系统静止。试求：

1）当轮 B 转过 φ 角时重物 C 的速度与加速度；

2）绳索对轮 A 的拉力；

3）轮 A 与斜面接触处的摩擦力。

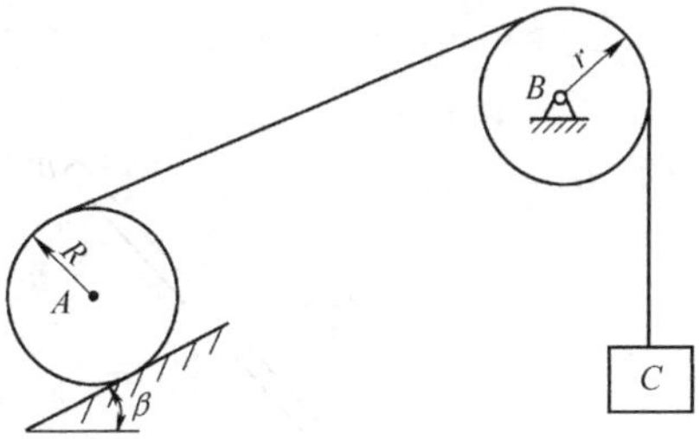

图　12-20

（综合-2）　在图 12-21 所示机构中，已知：两纯滚动均质轮的质量均为 m，板的质量为 $2m$，倾角 $\beta=30°$，初瞬时板的质心 C_1 位于图示 CD 的中央。试求该瞬时：

1）轮中心的加速度；

2）轮 A 与斜面接触处的摩擦力。

（综合-3）　在图 12-22 所示机构中，已知：纯滚动的均质圆轮与物 A 的质量

均为 m，圆轮半径为 r，斜面倾角为 β，物 A 与斜面间的动滑动摩擦因数为 f，不计杆 OA 的质量。试求：

1）点 O 的加速度；

2）杆 OA 的内力。

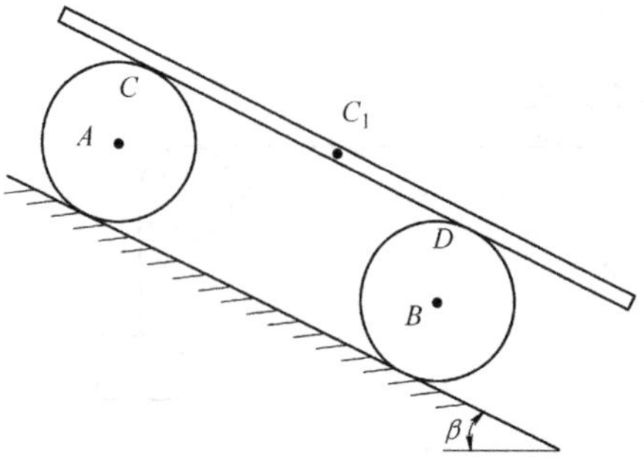

图 12-21

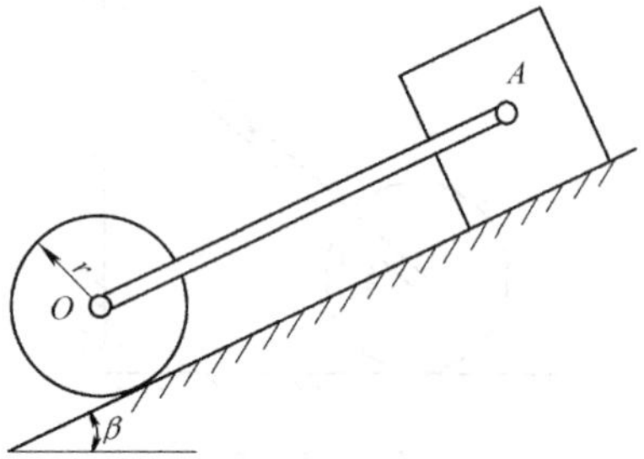

图 12-22

（**综合-4**） 在图 12-23 所示机构中，已知：均质细杆 AB 长为 l，质量为 m，由铅垂位置绕 A 端自由倒下。试求：

1）杆 AB 的角速度和角加速度（点 A 滑动前）；

2）假定 $\beta=30°$时 A 端将开始滑动，此时杆与水平面之间的动滑动摩擦因数 f 的值。

（**综合-5**） 在图 12-24 所示机构中，已知：均质细杆 AB 的质量为 m，长为 l，不计摩擦。当杆未脱离墙壁，杆由铅垂位置滑至 β 角时，试求：

1）杆的角速度和角加速度；

2）墙对杆端 A 的约束力。

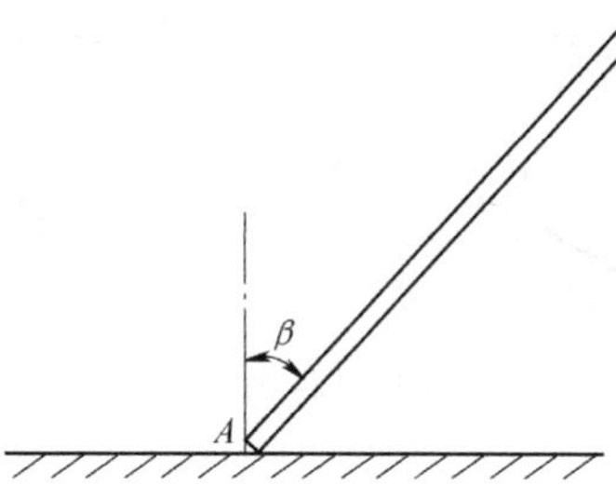

图 12-23

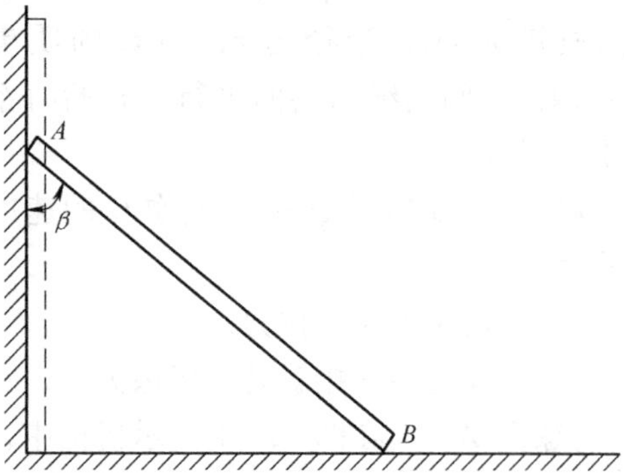

图 12-24

（**综合-6**） 系统如图 12-25 所示，已知：均质细杆 AB 的质量为 m，长为 l，在 A、D 处用销钉连接在圆盘上。圆盘在竖直平面内以匀角速度 ω 绕 O 轴顺时针转动。当杆 AB 运动到水平位置的瞬时，销钉 D 突然脱落，从此杆 AB 可绕销钉 A 转动，圆盘仍做匀角速度转动。试求销钉 D 脱落瞬时，杆 AB 的角加速度 α_{AB} 以及 A 处的约束力。

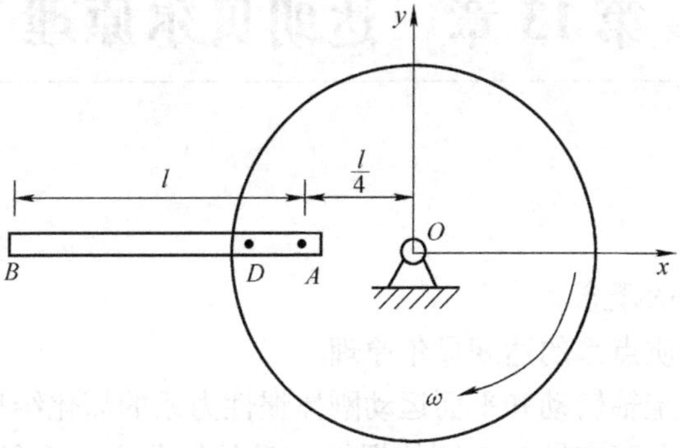

图　12-25

（综合-7）　在图 12-26 所示机构中，已知：均质杆 AB 和 CD，质量均为 m，长度均为 l，套筒 C 的质量及各处摩擦忽略不计，机构处于铅直平面内。当杆 AB 从图示 $\varphi=30°$ 位置自由落到水平位置时，试求：

1）杆 AB 的角速度 ω；

2）D 点的加速度 a；

3）套筒 C 与杆 AB 之间的作用力的大小；

4）固定铰链 A 处的水平约束力的大小。

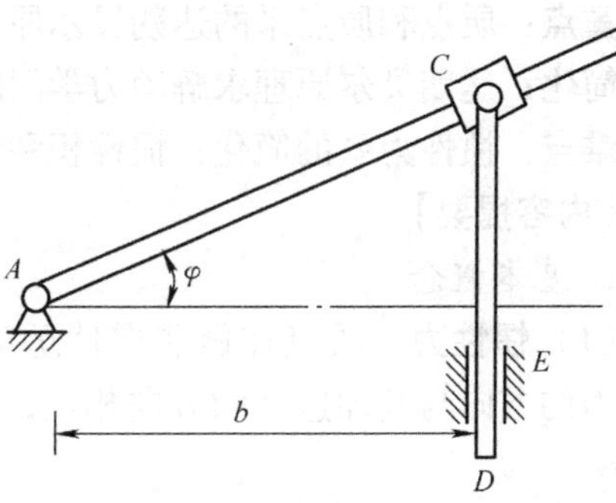

图　12-26

（综合-8）　图 12-27 所示系统位于铅垂平面内，已知：均质杆 AB 和 BC，质量均为 m，长均为 l，约束与连接如图所示。今用一细绳将点 B 拉住，使杆 AB 和 BC 位于一直线上，该直线与水平线间的夹角 $\theta=30°$，系统保持平衡。摩擦和滑块 D 的质量及大小略去不计。试求：

1）剪断细绳的瞬时，滑槽对滑块 D 的约束力；

2）杆 AB 运动至水平位置时，杆 AB 的角速度。

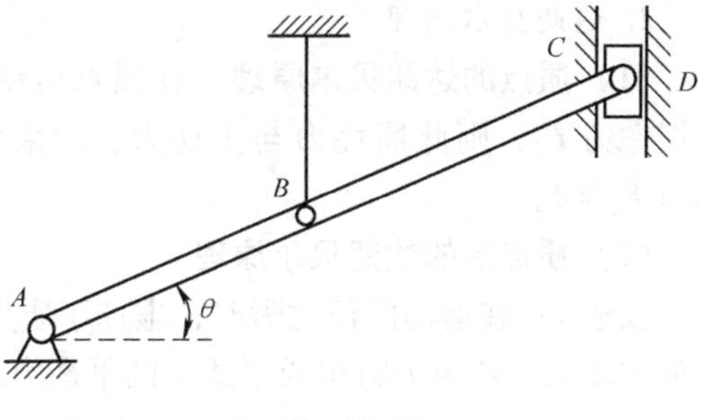

图　12-27

第 13 章　达朗贝尔原理

【基本要求】

1. 理解惯性力的概念。

2. 掌握质点和质点系的达朗贝尔原理。

3. 掌握平移、定轴转动和平面运动刚体惯性力系的简化结果。

4. 了解一般情况下定轴转动刚体惯性力系的简化方法和结果，了解定轴转动刚体不产生附加轴承动约束力的条件；了解刚体惯性主轴的概念。

重点：质点和质点系的达朗贝尔原理；平移、定轴转动和平面运动刚体惯性力系的简化；达朗贝尔原理求解动力学问题。

难点：惯性力系的简化；惯性积和惯性主轴的概念。

【内容提要】

1. 基本概念

(1) **惯性力**　质点在做非惯性运动的任意瞬时，在其上假想地施加一个力。这个力的方向与其加速度的方向相反，大小等于其质量与加速度的乘积，即 $\boldsymbol{F}_{\mathrm{I}}=-m\boldsymbol{a}$。

(2) **惯性主轴**　如果刚体对于通过某点 z 轴的惯性积 J_{xz} 和 J_{yz} 等于零，则此 z 轴称为该点的惯性主轴。

(3) **中心惯性主轴**　通过质心的惯性主轴。

2. 达朗贝尔原理

(1) **质点的达朗贝尔原理**　在质点运动的任意瞬时，如果在其上假想地加上一惯性力 $\boldsymbol{F}_{\mathrm{I}}$，则此惯性力与主动力、约束力在形式上组成一平衡力系；即 $\boldsymbol{F}+\boldsymbol{F}_{\mathrm{N}}+\boldsymbol{F}_{\mathrm{I}}=\boldsymbol{0}$。

(2) **质点系的达朗贝尔原理**

表述 1：在运动的任意瞬时，虚加于质点系的各质点的惯性力与作用于该质点系的主动力、约束力将组成形式上的平衡力系；即

$$\sum \boldsymbol{F}_i+\sum \boldsymbol{F}_{\mathrm{N}i}+\sum \boldsymbol{F}_{\mathrm{I}i}=\boldsymbol{0}$$

$$\sum M_O(\boldsymbol{F}_i)+\sum M_O(\boldsymbol{F}_{\mathrm{N}i})+\sum M_O(\boldsymbol{F}_{\mathrm{I}i})=0$$

表述 2：在运动的任意瞬时，虚加于质点系各质点的惯性力与作用于该质点系的外力组成形式上的平衡力系；即

$$\sum \boldsymbol{F}_i^{(e)} + \sum \boldsymbol{F}_{Ii} = \boldsymbol{0}$$
$$\sum M_O(\boldsymbol{F}_i^{(e)}) + \sum M_O(\boldsymbol{F}_{Ii}) = 0$$

3. 刚体惯性力系简化结果

（1）**平移刚体**　平移刚体的惯性力系可简化为通过质心的合力，其大小等于刚体的质量与加速度的乘积，合力的方向与加速度的方向相反，即

$$\boldsymbol{F}_I = \sum \boldsymbol{F}_{Ii} = \sum(-m_i\boldsymbol{a}_i) = -\boldsymbol{a}_C\sum m_i = -m\boldsymbol{a}_C$$

（2）**具有与转轴垂直的质量对称面的定轴转动刚体**

表述1：向转轴与质量对称面的交点 O 简化：惯性力系简化后得到对称面内的一个力和一个力偶，这个力作用在简化中心 O 上，大小和方向等于惯性力系的主矢，即方向与质心的加速度方向相反，大小等于刚体的质量与质心加速度的乘积；这个力偶的矩等于刚体相对于转轴的惯性力矩，转向与刚体的角加速度的转向相反，大小等于刚体对转轴的转动惯量与角加速度的乘积。即

$$\boldsymbol{F}_I = -m\boldsymbol{a}_C = -m\boldsymbol{a}_C^t - m\boldsymbol{a}_C^n,\ M_{IO} = -J_O\alpha$$

表述2：向位于质量对称面内的质心简化：惯性力系简化后得到对称面内的一个力和一个力偶，这个力作用在质心 C 上，大小和方向等于惯性力系的主矢，即方向与质心的加速度方向相反，大小等于刚体的质量与质心加速度的乘积；这个力偶的矩等于刚体相对于质心轴（过质心平行于转轴的轴线）的惯性力矩，转向与刚体的角加速度的转向相反，大小等于刚体对质心轴的转动惯量与角加速度的乘积。即

$$\boldsymbol{F}_I = -m\boldsymbol{a}_C = -m\boldsymbol{a}_C^t - m\boldsymbol{a}_C^n,\ M_{IC} = -J_C\alpha$$

（3）**平面运动刚体（具有质量对称面且平行于此平面运动）**

惯性力系可以简化为在对称平面内的一个力和一个力偶。这个力通过质心，大小等于刚体质量与质心加速度的乘积，其方向与质心的加速度方向相反；这个力偶的矩等于对通过质心且垂直于对称面的轴的转动惯量与角加速度的乘积，其转向与角加速度转向相反。即

$$\boldsymbol{F}_I = -m\boldsymbol{a}_C,\ M_{IC} = -J_C\alpha$$

4. 一般情况下定轴转动刚体惯性力系的简化结果（向转轴上的任一点 O 简化）

惯性力向点 O 简化，得到一力和一力偶。这个力作用在简化中心 O 上，大小和方向等于惯性力系的主矢，即方向与质心的加速度方向相反，大小等于刚体的质量与质心加速度的乘积；这个力偶的矩等于刚体相对于点 O 的主矩，即

$$\boldsymbol{F}_I = -m\boldsymbol{a}_C = -m\boldsymbol{a}_C^t - m\boldsymbol{a}_C^n$$
$$\boldsymbol{M}_{IO} = (J_{xz}\alpha - J_{yz}\omega^2)\boldsymbol{i} + (J_{yz}\alpha + J_{xz}\omega^2)\boldsymbol{j} - J_z\alpha\boldsymbol{k}$$

5. 定轴转动刚体不产生附加轴承动约束力的条件

转轴通过刚体的质心，刚体对转轴的惯性积等于零。

【例题精讲】

例题 13-1 如图 13-1a 所示，均质细杆 AB 长 L，重 P，与铅垂轴固结成角 $\alpha=30°$，并以匀角速度 ω 转动，则惯性力系的合力的大小等于（ ）。

(A) $\sqrt{3}L^2P\omega^2/(8g)$ (B) $L^2P\omega^2/(2g)$

(C) $LP\omega^2/(2g)$ (D) $LP\omega^2/(4g)$

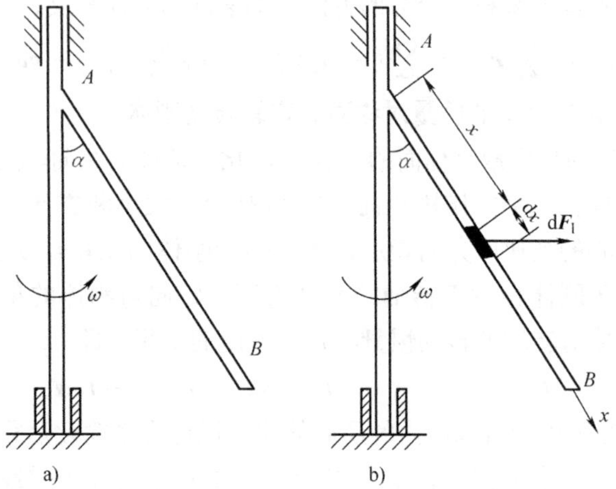

图 13-1

解：AB 杆为定轴转动刚体，且为匀速转动，因此惯性力系的简化结果仅为一合力 $F_I=-ma_C$，质心 C 的加速度 $a_C=\omega^2\cdot\frac{L}{2}\sin30°=\frac{L\omega^2}{4}$，所以惯性力系的合力为

$$F_I=ma_C=\frac{P}{g}\cdot\frac{L\omega^2}{4}=\frac{PL\omega^2}{4g}$$

注：本题也可采用积分法计算，如图 13-1b 所示。即取 A 为坐标原点，AB 方向为 x 轴；在距离点 A 为 x 位置取 dx 的长度的杆件质量作为 dm，该微元的惯性力为

$$dF_I=\frac{P}{Lg}dx\cdot\omega^2\cdot x\sin30°=\frac{P\omega^2}{2Lg}xdx$$

则杆件惯性力系的合力为

$$F_I=\int_0^L dF_I=\int_0^L\frac{P\omega^2}{2Lg}xdx=\frac{PL\omega^2}{4g}$$

例题 13-2 如图 13-2 所示，AB 杆质量为 m，长为 $3L$，曲柄 O_1A、O_2B 质量不计，且 $O_1A=O_2B=R$，$O_1O_2=L$。当 $\varphi=60°$时，O_1A 杆绕 O_1 轴转动，角速度与角加速度分别为 ω 与 α，则该瞬时 AB 杆应加的惯性力大小为________，方向________。

解：由题意可知，AB 杆为平移，因此惯性力为过质心的一个力，而质心 C 的

加速度与点 A 的加速度相同，故惯性力的大小 $F_{\mathrm{I}}=mR\sqrt{\alpha^2+\omega^4}$，方向过点 C 与点 A 的加速度方向相反。

注：也可将惯性力表示为切向和法向两个分量的形式（点 A 的切向和法向），即 $F_{\mathrm{I}}^{\mathrm{t}}=mR\alpha$，方向过点 C 与点 A 切向加速度相反；$F_{\mathrm{I}}^{\mathrm{n}}=mR\omega^2$，方向过点 C 与点 A 法向加速度相反。

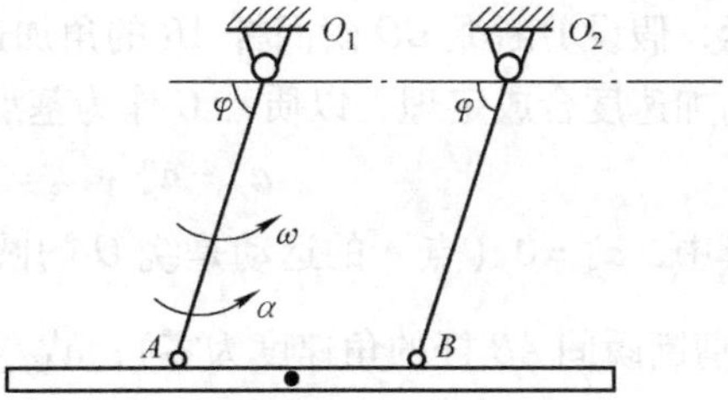

图　13-2

例题 13-3　如图 13-3a 所示，长 L 的两根绳子 AO 和 BO 把长 L，质量为 m 的均质细杆悬在点 O。当杆静止时，突然剪断绳子 BO，试求刚剪断瞬时另一绳子 AO 的拉力。

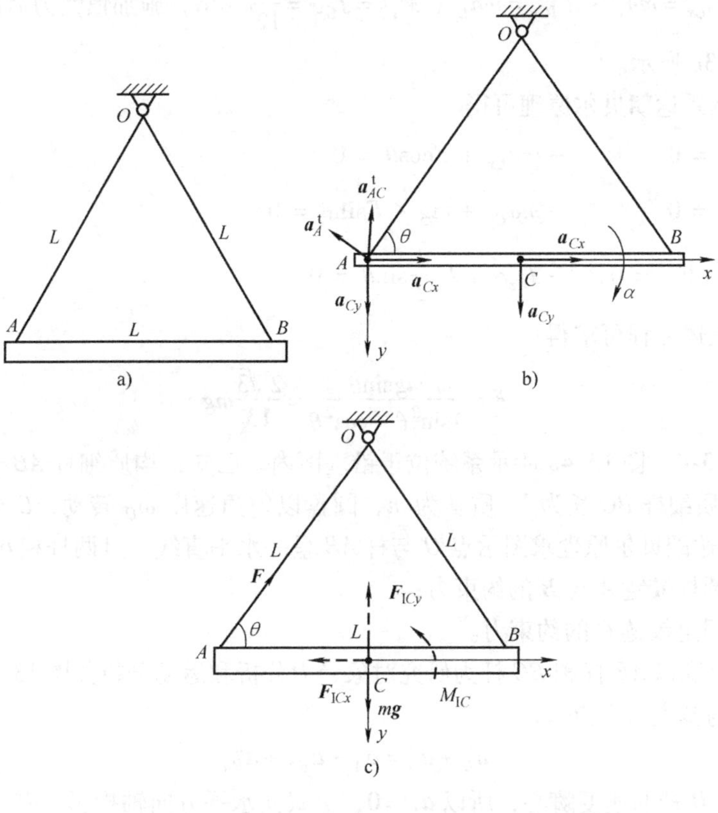

图　13-3

解：绳子 BO 剪断后，杆 AB 将开始在铅垂面内做平面运动。由于受到绳 OA 的约束，点 A 将在铅垂平面内做圆周运动。在绳子 BO 刚剪断的瞬时，杆 AB 上只有绳子 AO 的拉力 F 和杆的重力 mg。

在引入杆的惯性力之前，须对杆做加速度分析。取坐标系 Axy 如图 13-3b 所示，假设剪断绳 BO 瞬间杆 AB 的角加速度为 α（顺时针方向）。利用平面运动刚体的加速度合成定理，以质心 C 作为基点，则点 A 的加速度为

$$\boldsymbol{a}_A=\boldsymbol{a}_A^{\mathrm{n}}+\boldsymbol{a}_A^{\mathrm{t}}=\boldsymbol{a}_{Cx}+\boldsymbol{a}_{Cy}+\boldsymbol{a}_{AC}^{\mathrm{t}}+\boldsymbol{a}_{AC}^{\mathrm{n}}$$

其中，$a_A^{\mathrm{n}}=0$（点 A 的运动是绕 O 的圆周运动，剪断瞬间点 A 速度为零）；$a_{AC}^{\mathrm{n}}=0$（剪断瞬间 AB 杆的角速度为零）；$a_{AC}^{\mathrm{t}}=\dfrac{1}{2}L\alpha$；沿 OA 方向投影得

$$0=a_{Cx}\cos\theta-a_{Cy}\sin\theta+a_{AC}^{\mathrm{t}}\sin\theta$$

即
$$a_{Cx}\cos\theta-a_{Cy}\sin\theta+\frac{1}{2}L\alpha\sin\theta=0$$

这个关系就是该瞬时杆的运动要素所满足的条件。

杆的惯性力合成为一个作用在质心的力 F_{IC} 和一个力偶 M_{IC}，F_{IC} 的两个分量大小分别是 $F_{\mathrm{IC}x}=ma_{Cx}$；$F_{\mathrm{IC}y}=ma_{Cy}$；$M_{\mathrm{IC}}=J_C\alpha=\dfrac{1}{12}mL^2\alpha$；施加惯性力后的杆受力分析如图 13-3c 所示。

由质点系达朗贝尔原理可得

$$\sum F_x=0,\quad -ma_{Cx}+F\cos\theta=0$$

$$\sum F_y=0,\quad -ma_{Cy}+mg-F\sin\theta=0$$

$$\sum M_C(\boldsymbol{F})=0,\quad -J_{Cz}\alpha+F\frac{l}{2}\sin\theta=0$$

联立上述方程可求得

$$F=\frac{mg\sin\theta}{4\sin^2\theta+\cos^2\theta}=\frac{2\sqrt{3}}{13}mg$$

例题 13-4 图 13-4a 所示系统位于铅垂面内。已知：均质细杆 AB 长 $2l$，质量为 $2m$，均质细杆 BC 长为 l，质量为 m，圆盘以匀角速度 ω_O 转动，O 至 A 间距离为 l。试用达朗贝尔原理求图示点 O 与杆 AB 呈一水平直线，且两杆相互垂直瞬间：

（1）圆柱铰链 A 与 B 的约束力；

（2）固定铰链 C 的约束力。

解：分别以 AB 杆和 BC 杆为研究对象受力分析和运动分析如图 13-4b 所示。

以 A 为基点研究点 B，

$$\boldsymbol{a}_B^{\mathrm{t}}+\boldsymbol{a}_B^{\mathrm{n}}=\boldsymbol{a}_A+\boldsymbol{a}_{BA}^{\mathrm{t}}+\boldsymbol{a}_{BA}^{\mathrm{n}}$$

因为 B 为 AB 杆的速度瞬心，所以 $\boldsymbol{a}_B^{\mathrm{n}}=0$，上式向水平方向轴投影，有

$$a_B^{\mathrm{t}}=-a_A-a_{BA}^{\mathrm{n}}$$

式中，$a_A=\omega_O^2l$；$a_{BA}^{\mathrm{n}}=\left(\dfrac{\omega_O}{2}\right)^2\cdot 2l=\dfrac{1}{2}\omega_O^2l$。代入得

$$a_B^{\mathrm{t}}=-\frac{3}{2}\omega_O^2l,\quad \alpha_{BC}=\frac{a_B^{\mathrm{t}}}{l}=\frac{3}{2}\omega_O^2\text{（逆时针）}$$

再向竖直方向投影，得 $a_{BA}^{t}=0$，即 $\alpha_{AB}=0$。

以 A 为基点研究 AB 杆中点 D：$\boldsymbol{a}_D=\boldsymbol{a}_A+\boldsymbol{a}_{DA}=\boldsymbol{a}_A+\boldsymbol{a}_{DA}^{n}$，水平方向投影，有

$$a_D=\omega_O^2 l+\frac{1}{4}\omega_O^2 l=\frac{5}{4}\omega_O^2 l$$

对于 AB 杆，由达朗贝尔原理有

$$\sum M_A(\boldsymbol{F})=0,\ -2mg\cdot l+F_{By}\cdot 2l=0$$

$$\sum F_y=0, F_{Ay}-2mg+F_{By}=0$$

$$\sum F_x=0, F_{Ax}+F_{I1}-F_{Bx}=0 \qquad (*)$$

式中，$F_{I1}=2ma_D=\frac{5}{2}m\omega_O^2 l$。得

$$F_{By}=mg,\ F_{Ay}=mg,\ F_{Ax}-F_{Bx}=-\frac{5}{2}m\omega_O^2 l$$

对于 BC 杆，由达朗贝尔原理有

$$\sum M_C(\boldsymbol{F})=0,\ -\frac{l}{2}F_{I2}-M_{I2}-lF'_{Bx}=0$$

$$\sum F_x=0, F'_{Bx}+F_{I2}+F_{Cx}=0$$

$$\sum F_y=0, F_{Cy}-mg-F'_{By}=0$$

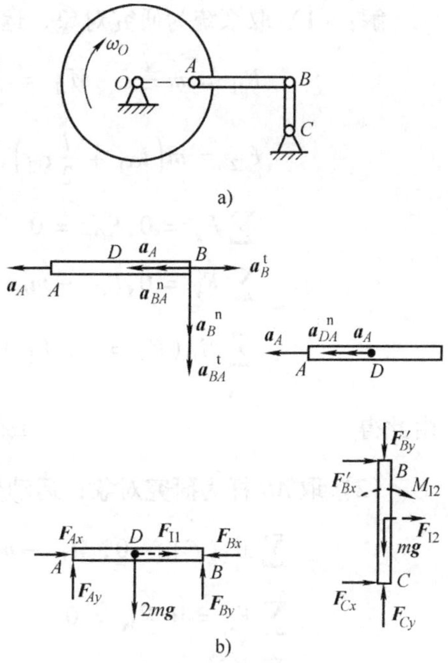

图　13-4

式中，

$$F_{I2}=m\cdot\alpha_{BC}\frac{l}{2}=m\cdot\frac{3}{2}\omega_O^2\frac{l}{2}=\frac{3}{4}m\omega_O^2 l,\ M_{I2}=\frac{1}{12}ml^2\alpha_{BC}=\frac{1}{12}ml^2\cdot\frac{3}{2}\omega_O^2=\frac{1}{8}m\omega_O^2 l^2$$

代入得　$F_{Cx}=\frac{1}{4}ml\omega_O^2,\ F_{Cy}=2mg,\ F'_{Bx}=-\frac{1}{2}ml\omega_O^2$

代入到式（*）得　$F_{Ax}=-3ml\omega_O^2$

例题 13-5　如图 13-5a 所示，质量均为 m，长为 l 的均质杆 OA、AB 通过铰链连接，自水平位置无初速地释放。试求释放瞬间两杆的角加速度和 O、A 处的约束力。

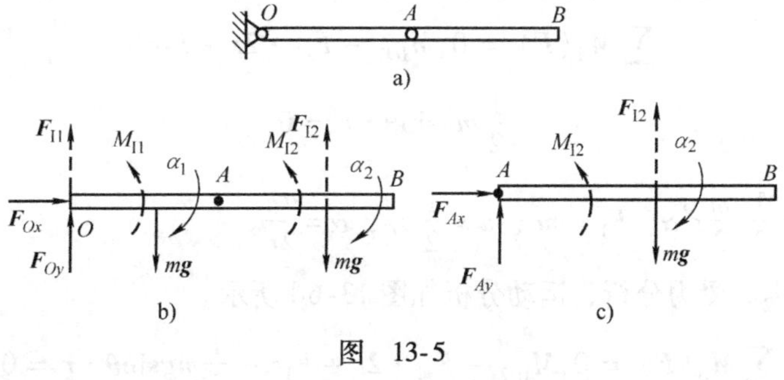

图　13-5

解：（1）取系统为研究对象，运动分析和受力分析如图 13-5b 所示。

$$F_{I1}=m\frac{l}{2}\alpha_1, M_{I1}=\frac{1}{3}ml^2\alpha_1$$

$$F_{I2}=m\left(l\alpha_1+\frac{l}{2}\alpha_2\right), M_{I2}=\frac{1}{12}ml^2\alpha_2$$

$$\sum F_x=0, F_{Ox}=0$$

$$\sum F_y=0, F_{Oy}-mg-mg+F_{I1}+F_{I2}=0$$

$$\sum M_O(\boldsymbol{F})=0, M_{I1}+M_{I2}-mg\frac{l}{2}-mg\frac{3l}{2}+F_{I2}\frac{3l}{2}=0$$

由此得

$$11\alpha_1+5\alpha_2=\frac{12g}{l}$$

（2）取 AB 杆为研究对象，运动分析和受力分析如图 13-5c 所示。

$$\sum M_A(\boldsymbol{F})=0,\ M_{I2}-mg\frac{l}{2}+F_{I2}\frac{l}{2}=0，故\ 3\alpha_1+2\alpha_2=\frac{3g}{l}$$

$$\sum F_x=0, F_{Ax}=0$$

$$\sum F_y=0, F_{Ay}-mg+F_{I2}=0$$

解得

$$\alpha_1=\frac{9g}{7l},\ \alpha_2=-\frac{3g}{7l};\ F_{Ax}=0,\ F_{Ay}=-\frac{1}{14}mg;\ F_{Ox}=0,\ F_{Oy}=\frac{2}{7}mg$$

例题 13-6 图 13-6a 所示系统由两均质圆柱体和均质平板组成，圆柱体与板、斜面间均无相对滑动。已知：圆柱半径均为 r，质量均为 $m/2$，板的质量为 m，与水平面的夹角为 θ。试用达朗贝尔原理（动静法）求圆柱体向下做纯滚动时的角加速度。

解：对平板，受力分析、运动分析如图 13-6b 所示。

$$\sum F_x=0, mg\sin\theta-F_{IC}-F'_{s3}-F'_{s4}=0 \tag{1}$$

其中，$F_{IC}=ma_C$。

对圆柱 O_1，受力分析、运动分析如图 13-6c 所示。

$$\sum M_A(\boldsymbol{F})=0, M_{IO1}-F_{s3}\cdot 2r+F_I r-\frac{1}{2}mg\sin\theta\cdot r=0 \tag{2}$$

其中，$M_{IO1}=\frac{1}{2}\frac{m}{2}r^2\alpha$，$F_I=ma$，$a=\frac{1}{2}a_C$，$\alpha=\frac{a_C}{2r}$。

对圆柱 O_2，受力分析、运动分析如图 13-6d 所示。

$$\sum M_B(\boldsymbol{F})=0, M_{IO2}-F_{s4}\cdot 2r+F_I r-\frac{1}{2}mg\sin\theta\cdot r=0 \tag{3}$$

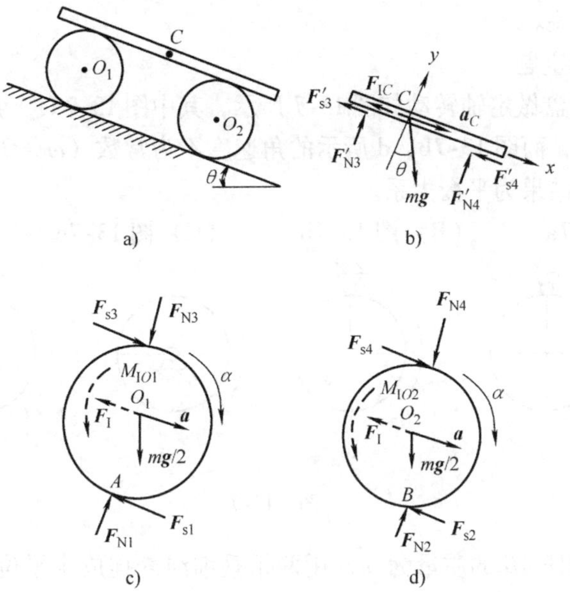

图　13-6

其中，$M_{IO2}=\dfrac{1}{2}\dfrac{m}{2}r^2\alpha$。

联立式（1）~式（3）得 $\alpha=\dfrac{6g}{11r}\sin\theta$。

【习题精练】

1. 判断题

（1）应用达朗贝尔原理时，在质点系的每一质点上虚加上惯性力 $\boldsymbol{F}_{Ii}$后，作用于每一质点的主动力 $\boldsymbol{F}_i$、约束力 $\boldsymbol{F}_{Ni}$与惯性力 $\boldsymbol{F}_{Ii}$组成平衡力系，即 $\boldsymbol{F}_i+\boldsymbol{F}_{Ni}+\boldsymbol{F}_{Ii}=\boldsymbol{0}$，因此，只需写出方程 $\sum \boldsymbol{F}_i+\sum \boldsymbol{F}_{Ni}+\sum \boldsymbol{F}_{Ii}=0$ 即可求解。（　　）

（2）绕 z 轴转动的刚体不会在轴承处产生动约束力的充要条件是：惯性力系的主矢在与 z 轴相垂直的 x、y 方向上的投影为零。（　　）

（3）平面运动刚体上惯性力系的合力必作用在刚体的质心上。（　　）

（4）具有垂直于转轴的质量对称面的转动刚体，其惯性力系可简化为一个通过转轴的力和一个力偶，其中力偶的矩等于对转轴的转动惯量与刚体角加速度的乘积，转向与角加速度相反。（　　）

（5）平移刚体惯性力系可简化为一个合力，该合力一定作用在刚体的质心上。（　　）

（6）做瞬时平移的刚体，在该瞬时其惯性力系向质心简化的主矩必为零。（　　）

（7）质点系惯性力系的主矢与简化中心的选择有关，而惯性力系的主矩与简

化中心的选择无关。 ( )

2. 选择、填空题

(1) 均质圆盘做定轴转动如图 13-7 所示，其中图 13-7a、c 所示的转动角速度为常数（$\omega=C$），而图 13-7b、d 所示的角速度不为常数（$\omega\neq C$）。则（ ）的惯性力系简化的结果为平衡力系。

(A) 图 13-7a (B) 图 13-7b (C) 图 13-7c (D) 图 13-7d

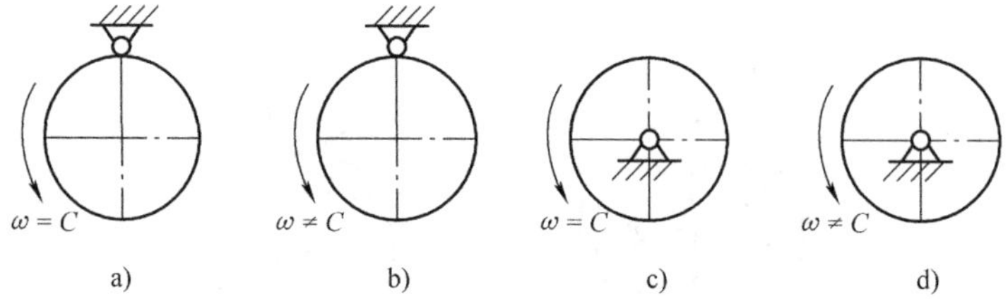

图 13-7

(2) 均质细杆 AB 的质量为 m，用两铅垂细绳悬挂成水平位置，如图 13-8 所示，在 B 端细绳突然被剪断瞬时，点 A 的加速度的大小为（ ）。

(A) 0 (B) g

(C) $\dfrac{g}{2}$ (D) $2g$

(3) 半径为 R 的圆盘沿水平地面做纯滚动，如图 13-9 所示。一质量为 m，长为 R 的均质杆 OA 固结在圆盘上，当杆处于铅垂位置瞬时，圆盘圆心有速度 $\boldsymbol{v}$，加速度 $\boldsymbol{a}$。则图示瞬时，杆 OA 的惯性力系向杆中心 C 简化的结果为______________。

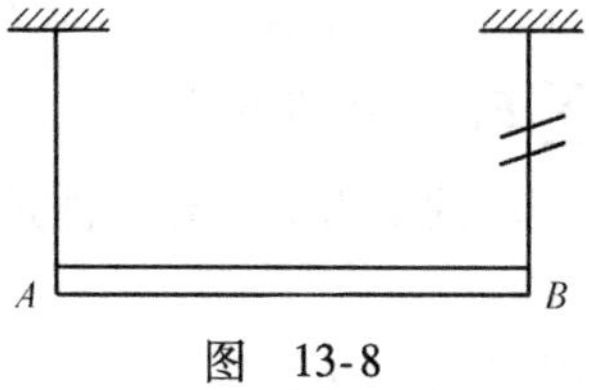

图 13-8

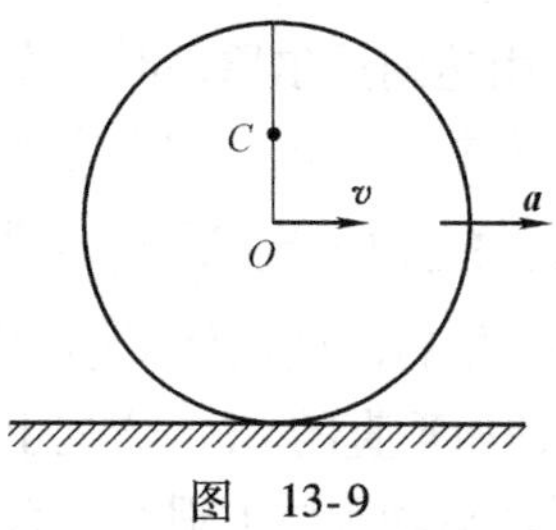

图 13-9

3. 计算题

(1) 如图 13-10 所示，已知：均质杆 AB 质量为 m，长为 $l=2r$，A 端固定在半径为 r 的圆盘上，绕点 O 以角速度 ω，角加速度 α 转动，试分析杆 AB 惯性力系的简化结果。

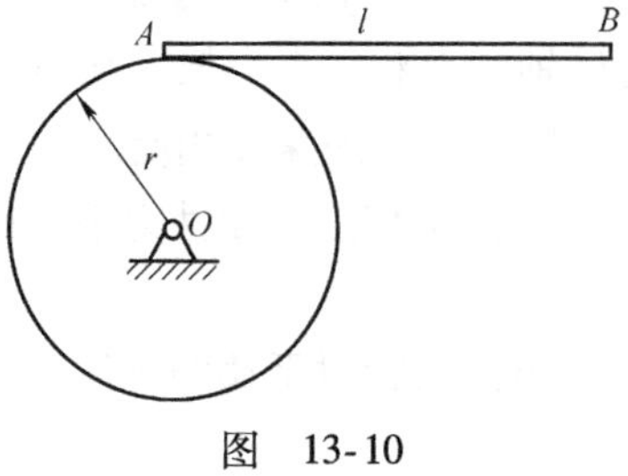

图 13-10

(2) 图 13-11 所示系统中，已知：均质圆轮 C 的质量为 m_2，半径为 r，在水平面上做纯滚动，物块 A 的质量为 m_1，绳 CE 段水平，定滑轮质量不计。试用达朗贝尔原理（动静法）求轮心 C 的加速度及轮子与地面间的摩擦力。

（3）图 13-12 所示系统位于铅垂面内。已知：各均质杆单位长度的质量为 ρ，杆 AB、BD 各长为 $2l$，杆 DE 长为 l，在图示瞬时，AB 和 BD 水平，BD 与 DE 垂直，杆 AB 的角速度为零、角加速度为 α。试用达朗贝尔原理（动静法）求此瞬时 B 与 D 处的约束力。

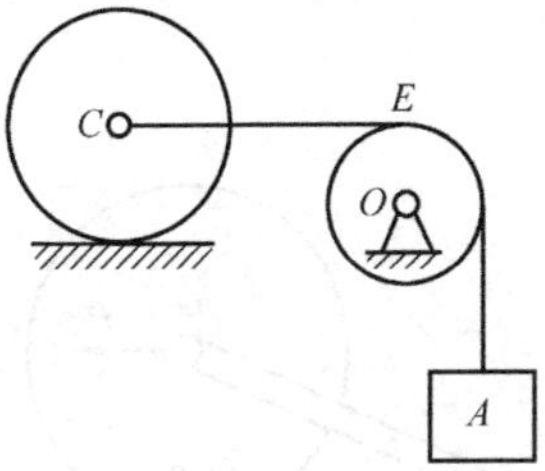

图　13-11

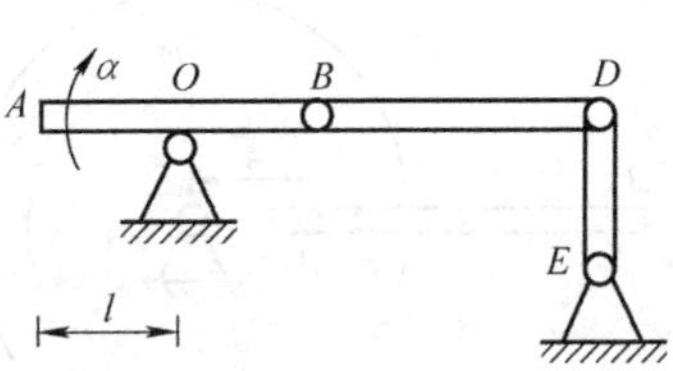

图　13-12

（4）在图 13-13 所示系统中，已知：均质杆 AB 的长为 l，质量为 m，均质圆盘的半径为 r，质量也为 m，在水平面上做纯滚动。试用达朗贝尔原理（动静法）求杆 AB 从图示水平位置无初速释放的瞬时，杆 AB 的角加速度、圆盘中心 A 的加速度 a_A 及圆柱铰链 A 处的约束力。

（5）图 13-14 所示均质圆轮沿斜面做纯滚动，用平行于斜面的无重刚杆连接轮与滑块。已知：轮半径为 r，轮与滑块质量均为 m，斜面倾角为 θ，与滑块间的动滑动摩擦因数为 f，不计滚动摩擦。试用达朗贝尔原理（动静法）求滑块 A 的加速度及杆的受力。

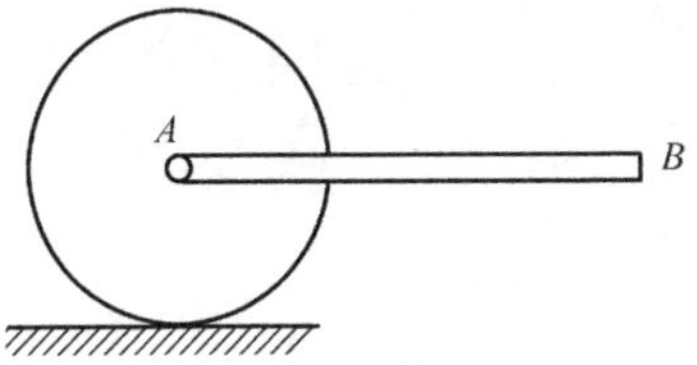

图　13-13

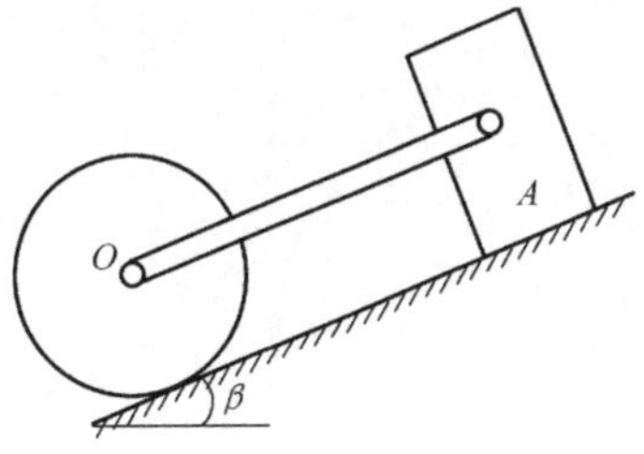

图　13-14

（6）图 13-15 所示系统位于铅垂面内。已知：均质细杆 AB 长 $l=1\text{m}$，质量 $m=10\text{kg}$，B 端可在光滑的水平面上滑动，OA 长 $r=0.4\text{m}$，以匀角速度 $\omega_0=4.5\text{rad/s}$ 绕轴 O 转动。试用达朗贝尔原理（动静法）求 OA 杆处于图示水平位置时，杆 AB 的 B 端所受的约束力。

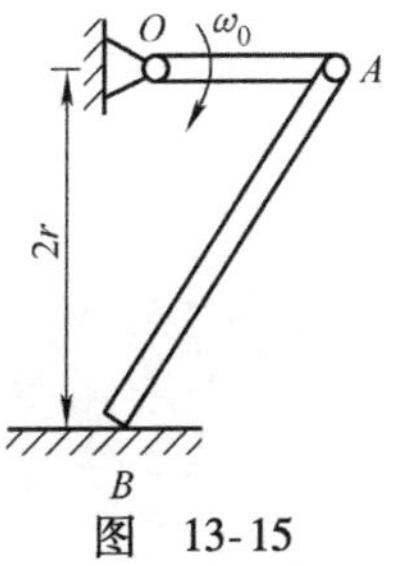

图　13-15

（7）图 13-16 所示摆位于铅垂面内，均质细杆和定

滑轮用两个销钉 E 和 A 连接。已知：杆长为 l，质量为 m，O 至 A 的间距为 $l/4$，定滑轮以匀角速度 ω 转动。试用达朗贝尔原理（动静法）求在图示杆 AB 水平位置时被突然撤去销钉 E 瞬间，杆的角加速度及销钉 A 的约束力。

（8）图 13-17 所示均质轮沿水平面做纯滚动，在轮心处与均质细杆铰接。已知：轮的半径 $r=0.3\text{m}$，质量 $m_1=20\text{kg}$，杆长 $l=\sqrt{5}r$，质量 $m_2=1\text{kg}$，杆端 A 与轨道间动滑动摩擦因数 $f=0.5$。试用达朗贝尔原理（动静法）求在水平力 $F=100\text{N}$ 作用下，轮心 O 的加速度及 A、B 处的约束力。

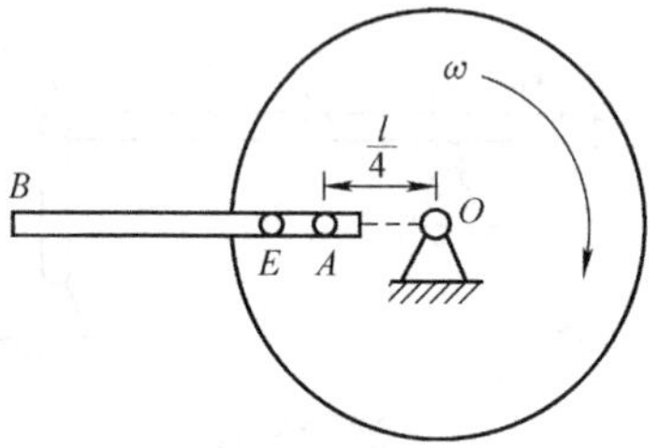

图 13-16

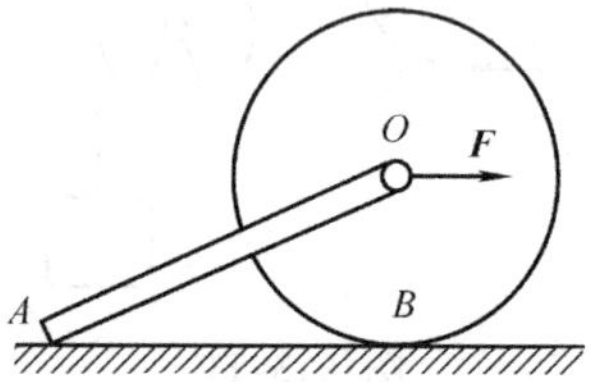

图 13-17

（9）图 13-18 所示质量分别为 m 和 $2m$，长度分别为 l 和 $2l$ 的均质细杆 OA 和 AB 在 A 点铰接，OA 杆的 A 端为光滑固定铰链，AB 杆的 B 端放在光滑水平面上。初瞬时，OA 杆水平，AB 杆铅垂。由于初位移的微小扰动，AB 杆的 B 端无初速地向右滑动，试用达朗贝尔原理（动静法）求当 OA 杆运动到铅垂位置时，A 处的约束力。

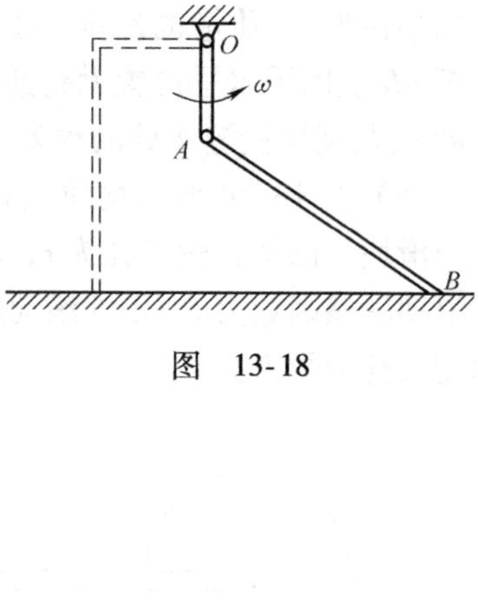

图 13-18

第14章　虚位移原理

【基本要求】

1. 理解约束和约束方程的概念，理解并掌握几何约束与运动约束、定常约束与非定常约束、单侧约束与双侧约束、完整约束与非完整约束的概念及区别，理解理想约束的概念，掌握常见的理想约束类型。

2. 理解并掌握完整系统和非完整系统的概念和区别。

3. 理解并掌握虚位移的概念，理解实位移、虚位移的区别和联系。

4. 理解虚功的概念，理解虚功与力的元功的区别。

5. 掌握虚位移原理，了解虚位移原理的证明方法。

6. 熟练掌握虚位移原理求解质点系平衡问题，掌握求解虚位移关系的三种方法。

重点：约束、虚位移、虚功的概念；虚位移原理求解静力学问题的方法。

难点：求解虚位移关系的三种方法。

【内容提要】

1. 基本概念

（1）**约束**：限制质点或质点系运动的条件。

（2）**约束方程**：用来表示限制条件的数学方程。

（3）**几何约束**：只限制质点或质点系在空间的位置。

（4）**运动约束**：质点或质点系运动时受到的某些运动条件的限制。

（5）**定常约束**：约束方程中不显含时间 t 的约束。

（6）**非定常约束**：约束方程中显含时间 t 的约束。

（7）**单侧约束**：约束仅限制质点在某一方向的运动。

（8）**双侧约束**：约束不仅限制质点在某一方向的运动，而且能限制其在相反方向的运动。

（9）**完整约束**：约束方程中不包含坐标对时间的导数或者约束方程中的微分项可以积分为有限形式，即几何约束和可积分的运动约束。

（10）**非完整约束**：约束方程中包含坐标对时间的导数，而且方程不可能积分为有限形式，即不可积分的运动约束。

（11）**完整系统**：仅包含完整约束的系统。

（12）**非完整系统**：包含非完整约束的系统。

（13）**实位移**：质点或质点系在真实运动中，在一定的时间间隔内发生的位移。

（14）**虚位移**：在某瞬时，质点系在约束所允许的条件下，可能实现的、任何无限小的位移。虚位移仅与约束条件有关，是纯粹的几何量；虚位移是无限小的位移；实位移可为无限小，也可为有限值；虚位移是假想的位移，与时间、力、质点系的运动情况无关；在定常几何约束下，质点系无限小的实位移是其虚位移之一。

（15）**虚功**：质点或质点系所受的力在虚位移上所做的功，用 δW 表示。

（16）**理想约束**：在质点系的任何虚位移中，约束力所做的虚功之和等于零的约束。

2. 常见的理想约束

光滑接触面、固定铰链约束、向心轴承、圆柱铰链、滚动支座、二力构件、固定端约束、不可伸长的柔性体约束、沿固定面纯滚动圆轮受到固定面的约束等。

3. 虚位移原理

具有完整、双侧、定常、理想约束的质点系，在给定位置保持平衡的必要和充分条件是：作用于质点系上的所有主动力在任何虚位移中所做的虚功之和等于零，也称为虚功原理或虚功方程。

矢量表达式为

$$\sum \delta W_{Fi} = \sum \boldsymbol{F}_i \cdot \delta \boldsymbol{r}_i = 0$$

直角坐标形式为

$$\sum (F_{ix}\delta x_i + F_{iy}\delta y_i + F_{iz}\delta z_i) = 0$$

4. 求解虚位移的方法

（1）作图给出机构的微小运动，直接由几何关系来定。

（2）选一广义坐标（自变量），给出各主动力作用点的坐标方程，求变分，各变分间的比例即为虚位移间的比例。

（3）“虚速度”法（点的合成运动、平面运动基点法、速度投影定理、瞬心法等）：虚位移的比值等于虚速度的比值。

【例题精讲】

例题 14-1 图 14-1a 所示螺旋千斤顶中，旋转手柄 $OA = l = 0.6\text{m}$，螺距 $h = 12\text{mm}$。今在 OA 的水平面内作用一垂直于手柄的力 $F = 160\text{N}$，试求举起重物 B 的重量。不计各处摩擦。

解：千斤顶所受约束均为理想约束，假设 OA 杆的虚转角为 $\delta\varphi$，则力 $\boldsymbol{F}$ 作用点 A 的虚位移 $\delta r_A = l\delta\varphi$，相应地力 G 作用点 B 有 δr_B，如图 14-1b 所示。

由虚位移原理可知：$\sum \delta W_F = 0$，即

$$Fl\delta\varphi - G\delta r_B = 0$$

解得

$$G = \frac{Fl\delta\varphi}{\delta r_B}$$

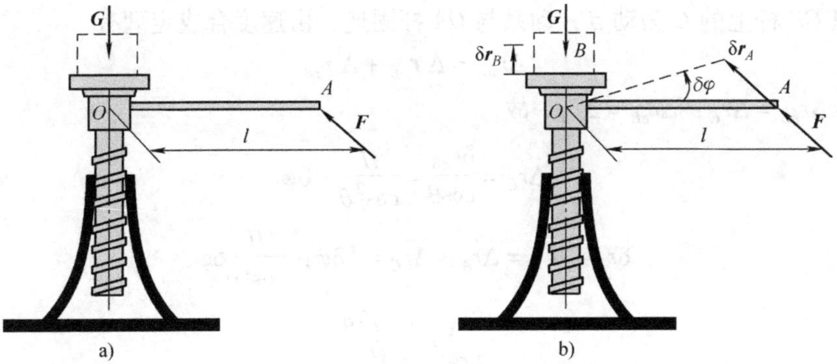

图　14-1

根据题意，约束条件为：手柄旋转一周，顶杆上升一螺距，即

$$\delta r_B : \delta\varphi = h : 2\pi$$

代入前式可得 $G=\dfrac{2\pi l}{h}F=\left(\dfrac{2\pi\times 0.6}{0.012}\times 160\right)\mathrm{N}=50.27\times 10^3\,\mathrm{N}$

可知，当 $F=160\mathrm{N}$ 时，能举起 50.27kN 的重物，是 F 的 314 倍。

注：本题使用找几何关系确定虚位移之间的关系。

例题 14-2　在图 14-2a 所示系统中，点 A 的虚位移大小 δr_A 与点 C 的虚位移大小 δr_C 的比值 δr_A：δr_C =（　　）。

(A) $\dfrac{L\cos\theta}{H}$　　(B) $\dfrac{L}{H\cos\theta}$　　(C) $\dfrac{L\cos^2\theta}{H}$　　(D) $\dfrac{LH}{\cos^2\theta}$

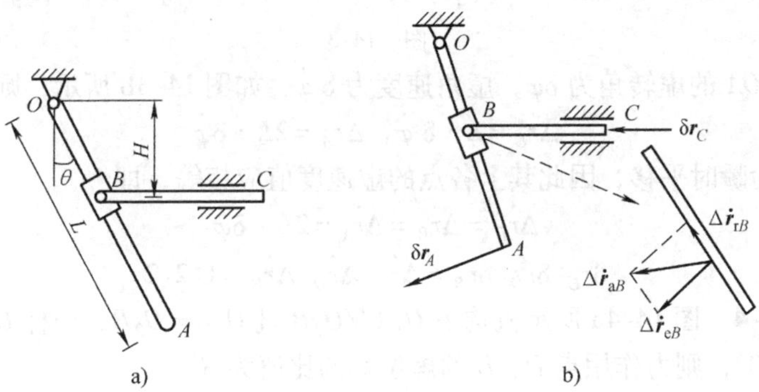

图　14-2

解：点 A 和点 C 虚位移的比值等于两点虚速度的比值。运动分析如图 14-2b 所示。

设 OA 杆的虚转角为 $\delta\varphi$，相应的虚角速度为 $\delta\dot{\varphi}$，则

$$\Delta\dot{r}_A = OA\cdot\delta\dot{\varphi} = L\delta\dot{\varphi}$$

$$\Delta\dot{r}_B = \frac{H}{\cos\theta}\cdot\delta\dot{\varphi}$$

以 CB 杆上的 C 为动点，动系与 OA 杆固连，由速度合成定理有

$$\Delta\dot{\boldsymbol{r}}_{aB}=\Delta\dot{\boldsymbol{r}}_{eB}+\Delta\dot{\boldsymbol{r}}_{rB}$$

其中，$\Delta\dot{r}_{aB}=\Delta\dot{r}_C$，$\Delta\dot{r}_{eB}=\Delta\dot{r}_B$。故

$$\Delta\dot{r}_C=\frac{\delta\dot{r}_{eB}}{\cos\theta}=\frac{H}{\cos^2\theta}\cdot\delta\varphi$$

于是 $$\delta r_A:\delta r_C=\Delta\dot{r}_A:\Delta\dot{r}_C=L\delta\varphi:\frac{H}{\cos^2\theta}\delta\varphi$$

即 $$\frac{\delta r_A}{\delta r_C}=\frac{L\cos^2\theta}{H}$$

注：本题通过找虚速度之间的关系确定虚位移之间的关系。

例题 14-3 图 14-3a 所示系统中，$AO\perp OB$，则主动力作用点 C、D、B 的虚位移大小的比值为（　　）。

（A）1∶1∶1　　（B）1∶1∶2　　（C）1∶2∶2　　（D）1∶2∶1

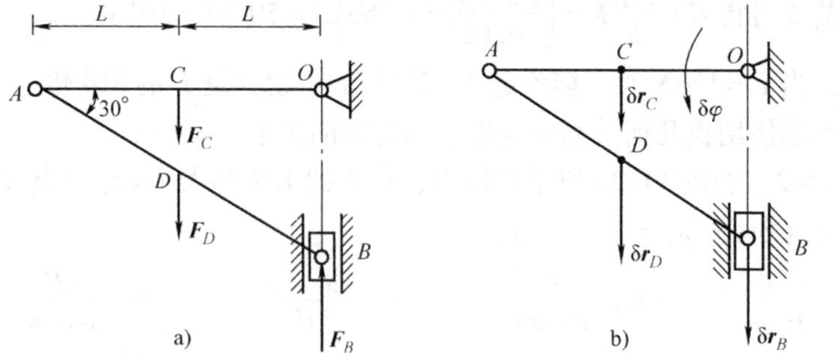

图 14-3

解：设 OA 的虚转角为 $\delta\varphi$，虚角速度为 $\delta\dot{\varphi}$，如图 14-3b 所示，则

$$\Delta\dot{r}_C=L\cdot\delta\dot{\varphi},\ \Delta\dot{r}_A=2L\cdot\delta\dot{\varphi}$$

由于 AB 杆为瞬时平移，因此其上各点的虚速度值应相等，即

$$\Delta\dot{r}_D=\Delta\dot{r}_B=\Delta\dot{r}_A=2L\cdot\delta\dot{\varphi}$$

所以 $$\delta r_C:\delta r_D:\delta r_B=\Delta\dot{r}_C:\Delta\dot{r}_D:\Delta\dot{r}_B=1:2:2$$

例题 14-4 图 14-4a 所示机构中 $O_1A//O_2B$ 且 $O_1A=O_2B$，当杆 O_1A 处于水平位置时 $\theta=60°$，则力作用点 D、E 的虚位移的比值为（　　）。

（A）1∶0.5　　（B）1∶0.866　　（C）1∶1　　（D）1∶2

解：D、E 两点虚位移的比值等于两点虚速度的比值。

$ABCD$ 板为平移，则 $\Delta\dot{r}_D=\Delta\dot{r}_C=\Delta\dot{r}_A$。

以 $ABCD$ 板上的 C 为动点，动系与 CE 杆固连，速度分析如图 14-4b 所示。由速度合成定理有

$$\Delta\dot{\boldsymbol{r}}_{aC}=\Delta\dot{\boldsymbol{r}}_{eC}+\Delta\dot{\boldsymbol{r}}_{rC}$$

其中，$\Delta\dot{r}_{aC}=\Delta\dot{r}_C$，$\Delta\dot{r}_{eC}=\dfrac{1}{2}\Delta\dot{r}_E$。故

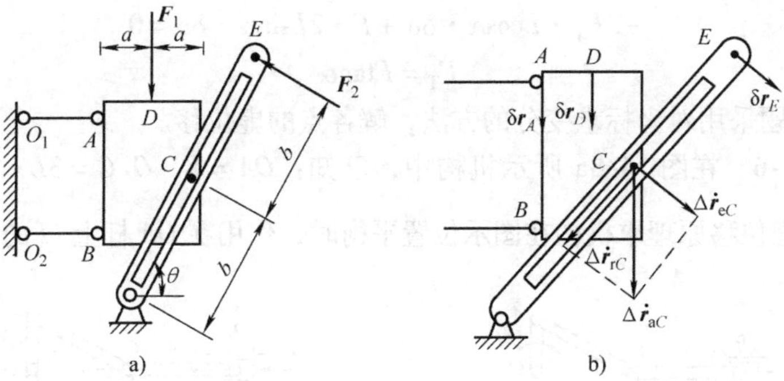

图　14-4

$$\Delta\dot{r}_{eC}=\Delta\dot{r}_{aC}\cos\theta=\Delta\dot{r}_D\cos\theta$$

所以
$$\Delta\dot{r}_E=2\Delta\dot{r}_{eC}=2\Delta\dot{r}_D\cos\theta$$

于是
$$\delta r_D:\delta r_E=\delta\dot{r}_D:\delta\dot{r}_E=\Delta\dot{r}_D:2\Delta\dot{r}_D\cos\theta=1:1$$

例题 14-5　图 14-5a 所示顶角为 2α 的菱形构件，受沿对角线 CO 的力 $\boldsymbol{F}$ 的作用。为了用虚位移原理求杆 AB 的内力，解除杆 AB，代以内力 $\boldsymbol{F}_{\mathrm{T}}$、$\boldsymbol{F}'_{\mathrm{T}}$，则内力 $F_{\mathrm{T}}=$________。

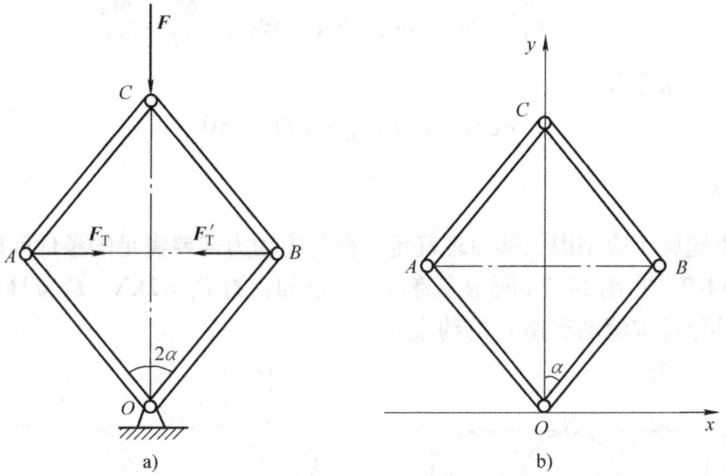

图　14-5

解：以 O 为原点建立图 14-5b 所示 Oxy 坐标系，设 OA 杆长度为 L，则

$$x_A=-L\sin\alpha,\quad x_B=L\sin\alpha,\quad y_C=2L\cos\alpha$$

对各坐标求变分可得

$$\delta x_A=-L\cos\alpha\cdot\delta\alpha$$

$$\delta x_B=L\cos\alpha\cdot\delta\alpha$$

$$\delta y_C=-2L\sin\alpha\cdot\delta\alpha$$

由虚位移原理有

$$-2F_T \cdot L\cos\alpha \cdot \delta\alpha + F \cdot 2L\sin\alpha \cdot \delta\alpha = 0$$

故
$$F_T = F\tan\alpha$$

注：本题采用对坐标求变分的方法，解各点的虚位移。

例题 14-6 在图 14-6a 所示机构中，已知：$OA = L$，$O_1C = 3L$，力 F，$M_1 = \frac{3FL}{2}$。试用虚位移原理求机构在图示位置平衡时，作用在 OA 杆上 M 的大小。

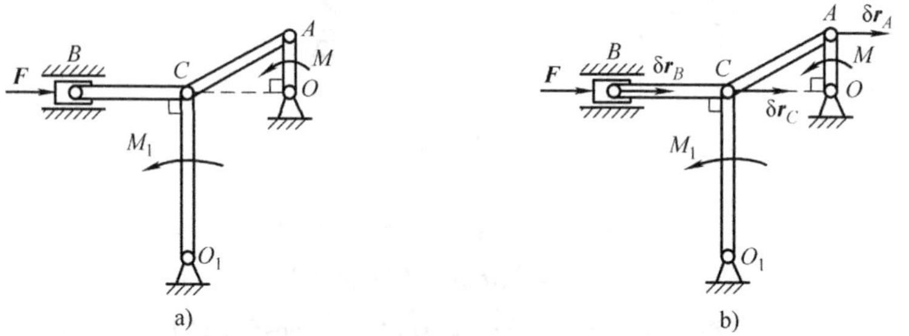

图 14-6

解：根据图中 A、B、C 三点虚速度的关系，可知 AC 杆和 BC 杆均为瞬时平移。设点 A 的虚位移为 δr_A，则

$$\delta\theta_{OA} = \frac{\delta r_A}{L}，\ \delta r_B = \delta r_C = \delta r_A，\ \delta\theta_{O_1C} = \frac{\delta r_C}{3L} = \frac{\delta r_A}{3L}$$

由虚位移原理有

$$F\delta r_B - M_1\delta\theta_{O_1C} - M\delta\theta_{OA} = 0$$

得 $M = \frac{1}{2}FL$。

注：本题属于应用虚位移原理确定平衡时主动力需要满足的条件问题。

例题 14-7 在图 14-7a 所示多跨拱中，已知：力 $F_1 = 2\text{kN}$，$F_2 = 1\text{kN}$，尺寸 L。试用虚位移原理求滚动支座 C 的约束力。

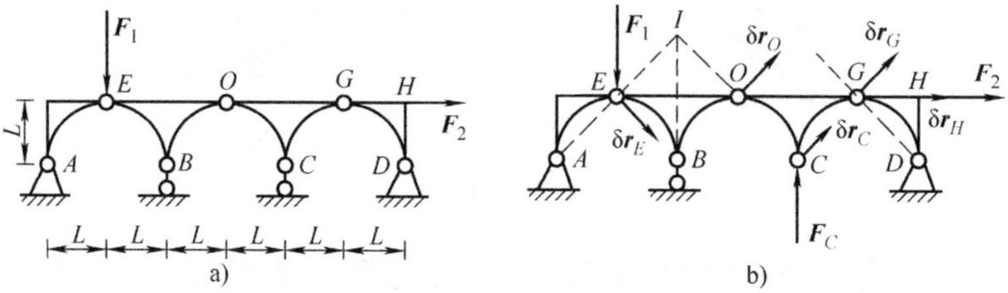

图 14-7

解：解除滚动支座 C 约束代之以约束力 $\boldsymbol{F}_C$。构件 AE 绕 A 定轴转动，构件 BEO 平面运动瞬心为 I，构件 COG 平移，构件 DGH 绕 D 定轴转动，各虚位移如图 14-7b 所示，且有

$$\delta r_E = \delta r_O = \delta r_C = \delta r_G，\ \frac{\delta r_G}{\sqrt{2}} = \delta r_H$$

由虚位移原理有

$$F_1\delta r_E\cos45° + F_C\delta r_C\cos45° + F_2\delta r_H = 0$$

得

$$F_C = -(F_1 + F_2) = -3\text{kN}$$

注：本题属于应用虚位移原理求约束力的问题。求解此类问题时，需要针对所要求的约束力去除约束。

【习题精练】

1. 判断题

（1）静力学平衡方程只给出了刚体平衡的充分必要条件，对变形体而言这些平衡条件是必要的，但不是充分的；而虚位移原理却给出了任意质点系平衡的充分与必要的条件。（　）

（2）在定常理想约束情况下，物体的实位移是虚位移中的一种。（　）

（3）虚位移是假想的、极微小的位移，它与时间、主动力以及运动的初始条件无关。（　）

（4）定常约束是约束方程中不显含时间 t 的约束。（　）

（5）凡是只限制质点系的几何位置的约束称为几何约束。（　）

（6）对质点系的运动所加的限制条件称为约束，表示这种限制条件的数学方程称为约束方程。（　）

（7）质点系的虚位移是由约束条件所决定的、微小的位移，具有任意性，与所受力及时间无关。（　）

（8）虚位移虽与时间无关，但与力的方向应一致。（　）

2. 选择、填空题

（1）如图 14-8 所示系统，为了用虚位原理求解系统 B 处的约束力，则需将 B 处滚动支座约束解除，代以适当的约束力，则点 B 的虚位移与点 D 的虚位移大小之比 $\delta r_B : \delta r_D =$（　）。

（A）1∶1　　（B）1∶2　　（C）2∶1　　（D）4∶3

（2）机构在图 14-9 所示瞬时有 $\theta = \beta = 45°$，若点 A 的虚位移为 $\delta \boldsymbol{r}_A$，则点 B 的虚位移的大小 $\delta r_B =$ ________，OC 杆中点 D 的虚位移的大小 $\delta r_D =$ ________。

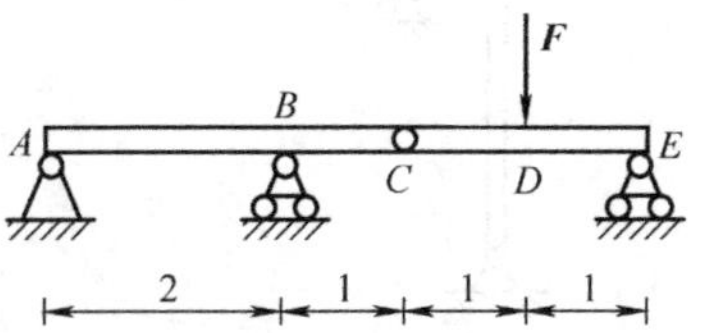

图 14-8

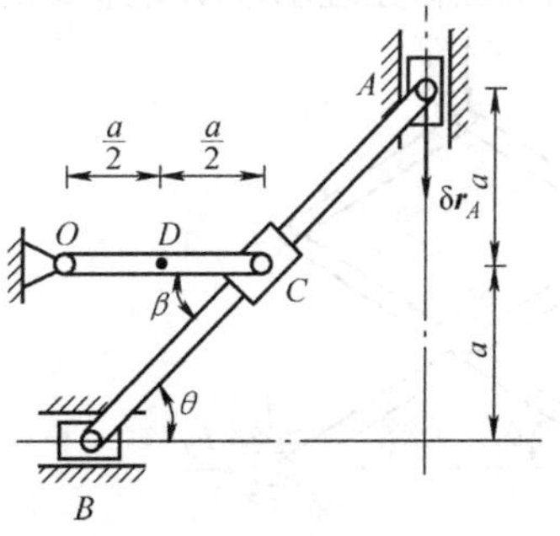

图 14-9

（3）图 14-10 中 $ABCD$ 组成一平行四边形，$FE//AB$，且 $AB=EF=L$，E 为 BC 的中点，B、C、E 处为圆柱铰链连接。设点 B 的虚位移为 $\delta \boldsymbol{r}_B$，则点 C 虚位移的大小 $\delta r_C=$________，点 E 虚位移的大小 $\delta r_E=$________，点 F 虚位移的大小 $\delta r_F=$________（并在图上画出各虚位移方向）。

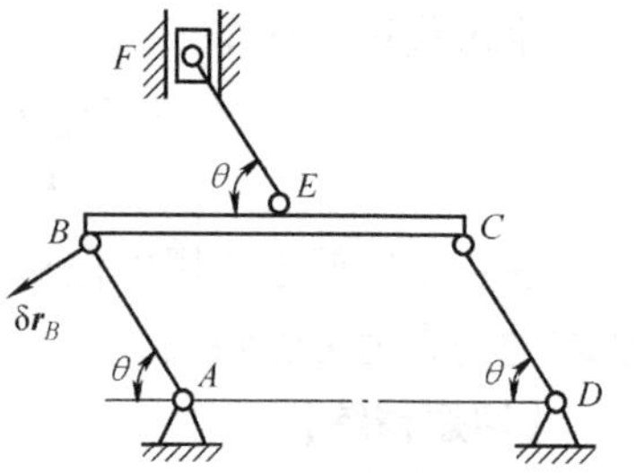

图 14-10

（4）图 14-11 所示机构中二连杆 OA、AB 各长 L，重量均不计，若用虚位移原理求解在铅垂力 $\boldsymbol{F}_A$ 和水平力 $\boldsymbol{F}_B$ 作用下保持平衡时（不计摩擦），必要的虚位移之间的关系有________（方向在图中画出），平衡时角 θ 的值为________。

（5）图 14-12 所示结构由不计质量的等长四直杆铰接，在三力作用下平衡。已知：力 $F_1=40\text{N}$，$F_2=10\text{N}$。用虚位移原理求力 F_3 时虚位移之间的关系为 $\delta y_A:\delta y_B:\delta y_C=$________。

（6）机构如图 14-13 所示，已知：$OA=O_1B=L$，$O_1B\perp OO_1$，受主动力偶 M 和主动力 $\boldsymbol{F}$ 作用平衡。则 OA 杆虚转角 $\delta\theta$ 与点 B 虚位移 δr_B 的关系为 $\delta\theta:\delta r_B=$________。

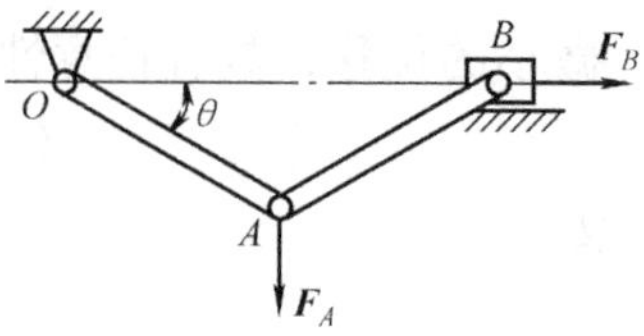

图 14-11

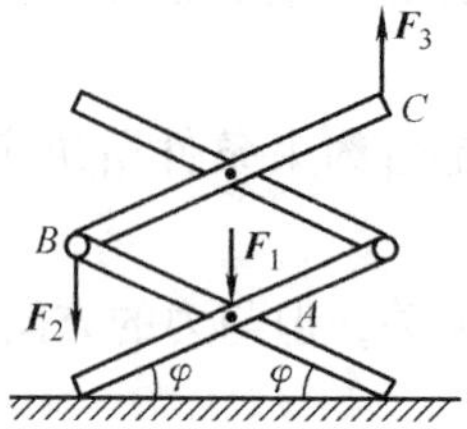

图 14-12

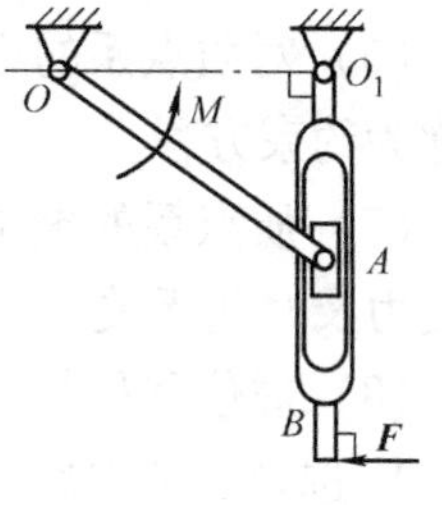

图 14-13

3. 计算题

（1）在图 14-14 所示机构中，已知：$AC=BC=EC=FC=FD=DE=L$，力 $\boldsymbol{F}_1$ 及 θ 角。试用虚位移原理求系统平衡时，力 $\boldsymbol{F}_2$ 的大小。

（2）图 14-15 所示结构由三个刚体组成，已知：$F=3\text{kN}$，$M=1\text{kN}\cdot\text{m}$，$L=1\text{m}$。试用虚位移原理求滚动支座 B 的约束力。

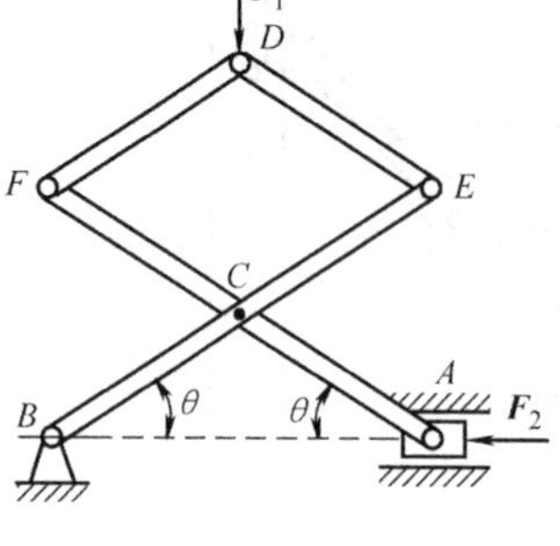

图 14-14

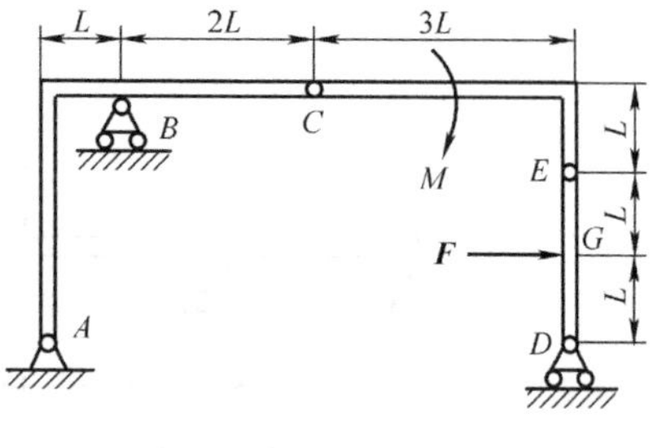

图 14-15

第 15 章　碰　　撞

【基本要求】

1. 了解碰撞的概念、特征和分类。

2. 掌握碰撞问题的简化。

3. 掌握用于碰撞问题的冲量定理和冲量矩定理；掌握碰撞时定轴转动刚体和平面运动刚体的动力学方程。

4. 理解并掌握恢复系数的概念和取值范围。

重点：碰撞问题的特征、碰撞力、撞击中心的概念；定轴转动刚体的碰撞问题。

难点：定轴转动刚体的碰撞问题。

【内容提要】

1. 基本概念

（1）**碰撞**：运动的物体在突然受到冲击（包括突然受到约束或解除约束）时，其运动速度发生急剧变化的现象。碰撞过程中物体的运动速度或动量在极短的时间内发生有限量的改变。碰撞时间之短往往以千分之一秒甚至万分之一秒来度量，因此加速度非常大，作用力的数值也非常大。

（2）**碰撞力**：在碰撞过程中出现的数值很大的力；由于其作用时间非常短促，所以也称为瞬时力。

（3）**碰撞冲量**：碰撞力在碰撞时间内的累积效应，即 $I = \int_{t_1}^{t_2} F\mathrm{d}t$。

（4）**撞击中心**：刚体上，能够使碰撞约束力等于零的主动力的碰撞冲量作用点，也称为打击中心。

2. 碰撞问题的简化

（1）在碰撞过程中，由于碰撞力非常大，重力、弹性力等普通力的冲量可忽略不计。

（2）碰撞过程非常短促，而速度又是有限量，物体在碰撞开始和碰撞结束时的位置基本不改变，物体的位移可忽略不计。

3. 碰撞的分类

（1）**对心碰撞**：碰撞时两物体质心的连线与接触点公法线重合。

（2）**对心正碰撞与对心斜碰撞**：碰撞时两质心的速度也都沿两质心连线方向，则称为对心正碰撞（正碰撞），否则称为对心斜碰撞（斜碰撞）。

4. 冲量定理

质点系在碰撞开始和结束时动量的变化，等于作用于质点系的外碰撞冲量的主矢。即

$$\sum_{i=1}^{n} m_i \boldsymbol{v}'_i - \sum_{i=1}^{n} m_i \boldsymbol{v}_i = \sum_{i=1}^{n} \boldsymbol{I}_i^{(e)} \text{ 或 } m\boldsymbol{v}'_C - m\boldsymbol{v}_C = \sum \boldsymbol{I}_i^{(e)}$$

5. 冲量矩定理

质点系在碰撞开始和结束时对点 O 的动量矩变化，等于作用于质点系的外碰撞冲量对同一点的主矩。即

$$\boldsymbol{L}_{O2} - \boldsymbol{L}_{O1} = \sum_{i=1}^{n} \boldsymbol{r}_i \times \boldsymbol{I}_i^{(e)} = \sum_{i=1}^{n} \boldsymbol{M}_O(\boldsymbol{I}_i^{(e)})$$

6. 碰撞时定轴转动刚体和平面运动刚体的动力学方程

（1）**定轴转动**：$J_z\omega_2 - J_z\omega_1 = \sum M_z(\boldsymbol{I}_i^{(e)})$

（2）**平面运动**：$L_{C2} - L_{C1} = \sum M_C(\boldsymbol{I}_i^{(e)})$

7. 恢复系数

碰撞的恢复阶段的冲量与变形阶段的冲量之比，用 k 表示，即 $k = \dfrac{I_2}{I_1}$，或者 $k = \dfrac{I_2}{I_1} = \left|\dfrac{v'^{n}_{r}}{v^{n}_{r}}\right|$，其中 v'^{n}_{r} 为碰撞后两物体接触点沿接触面法线方向的相对速度，v^{n}_{r} 为碰撞前两物体接触点沿接触面法线方向的相对速度。

8. 恢复系数的取值范围

（1）$k=1$ 完全弹性碰撞：无能量损耗，碰撞后变形完全恢复。

（2）$k=0$ 完全非弹性碰撞（塑性碰撞）：变形完全不能恢复。

（3）$0<k<1$ 非完全弹性碰撞：能量损耗，变形不能完全恢复。

【例题精讲】

例题 15-1 如图 15-1 所示，质量为 m 的汽锤 M 以速度 $\boldsymbol{v}_0$ 打在桩顶上，经时间 t 后，汽锤的速度为 $\boldsymbol{v}$，若锤受到的碰撞冲量为 $\boldsymbol{I}$，根据碰撞过程的动量定理，可得方程为（　　）。

（A）$mv - mv_0 = I$　　（B）$mv + mv_0 = I$

（C）$mv - mv_0 = -I$　　（D）$mv + mv_0 = -I$

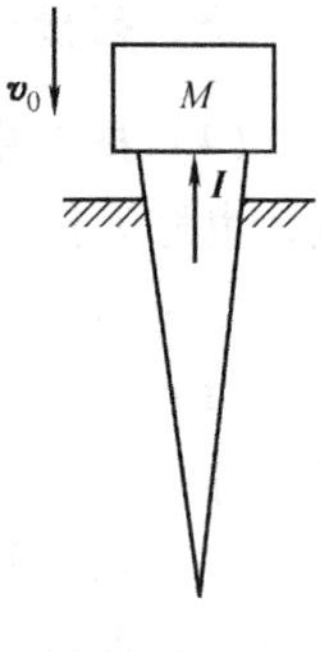

图 15-1

解：根据冲量定理，以向下为正，可得

$$mv - mv_0 = -I$$

故选（D）。

例题 15-2 在光滑水平面上运动的两个球发生对心碰撞后，互换了速度，则（　　）。

（A）其碰撞为弹性碰撞

(B) 其碰撞为完全弹性碰撞

(C) 其碰撞为塑性碰撞

(D) 碰撞前两球的动能相同，但它们的质量不相同

解：运动和受力分析如图15-2所示，根据恢复系数的定义，由冲量定理可知

$$\begin{cases} m_1v_2-(-m_1v_1)=I \\ -m_2v_1-m_2v_2=-I' \end{cases}$$

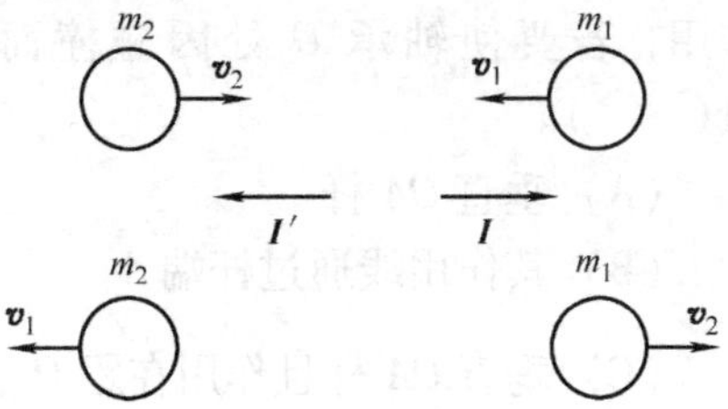

图 15-2

联立可得 $m_1v_2+m_1v_1=m_2v_1+m_2v_2$

从而得 $m_1=m_2=m$

所以，碰撞前后的动能分别为

$$T_1=\frac{1}{2}m_1v_1^2+\frac{1}{2}m_2v_2^2=\frac{1}{2}m(v_1^2+v_2^2)$$

$$T_2=\frac{1}{2}m_1v_2^2+\frac{1}{2}m_2v_1^2=\frac{1}{2}m(v_1^2+v_2^2)$$

于是 $\Delta T=T_2-T_1=0$，因此为完全弹性碰撞。故选 (B)。

例题15-3 图15-3a所示三个质量均为 m，半径均为 r 的光滑小球 A、B、C，其中 B、C 互相接触，静止于光滑水平面上，而球 A 在此水平面上以速度 $\boldsymbol{v}_A$ 同时和两球碰撞。碰撞后 A 球速度减少到原来的一半，而方向不变，则 B、C 两球碰撞后速度为________，碰撞冲量为________。

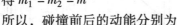

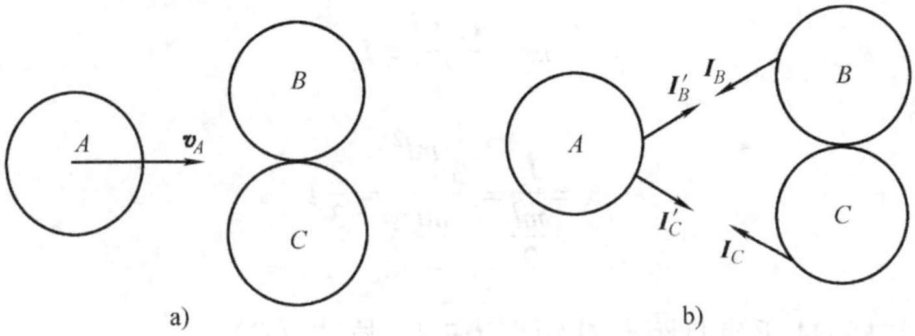

图 15-3

解：对于 A 球分析如图15-3b所示，设碰撞冲量为 I，由对称性和冲量定理有

$$I_B=I_C=I$$

$$m\frac{v_A}{2}-mv_A=-(I_B\cos30°+I_C\cos30°)$$

所以

$$I=\frac{1}{4\cos30°}mv_A=\frac{\sqrt{3}}{6}mv_A$$

对 B、C 球整体分析如图15-3b所示，采用冲量定理有（根据水平方向冲量定理）

$$2mv_B\cos30°=I_B\cos30°+I_C\cos30°$$

所以
$$v_B = I/m = \frac{\sqrt{3}}{6}v_A$$

例题 15-4 如图 15-4 所示，一端铰接，一端自由的均质杆 OA 受到碰撞冲量 $\boldsymbol{I}$ 作用，若要使轴承 O 处因碰撞而引起的瞬时约束力为零，则必须使碰撞冲量(　　)。

(A) 垂直 OA 杆

(B) 其作用线通过杆端 A

(C) 垂直 OA 杆且作用在距 O 点$\frac{2}{3}$杆长处

(D) 垂直 OA 杆，作用线通过 OA 质心

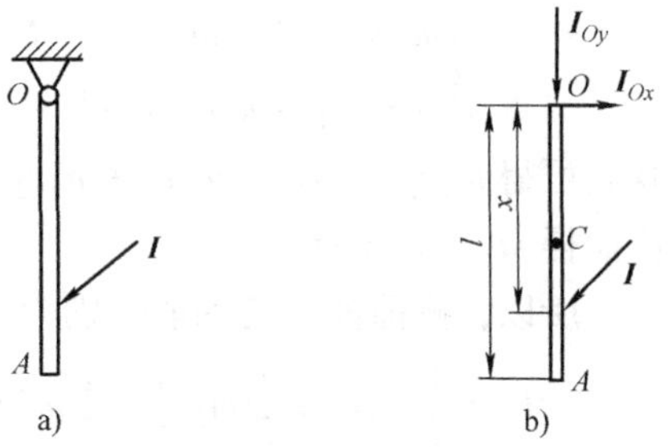

图 15-4

解：此题考查撞击中心的概念，受力分析如图 15-4b 所示。设杆长为 l，冲量 $\boldsymbol{I}$ 作用点与点 O 间距离为 x。

(1)
$$I_{Oy} = I_y = 0$$

因此要求 $I_y = 0$，即 I 与杆垂直。

(2)
$$I_{Ox} = m(v'_{Cx} - v_{Cx}) - I_x = 0$$

即
$$I_x = m(v'_{Cx} - v_{Cx}) = mx(\omega_2 - \omega_1)$$

而由冲量矩定理有
$$\omega_2 - \omega_1 = \frac{I_x x}{J_z}$$

即有
$$mx \cdot \frac{I_x \cdot l}{J_z} = I_x$$

所以
$$x = \frac{J_z}{\frac{ml}{2}} = \frac{\frac{1}{3}ml^2}{\frac{ml}{2}} = \frac{2}{3}l$$

因此要求 I 与杆 OA 垂直且距点 O 距离为$\frac{2}{3}l$。故选（C）。

例题 15-5 如图 15-5 所示，小球 A 自高 h_1处静止自由落到固定水平面上，碰撞后反弹的高度为 h_2，则恢复系数为(　　)。

(A) $\frac{h_2}{h_1}$　　(B) $\frac{h_1}{h_2}$

(C) $\sqrt{\frac{h_1}{h_2}}$　　(D) $\sqrt{\frac{h_2}{h_1}}$

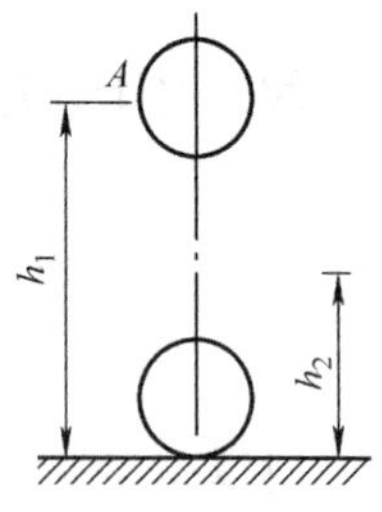

图 15-5

解：本题考查恢复系数的定义，$e = \frac{v'}{v} = \frac{\sqrt{2gh_2}}{\sqrt{2gh_1}} = \sqrt{\frac{h_2}{h_1}}$

故选（D）。

例题15-6 如图15-6a所示，一质量 $m=0.05\text{kg}$ 的弹丸 A，以 $v_A=450\text{m/s}$ 的速度射入一铅垂悬挂的均质木杆 OB 内，且 $\theta=60°$。木杆质量 $m_1=25\text{kg}$，长为 $l=1.5\text{m}$，O 端为铰链连接，如图所示。已知射入前木杆处于静止，求弹丸射入后木杆的角速度。设弹丸射入的时间 $t=0.0002\text{s}$，求铰链 O 处的碰撞力的平均值。

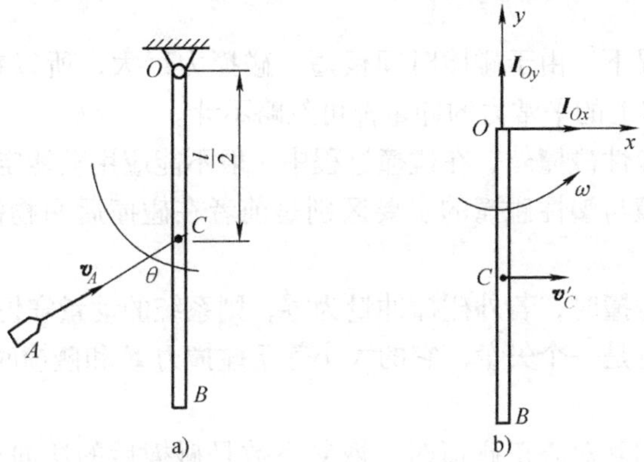

图 15-6

解：取弹丸和木杆 OB 为研究对象。铰链 O 处的外碰撞冲量以 I_{Ox}、I_{Oy} 表示，方向如图15-6所示。

OB 杆绕点 O 做定轴转动，开始静止，设碰撞后杆 OB 的角速度为 ω，质心 C 的速度为 $\boldsymbol{v}'_C$。由于外碰撞冲量对点 O 之矩为零，故系统在碰撞过程中对点 O 的动量矩守恒。即

$$mv_A\sin\theta\,\frac{l}{2}=mv'_C\,\frac{l}{2}+J_O\omega \qquad (*)$$

其中，$J_O=\dfrac{1}{3}m_1l^2$，$v'_C=\dfrac{l}{2}\omega$。代入式（*）得

$$\omega=\frac{\frac{1}{2}mv_A\sin\theta}{\left(\frac{m}{4}+\frac{m_1}{3}\right)l}$$

代入各已知量得 $\omega=0.778\text{rad/s}$，转向为逆时针。

欲求 I_{Ox} 与 I_{Oy}，仍以整体为研究对象，应用质点系动量定理积分形式的投影式，即

$$(m_1v'_C+mv'_C)-(mv_A\sin\theta+0)=I_{Ox}$$
$$0-(mv_A\cos\theta+0)=I_{Oy}$$

将已知量代入得

$$I_{Ox} = -4.89\text{N}\cdot\text{s}，I_{Oy} = -11.25\text{N}\cdot\text{s}$$

其中负号说明方向与图中假设方向相反。

铰链 O 处碰撞力的平均值为

$$F_{Ox} = \frac{I_{Ox}}{t} = -24.45\text{kN}，F_{Oy} = \frac{I_{Oy}}{t} = -56.25\text{kN}$$

【习题精练】

1. 判断题

（1）一般情况下，由于碰撞时间极短，碰撞力巨大，所以在碰撞阶段物体的位移和作用在物体上的平常力的冲量都可忽略不计。（　　）

（2）除完全弹性碰撞外，在碰撞过程中一般不能应用动能定理。（　　）

（3）弹性碰撞与塑性碰撞的主要区别是前者在碰撞后两物体有不同的速度而彼此分离。（　　）

（4）两物体碰撞时，若外碰撞冲量为零，则系统的动量守恒。（　　）

（5）碰撞冲量是一个矢量，它的大小等于碰撞力 $\boldsymbol{F}$ 和碰撞时间 t 的乘积。（　　）

（6）两物体相互对心正碰撞时，恢复系数是碰撞后的法向相对速度与碰撞前的法向相对速度大小的比值。（　　）

（7）由于碰撞的时间很短，所以碰撞过程中没有机械能损失。（　　）

2. 选择题

（1）如图 15-7 所示，两质量相同的钢球 A、B，设球 A 以速度 $\boldsymbol{v}_A$ 和静止的球 B 相碰，恢复系数为 e，则碰撞后 B 球的速度大小为（　　）。

（A）$0.5(1+e)v_A$　　（B）$0.5(1-e)v_A$

（C）$(1+e)v_A$　　（D）$(1-e)v_A$

（2）如图 15-8 所示，质量为 m 的质点以速度 $\boldsymbol{v}$ 与光滑固定面相碰，若恢复系数 $e=0.5$，θ 已知，则固定面对质点的碰撞冲量的大小是（　　）。

（A）$\dfrac{3mv}{2}$　　（B）$\dfrac{3mv\cos\theta}{2}$　　（C）$\dfrac{mv}{2}$　　（D）$\dfrac{mv\cos\theta}{2}$

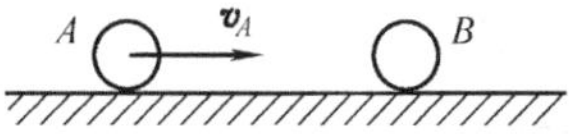

图　15-7

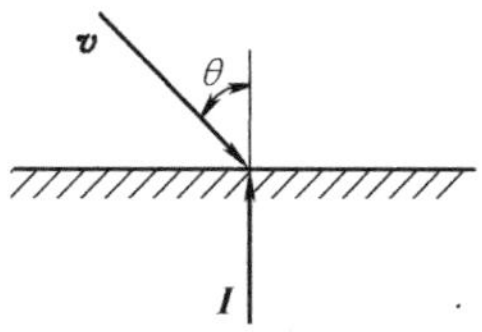

图　15-8

（3）如图 15-9 所示，均质杆 OA 长 L，质量为 m，则撞击中心 K 到轴 O 的距离为（　　）。

（A）0　　（B）$\dfrac{L}{2}$　　（C）$\dfrac{2L}{3}$　　（D）$\dfrac{L}{3}$

(4) 一个金属小球投向光滑的水平金属板，不计空气阻力的影响，经过 n 次跳动后，回跳的高度是初始高度的 λ 倍。据此可以断定碰撞恢复系数为（　　）。

(A) $\lambda^{(1/\pi)}$　　(B) λ^{π}　　(C) $\lambda^{(1/2\pi)}$　　(D) $1/\lambda^{(1/2\pi)}$

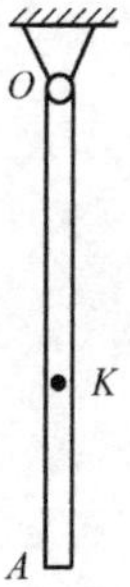

图　15-9

3. 计算题

(1) 图 15-10 所示小球 A 的质量 $m_1=2\text{kg}$，水平方向的初速度 $v_0=5\text{m/s}$；均质杆 OB 的质量 $m_2=9\text{kg}$，长度 $l=1.2\text{m}$；小球与杆的恢复系数 $k=0.8$，碰撞前杆处于竖直静止位置。试求：①碰撞结束瞬时杆的角速度和球的速度；②固定铰链支座 O 的碰撞冲量。

(2) 如图 15-11 所示，边长为 l 的正方形物块，以匀速度 $\boldsymbol{v}$ 运动，突然与一小凸台相撞。设碰撞为塑性的，求：①物块翻转瞬时的角速度；②凸台对物块的碰撞冲量；③物体动能的损失。

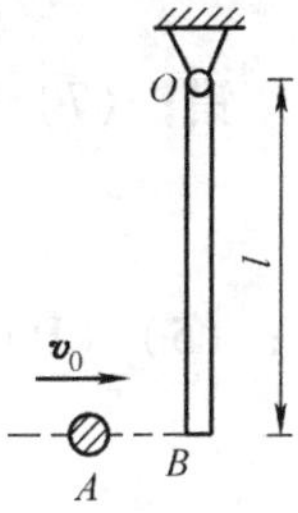

图　15-10

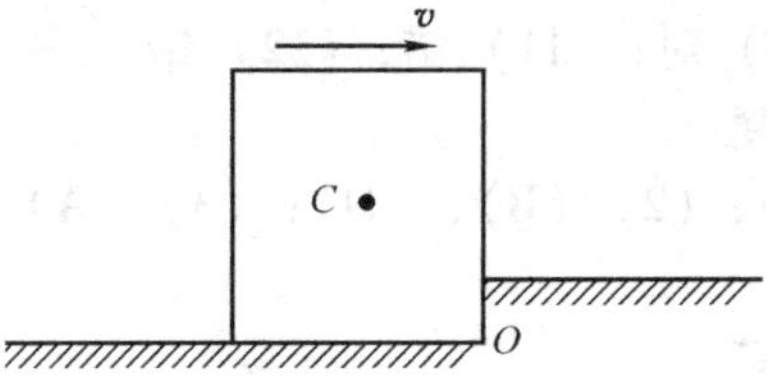

图　15-11

参考答案

第1章　静力学公理和物体的受力分析

1. 判断题

(1) 错；(2) 错；(3) 错；(4) 错；(5) 错；(6) 对；(7) 错；(8) 对；(9) 对；(10) 错

第2章　平面力系

1. 判断题

(1) 对；(2) 错；(3) 错；(4) 错；(5) 错；(6) 错；(7) 错；(8) 错；(9) 错；(10) 对；(11) 错；(12) 错

2. 选择题

(1) (B)；(2) (B)、(D)；(3) (A)；(4) (B)；(5) (D)；(6) (B)；(7) (C)

3. 填空题

(1) 通过 A、B 两点的一个力，力偶；(2) $\frac{F}{2}$，向上；(3) 0°，90°；(4) $M_1\cos2\alpha$；(5) $4\sqrt{3}M/3L$

5. 计算题

(1) $G_{3\min}=333.3\text{kN}$，$x_{\max}=6.75\text{m}$

(2) $F_B=\frac{\sqrt{3}}{2}F+\frac{M}{l}$，$F_{Ax}=-F$，$F_{Ay}=-\left(\frac{\sqrt{3}}{2}F+\frac{M}{l}\right)$

(3) $F_{CD}=-60\text{kN}$，$F_{EF}=10\sqrt{13}\text{kN}$

(4) $F_{Ax}=M/a$，$F_{Ay}=0$，$M_A=-M$，$F_C=M/a$

(5) $F_{Dx}=2\text{kN}$，$F_{Dy}=0$，$F_{Fx}=2\text{kN}$，$F_{Fy}=0$

(6) $F_{Ax}=0$，$F_{Ay}=-87.5\text{N}$，$F_B=87.5\text{N}$，$F_{Cx}=75.8\text{N}$，$F_{Cy}=43.8\text{N}$

(7) $F_{Ax}=-\sqrt{3}(1.2W+G)$，$F_{Ay}=G+W$，$F_{Ex}=1.69W$，$F_{Ey}=2(G+W)$，$F_{Bx}=0.39W+\sqrt{3}G$，$F_{By}=G+W$

第3章　空间力系

1. 判断题

(1) 错；(2) 错；(3) 对；(4) 错；(5) 对；(6) 错；(7) 错；(8) 错；(9) 对；(10) 对

2. 选择题

(1)(C)(A);(2)(C);(3)(D);(4)(B)

3. 填空题

(1) $-1\text{kN}\cdot\text{m}$, $-2\text{kN}\cdot\text{m}$, $1\text{kN}\cdot\text{m}$

(2) $M_x(\boldsymbol{F})=0, M_y(\boldsymbol{F})=-\dfrac{Fa}{2}, M_z(\boldsymbol{F})=\dfrac{\sqrt{6}Fa}{4}$

(3) $F_x=-40\sqrt{2}\text{N}$, $F_y=30\sqrt{2}\text{N}$, $M_z=240\sqrt{2}\text{N}\cdot\text{m}$

(4) $F_z=F\sin\varphi$, $F_y=F\cos\varphi\cos\beta$, $M_x(\boldsymbol{F})=F(c\cos\varphi\cos\beta+b\sin\varphi)$

(5) $M_{AB}(\boldsymbol{F})=Fa\sin\varphi$

(6) $\dfrac{-Fab}{\sqrt{a^2+b^2+c^2}}$

(7) 力偶或者平衡

(8) $x_C=-\dfrac{R}{6}$, $y_C=0$

第4章 摩擦

1. 判断题

(1) 错;(2) 对;(3) 错;(4) 错;(5) 错;(6) 错;(7) 错;(8) 错;(9) 错

2. 选择题

(1)(B);(2)(C);(3)(C);(4)(C)

3. 填空题

(1) $\alpha\leqslant2\varphi_\text{m}$; (2) 翻倒,$F_\text{T}=0.6839P$; (3) 15N, 50N; (4) 6.7kN; (5) $25\sqrt{2}\text{kN}$;(6) 500N

第5章 点的运动学

1. 判断题

(1) 对;(2) 对;(3) 错;(4) 对;(5) 错;(6) 错;(7) 错;(8) 对

2. 选择题

(1)(C);(2)(C);(3)(B);(4)(D)

3. 填空题

(1) 7cm/s, 1.06cm/s^2; (2) 6m/s, $\sqrt{97}\text{m/s}^2$; (3) $v_A=2L\omega\cos\omega t$, $v_B=-2L\omega\sin\omega t$

第6章 刚体的简单运动

1. 判断题

(1) 对;(2) 错;(3) 错;(4) 对;(5) 错;(6) 错;(7) 对;(8) 错

2. 选择题

（1）（C），（D）；（2）（B），（D）；（3）（A），（D）

3. 填空题

（1）$v=\omega r$，$a=r\omega^2$；（2）$v=\omega\sqrt{a^2+b^2}$，$a=\sqrt{(a^2+b^2)(\alpha^2+\omega^4)}$；

（3）$\omega=\sqrt{10}\text{rad/s}$，$\alpha=10\sqrt{3}\text{rad/s}^2$；（4）$a_D=L\omega^2$，由点 D 指向点 C；

（5）$v_{C'}=\omega r$，$a_{C'}=\alpha r$

第 7 章　点的合成运动

1. 判断题

（1）对；（2）对；（3）错；（4）对；（5）错；（6）错；（7）错；（8）错；（9）错

2. 选择题

（1）（B）；（2）（D），（A），（B）；（3）（A）；（4）（C）

3. 计算题

（1）$\omega_1=2\text{rad/s}$，$\alpha_1=8\text{rad/s}^2$

（2）$v_B^{\text{e}}=1.16R\omega_0$，$a_B^{\text{e}}=4.16R\omega_0^2$

（3）$v_{AB}=r\omega$，$a_{AB}=\alpha r-0.577\omega^2 r$

（4）$\omega_1=\dfrac{r^2\omega}{r^2+L^2}$，$\alpha_1=\dfrac{-Lr\omega^2(L^2-r^2)}{(L^2+r^2)^2}$

（5）$\omega_1=\dfrac{\sqrt{2}\omega}{2}$，$\alpha_1=-0.793\omega^2$

（6）$\omega_{AB}=\dfrac{\sqrt{3}\omega}{6}$，$\alpha_A=-0.74\omega^2$

（7）$v_B=\dfrac{Lv}{2r}$，$a_B^{\text{n}}=\dfrac{Lv^2}{4r^2}$，$a_B^{\text{t}}=-\dfrac{\sqrt{3}Lv^2}{12r^2}$

（8）①$\omega=0.833\text{rad/s}$，$\alpha=-2.41\text{rad/s}^2$；②$v_O=8.66\text{m/s}$，$a_O=15.02\text{m/s}^2$，$\beta=73.9°$

（9）$v=\dfrac{2\sqrt{3}e\omega}{3}$（↑），$a=\dfrac{-2e\omega^2}{9}$（↓）

第 8 章　刚体的平面运动

1. 判断题

（1）对；（2）错；（3）对；（4）错；（5）对；（6）错；（7）错；（8）对

2. 填空题

（1）$a_O^{\text{t}}=r\alpha$，$a_O^{\text{n}}=r^2\omega^2/(R+r)$

（2）平面运动，平移，平面运动，平移

（3）平面运动，平面运动，瞬时平移，定轴转动

（4）8－14b

（5）不可能，可能

（6）0，$r\omega$

3. 计算题

（1）$v_C = R\omega_0$（水平向左），$a_C = \frac{\sqrt{13}R\omega_0^2}{3}$，$\theta = \arctan\left(\frac{a_{Cx}}{a_{Cy}}\right) = \arctan(2\sqrt{3})$

（2）$v_B = 60\sqrt{2}$ cm/s（水平向右），$a_B = 235.4\text{cm/s}^2$，$\tan\varphi = \frac{a_B^{\text{t}}}{a_B^{\text{n}}} = 1.566$，$\varphi = 57.3°$

（3）①$\omega = 8\text{rad/s}$，$\alpha = 0$；②$\alpha_{AB} = 4\text{rad/s}^2$

（4）①$v_C = 2\sqrt{3}r\omega_0/3$；②$\omega_1 = \sqrt{3}\omega_0/6$（顺时针），$\alpha_1 = 0.837\omega_0^2$（顺时针）

（5）$\omega_{BC} = 4\text{rad/s}$（顺时针），$\alpha_{BC} = 8\text{rad/s}^2$（逆时针）

（6）$\omega_2 = 2\omega$（顺时针），$\alpha_2 = 5.19\omega^2$（顺时针）

（综合-1）$\omega_1 = \sqrt{3}\omega_0/4$（顺时针），$\alpha_1 = \sqrt{3}\omega_0^2/8$（逆时针）

（综合-2）$\omega = 1.5\text{rad/s}$（顺时针），$\alpha = 3.35\text{rad/s}^2$（顺时针）

（综合-3）2rad/s（逆时针），5rad/s^2（逆时针）

（综合-4）$\omega_{O_1B} = \omega$（逆时针），$\alpha_{O_1B} = 4\sqrt{3}\omega^2$（顺时针）

（综合-5）$\omega_C = \frac{2\sqrt{3}\omega r}{3R}$（逆时针），$\alpha_{AC} = \left(\frac{3}{8} - \frac{\sqrt{3}}{36}\right)\omega^2$（逆时针）

（综合-6）$\omega_C = 4\omega$（顺时针），$\alpha_C = \frac{16\sqrt{3}\omega^2}{3}$（顺时针）

（综合-7）$\omega_{AB} = 2\text{rad/s}$（逆时针），$v_C = 23.09\text{cm/s}$（竖直向上），$a_C = 71.11\text{cm/s}^2$（竖直向下）

（综合-8）①$v_B = 69.28\text{cm/s}$（水平向右）；②$\omega_1 = 1.73\text{rad/s}$（顺时针），$\alpha_1 = 8\text{rad/s}^2$（逆时针）

第9章　质点动力学的基本方程

1. 判断题

（1）错；（2）错；（3）对；（4）对；（5）对；（6）错；（7）对；（8）错

2. 选择题

（1）（C）；（2）（C）；（3）（C）；（4）（A）；（5）（B）；（6）（D）

3. 填空题

（1）119.6N；（2）arctan（a/g）；（3）6N，762.5m；（4）2.4m/s^2，31kN

第 10 章 动量定理

1. 判断题

(1) 错；(2) 错；(3) 错；(4) 对；(5) 对；(6) 对

2. 选择题

(1) (C)；(2) (D)；(3) (A)；(4) (C)；(5) (A)；(6) (D)

3. 填空题

(1) $\frac{m\omega L}{2}$, $2\sqrt{2}m\omega L$, $\frac{\sqrt{2}m\omega L}{2}$；(2) $2mL\omega$；(3) 相等；系统水平方向质心位置守恒，三棱柱水平位移只与三棱柱和圆盘（或滑块）质量有关；(4) $\frac{m_2\omega^2R}{2}$；$m_2\alpha R/2+m_1g+m_2g$

4. 计算题

(1) $F_{Ox}=F-\frac{1}{g}r\omega^2\left(\frac{1}{2}G_1+G_2+G_3\right)\cos\omega t$，$F_{Oy}=G_1+G_2-\frac{1}{g}r\omega^2\left(\frac{1}{2}G_1+G_2\right)\sin\omega t$

(2) $F=\frac{1}{2}m_2\left[g-\frac{(4m_1+7m_2)a_r}{2(m_1+m_2)}\right]$

(3) ①$a_A=\frac{m_Bg}{2m_A+m_B}$；②$l=\frac{m_B^2sg}{F(2m_A+m_B)-\sqrt{2}(m_A+m_B)m_Bg}$

(4) $F_x=Q\rho(v_1+v_2\cos\theta)$

第 11 章 动量矩定理

1. 判断题

(1) 错；(2) 对；(3) 错；(4) 对；(5) 对；(6) 错；(7) 错；(8) 错；(9) 错；(10) 错

2. 选择题

(1) (B)；(2) (C)；(3) (B)；(4) (C)

3. 填空题

(1) $\frac{mv}{2}$, $\frac{mvr}{4}$；(2) $m\omega a^2$；(3) $\frac{mvR}{2}$，顺时针；(4) $\frac{5m\omega l^2}{3}$；(5) 0, 0, $\frac{8F}{3mR}$

4. 计算题

(1) $a=\frac{M+GR-Pr\sin\theta}{J_0g+GR^2+Pr^2}rg$

(2) $a_C=\frac{2}{3}g$，$F_T=\frac{1}{3}P$

（3）$F_{Ox}=96\text{N}$（方向向左）；$F_{Oy}=32.3\text{N}$（方向向上）

（4）$a_A=\dfrac{3F}{3m_1+m_2}$；$\alpha_{OB}=\dfrac{3F}{(3m_1+m_2)l}$

（5）①$\alpha_A=0$；②$F_{Oy}=\dfrac{5}{16}mg$，$F_{Ox}=0$

（6）$a_B=\dfrac{2F}{m}$

（7）$\alpha_{OA}=\dfrac{96M}{(32m_1+81m_2)l^2}$，$\alpha_C=\dfrac{72M}{(32m_1+81m_2)lR}$

（8）①$a_A=\dfrac{2gF_1}{3G}$，$a_B=\dfrac{2gF_1}{3G}$；②$F_{sC}=\dfrac{F}{3}$，$F_{sD}=\dfrac{2F}{3}$

第12章　动能定理

1. 判断题

（1）错；（2）错；（3）错；（4）错；（5）错；（6）对；（7）错

2. 选择题

（1）（D）；（2）（C）；（3）（A）

3. 填空题

（1）$\dfrac{29}{64}mR^2\omega^2$；（2）$\dfrac{m}{12}(2L^2\omega^2+6v^2+3Lv\omega)$；（3）1）$p=mv_C$（方向同$\boldsymbol{v}_C$），2）$T=\dfrac{2mv_C^2}{3}$，3）$L_A=\dfrac{mav_C}{3}$；（4）1.5J，$-30\pi$J

4. 计算题

（1）$\omega=6\sqrt{\dfrac{g\sin\varphi}{17l}}$，$\alpha=\dfrac{18g\cos\varphi}{17l}$

（2）$a_A=\dfrac{3Gg}{9P+4G}$

（3）$a_D=\dfrac{2(\sqrt{3}-1)}{23}g$

（4）$\omega_{OC}=\dfrac{1}{l}\sqrt{\dfrac{2Mg\theta}{3P+4G}}$　$\alpha_{OC}=\dfrac{Mg}{(3P+4G)l^2}$

（综合-1）1）$v_C=2\sqrt{\dfrac{(m_1-4m_3)g\varphi r}{3m_1+4m_2+8m_3}}$，$a_C=\dfrac{2(m_1-4m_3)g}{(3m_1+4m_2+8m_3)}$；2）$F_{\text{T}}=m_1\dfrac{(m_2+5m_3)g}{3m_1+4m_2+8m_3}$；3）$F=\dfrac{m_1(m_1+2m_2+6m_3)g}{2(3m_1+4m_2+8m_3)}$

（综合-2）1）$a=\dfrac{3g}{11}$；2）$F_A=\dfrac{2mg}{11}$

（综合-3）1）$a_O=\dfrac{2(2\sin\beta-f\cos\beta)g}{5}$；2）$F=\dfrac{(3f\cos\beta-\sin\beta)mg}{5}$

（综合-4）1）$\omega=\sqrt{\dfrac{3g(1-\cos\beta)}{l}}$，$\alpha=\dfrac{3g\sin\beta}{2l}$；2）$f=0.351$

（综合-5）1）$\omega=\sqrt{\dfrac{3(1-\cos\beta)g}{l}}$，$\alpha=\dfrac{3g\sin\beta}{2l}$；2）$F_A=\dfrac{3}{4}(3\cos\beta-2)\sin\beta\cdot mg\left[\beta\leqslant\arccos\left(\dfrac{2}{3}\right)\right]$，$F_A=0\left[\beta\geqslant\arccos\left(\dfrac{2}{3}\right)\right]$

（综合-6）$\alpha_{AB}=-\dfrac{3g}{2l}$，$F_{Ax}=\dfrac{3}{4}ml\omega^2$，$F_{Ay}=\dfrac{1}{4}mg$

（综合-7）1）$\omega=\sqrt{\dfrac{3gl+4\sqrt{3}gb}{2l^2+6b^2}}$；2）$a=\dfrac{(6b^2+3bl)g}{6b^2+2l^2}$；3）$F=0$；4）$F_N=\dfrac{mg(3bl-2l^2)}{6b^2+2l^2}$

（综合-8）1）$F_D=\dfrac{17\sqrt{3}}{14}mg$；2）$\omega_{AB}=\sqrt{0.989\dfrac{g}{l}}$

第 13 章　达朗贝尔原理

1. 判断题

（1）错；（2）错；（3）错；（4）对；（5）对；（6）错；（7）错

2. 选择、填空题

（1）（C）；（2）（A）；（3）主矢：$F_{ICx}=-\dfrac{3}{2}ma$，$F_{ICy}=\dfrac{mv^2}{2R}$；主矩：$\dfrac{1}{12}mRa$，逆时针

3. 计算题

（1）向转轴 O 简化结果：$F_I^t=ma_C^t=\sqrt{2}mr\alpha$，$F_I^n=ma_C^n=\sqrt{2}mr\omega^2$，$M_{IO}=J_O\alpha=\dfrac{7}{3}mr^2\alpha$

向 AB 杆质心 C 简化结果：$F_I^t=ma_C^t=\sqrt{2}mr\alpha$，$F_I^n=ma_C^n=\sqrt{2}mr\omega^2$，$M_{IC}=J_C\alpha=\dfrac{1}{3}mr^2\alpha$

（2）$a_C=\dfrac{2m_1g}{2m_1+3m_2}$，$F_s=\dfrac{m_1m_2g}{2m_1+3m_2}$

（3）$F_{Bx}=0$，$F_{By}=-\dfrac{2}{3}\rho l^2\alpha$；$F_{Dx}=0$，$F_{Dy}=\dfrac{1}{3}\rho l^2\alpha$

（4）$\alpha_{AB}=\dfrac{3g}{2l}$，$a_A=0$，$F_{Ax}=0$，$F_{Ay}=\dfrac{1}{4}mg$

(5) $a=2g(2\sin\theta - f\cos\theta)/5, F_A = mg(3f\cos\theta - \sin\theta)/5$

(6) $F_B \approx 36.33\text{N}$

(7) $\alpha = \frac{3g}{2l}$, $F_{Ax} = \frac{3}{4}ml\omega^2$, $F_{Ay} = \frac{1}{4}mg$

(8) $a_O = 2.06\text{m/s}^2$; $F_{NA} = 35.08\text{N}$, $F_{sA} = 17.54\text{N}$; $F_{NB} = 258.92\text{N}$, $F_{sB} = 20.66\text{N}$

(9) $F_{Ax} = \frac{3\sqrt{3}}{49}mg$, $F_{Ay} = -\frac{96}{49}mg$

第14章　虚位移原理

1. 判断题

(1) 对；(2) 错；(3) 对；(4) 对；(5) 对；(6) 对；(7) 对；(8) 错

2. 选择、填空题

(1) (D)

(2) δr_A, 0

(3) $\delta r_C = \delta r_B$, $\delta r_E = \delta r_B$, $\delta r_F = 0$

(4) $\delta r_B = 2\delta r_A \sin\theta$, $\theta = \arctan \frac{F_A}{2F_B}$

(5) 1∶2∶4

(6) $1/L$

3. 计算题

(1) $F_2 = \frac{3F_1}{2}\cot\theta$

(2) $F_B = 5\text{kN}$

第15章　碰撞

1. 判断题

(1) 对；(2) 对；(3) 对；(4) 对；(5) 错；(6) 对；(7) 错

2. 选择题

(1) (A)；(2) (B)；(3) (C)；(4) (C)

3. 计算题

(1) ①$\omega = 3\text{rad/s}$, $v = -0.4\text{m/s}$; ②$I_{Ox} = 5.4\text{N}\cdot\text{s}$, $I_{Oy} = 0$

(2) ①$\omega = \frac{3v}{4l}$; ②$I_x = -\frac{5}{8}mv$, $I_y = \frac{3}{8}mv$; ③$T_1 - T_2 = \frac{5}{16}mv^2$

参考文献

[1] 哈尔滨工业大学理论力学教研室．理论力学：Ⅰ［M］.8 版．北京：高等教育出版社，2016.

[2] 哈尔滨工业大学理论力学教研室．理论力学：Ⅱ［M］.8 版．北京：高等教育出版社，2016.

[3] 陈明，程燕平，刘喜庆．理论力学习题解答［M］．哈尔滨：哈尔滨工业大学出版社，1998.

[4] 贾书惠，张怀瑾．理论力学辅导［M］．北京：清华大学出版社，1996.

[5] 李传起．理论力学导学［M］．徐州：中国矿业大学出版社，2000.

[6] 周纪卿，等. 理论力学重点难点及典型题精解［M］．西安：西安交通大学出版社，2001.

[7] 陈奎孚．理论力学精细辅导［M］．北京：清华大学出版社，2017.

[8] 苗同臣．理论力学解题分析与指导［M］．郑州：郑州大学出版社，2012.